Die Entstehung des Menschen und der menschlichen Gesellschaft

HISTORIKER-GESELLSCHAFT DER DDR

IX. Tagung der Fachgruppe Ur- und Frühgeschichte vom 9. bis 11. Mai 1977 in Frankfurt/O.

Die Entstehung des Menschen und der menschlichen Gesellschaft

Im Auftrage der Historiker-Gesellschaft der DDR

herausgegeben von
FRIEDRICH SCHLETTE

mit 53 Textabbildungen

THEORIA CUM PRAXI

Akademie-Verlag · Berlin · 1980

Erschienen im Akademie-Verlag, DDR-108 Berlin, Leipziger Straße 3—4
Lektor: Ursula Diecke

Lizenznummer: 202 · 100/132/80
Umschlag: Annemarie Wagner
Gesamtherstellung: VEB Druckerei „Thomas Müntzer", 582 Bad Langensalza
Bestellnummer: 753 680 6 (6546) · LSV 0225
Printed in GDR
DDR 16,— M

Inhaltsverzeichnis

Vorwort

Vom 9. bis 11. Mai 1977 führte die Fachgruppe Ur- und Frühgeschichte der Historiker-Gesellschaft der DDR in Frankfurt/O. eine Konferenz über die „Triebkräfte bei der Herausbildung des Menschen und seiner Gesellschaft" durch. Dieses Thema vor einem größeren Kreis von Fachleuten verschiedener an diesem Problem arbeitenden Disziplinen, vor Geschichts- und Biologielehrern, Museologen, Bodendenkmalpflegern und anderen an der Frühgeschichte der Menschheit Interessierten zu behandeln, bot sich aus verschiedenen Gründen an. Das paläanthropologische und archäologische Quellenmaterial ist in vielen Teilen der Erde während der letzten Jahre und Jahrzehnte erheblich angewachsen, was zu zahlreichen neuen Kenntnissen und Erkenntnissen, aber auch zu neuen Problemen geführt hat. Bisherige Theorien und Konzeptionen zur Entwicklung des Menschen und seiner Gesellschaft galt es neu zu durchdenken. Die wissenschaftliche Auseinandersetzung gerade über diese Fragen vollzieht sich im weltanschaulichen Meinungsstreit zwischen den vielfältigen Theorien der bürgerlichen Wissenschaft und der marxistischen Urgeschichtsforschung. Aber auch innerhalb der marxistischen Forschung zur Anthroposoziogenese ergibt sich immer wieder die Notwendigkeit, sich über sehr entschiedene historische Fakten und Prozesse Klarheit zu verschaffen.

Es gibt wohl kaum einen anderen Abschnitt aus der langen Geschichte der Menschheit, an dessen Erforschung so vielfältige Bereiche aus den Natur- und Gesellschaftswissenschaften beteiligt sind, wie für den der Entstehung des Menschen, seiner physischen und geistigen weiteren Entwicklung während der ersten Jahrhunderttausende, sowie des Werdens sozialer Beziehungen in einer völlig neuen Qualität. So ist das Bemühen der Veranstalter gewesen, Vertreter der wichtigsten in Betracht kommenden Wissenschaftsdisziplinen zu diesen Fragen sprechen zu lassen. Der Verlauf der Tagung und die Diskussion zeigten, welche unterschiedlichen Ansichten sich gegenüberstehen, ja z. T. mit welch unterschiedlichen Zungen — alias Termini — geredet wird. Es konnte nicht Aufgabe der Tagung sein, hier in allen Fällen zu Übereinstimmungen zu gelangen. Aber schon das Wissen um andere Auffassungen und Vorstellungen dürfte als Gewinn zu betrachten sein. So kamen Archäologen und Paläanthropologen, Philosophen und Ethologen, Linguisten und Ethnologen zu Worte.

Ebenso wie für die Tagung selbst konnte sich auch die Veröffentlichung nicht zur Aufgabe machen, sozusagen die Wogen des Meinungsstreites zu glätten, indem der Herausgeber über den Rahmen einer äußerlichen Abstimmung hinaus sich um eine inhaltliche bemüht hätte. Das würde auch nicht dem Charakter eines Protokollbandes entsprechen, worin der Leser eben auch die noch offenen und umstrittenen Probleme erkennen soll. Ursprünglich war die Veröffentlichung der Diskussion vorgesehen. Da aber die Mehrzahl der Diskussionsredner auf eine schriftliche Wiedergabe ihrer Ausführungen verzichtete, eine Teilpublikation ohne das Pro und Contra somit wenig sinnvoll gewesen wäre, mußte mit einer Ausnahme, wo ein ganz bestimmtes Problem angesprochen wurde (KNEBLER), auf die Wiedergabe der sehr interessanten und regen Diskussion verzichtet werden.

Außer zwei Beiträgen, von denen sich einer mit der Thematik in den Schulbüchern beschäftigte, sind alle in Frankfurt gehaltenen Vorträge im vorliegenden Band aufgenommen worden und, von einem Einzelfall abgesehen, auch vollständig; da der Beitrag von H. GRIMM an anderer Stelle abgedruckt wurde, brauchte hier nur ein Resumé gebracht zu werden. Zusätzlich wurde der für die Tagung vorgesehene, wegen Krankheit des Referenten aber nicht gehaltene Beitrag von E. VLČEK hinzugefügt. Durch diesen Umstand mag dessen sehr ins Detail gehende Darstellung begründet sein. Da seine wertvollen Ergebnisse zur Handmuskulatur bisher nicht in deutscher Sprache veröffentlicht sind, haben wir den Beitrag aber gern aufgenommen.

Der vorliegende Protokollband erhebt also keineswegs den Anspruch, eine abgerundete Darstellung der Entstehung und Frühgeschichte des Menschen und seiner Gesellschaft zu bieten, er kann nur den derzeitigen Stand der Forschung — und dann noch aus der Sicht der einzelnen Disziplinen — geben. Gerade eine echte interdisziplinäre Zusammenarbeit steht auf diesem Gebiet erst in den Anfängen; denn bisher sind immer nur mehr oder weniger isoliert dastehende Einzelartikel erschienen, die es schwer machten, zu einem einheitlichen Bild zu gelangen. In gewissem Maße spiegelt sich das auch im vorliegenden Band wider. Es wird Aufgabe der nächsten Jahre sein, hier zu einer fruchtbaren engen Zusammenarbeit zu kommen. Die Gründung eines interdisziplinären Arbeitskreises „Probleme der Menschwerdung“ am Zentralinstitut für Alte Geschichte und Archäologie (Akademie der Wissenschaften der DDR) dürfte eine gute organisatorische Grundlage bilden. Wenn hierbei diese Veröffentlichung eine Ausgangsbasis für weitere Diskussionen bildet, hat sie neben der geschichtspropagandistischen Aufgabe einen wichtigen Zweck erfüllt.

FRIEDRICH SCHLETTE

Die Entstehung des Menschen und der menschlichen Gesellschaft

Von JOACHIM HERRMANN, Berlin

Die Fachgruppe Ur- und Frühgeschichte der Historiker-Gesellschaft der DDR hat zu einer Konferenz über „Die Entstehung des Menschen und der menschlichen Gesellschaft" eingeladen. Nicht nur Spezialisten, sondern ein breiter Kreis von Fachkollegen verschiedener Disziplinen, von Lehrern und historisch interessierten Laien beteiligen sich daran. Es war ein Wagnis, eine derartige Konferenz einzuberufen, denn die Initiatoren und Teilnehmer der Veranstaltung sind sich dessen bewußt, daß unter historischen Gesichtspunkten ein annähernd vollständiges Bild dieses grundlegenden Prozesses, der unser Dasein als Gattung hervorbrachte, noch nicht zu geben ist. Die Beteiligten wissen auch voneinander, daß sie z. T. hin und wieder unterschiedliche Auffassungen vertreten und daß gleichermaßen außerhalb der DDR die verschiedensten Meinungen vertreten werden.

Es werden noch viele Materialanalysen, Spezialuntersuchungen und Spezialdiskussionen notwendig sein, bevor das Bild auch in Einzelfragen deckungsgleicher für die Mehrzahl der Forscher und damit auch klarer konturiert für diejenigen wird, die nach Wissen und Erkenntnis über die Herkunft des Menschen und der menschlichen Gesellschaft suchen. Und wer stellte sich diese Frage im Leben nicht irgendwann einmal, nachhaltiger oder nur nebenher. Aber gestellt wird sie.

Daraus resultiert die Aktualität dieser Fragestellung in den geistigen Auseinandersetzungen unserer Zeit. Daraus aber erklärt sich auch ein Teil der oft weit auseinandergehenden Interpretationen der Wissenschaftler, die sich mit dem Problem beschäftigen. Unter den geschichtswissenschaftlichen Fragen gehört das Problem der Herausbildung des Menschen und der menschlichen Gesellschaft zu denjenigen, die am wenigsten sine ira et studio behandelt wurden.

Das Thema ist in einem einleitenden Referat auch nicht annähernd vollständig zu erfassen weder im Hinblick auf den heutigen Stand unserer Kenntnis noch im Hinblick auf die Darlegung auch nur der wichtigsten und wesentlichsten Probleme. Lediglich auf vier Fragen soll daher in gebotener Kürze eingegangen werden. 1. auf einige weltanschauliche Aspekte, 2. auf einige Fragen der Zuverlässigkeit unserer Quellen, 3. auf einige Probleme der Epochengliederung des Entwicklungsweges des Menschen zwischen Naturgeschichte und Geschichte im Zusammenhang mit der Rolle der Arbeit. Dazu gehört das Problem der sozialökonomischen Formierung der menschlichen Gesellschaft. Nur gestreift werden die Stellung des Neandertalers in der Menschheitsentwicklung und die Ausbildung der Urgesellschaft als sozialökonomische Formation.

1. Zu einigen methodischen und weltanschaulichen Aspekten

Unzureichendes methodologisches Rüstzeug und weltanschauliche Grenzen behindern vielfach die Analyse der Problematik der Menschwerdung. So war es, seit die Arbeiten von CHARLES DARWIN und ERNST HAECKEL das Problem des Menschen und seiner Herkunft aus dem Tierreich erstmals naturwissenschaftlich greifbar machten, und so ist es geblieben. Der bedeutende Arzt und Naturforscher RUDOLF VIRCHOW hat für diese weltanschauliche Relevanz auch im Hinblick auf das Verhältnis von Weltanschauung und Methodologie in der Wissenschaft ein bemerkenswertes Beispiel gesetzt: Er bekämpfte die Evolutionstheorie, wie er es selbst ausdrückte, aus weltanschaulicher Überzeugung. Nachdem er sie zunächst angenommen hatte, wandelte sich seine Meinung grundlegend nach der Pariser Kommune von 1871. Auf der 50. Versammlung deutscher Naturforscher und Ärzte zu München am 22. Sept. 1877 führte er u. a. aus: „Ja meine Herren, das mag Manchem lächerlich erscheinen, aber es ist sehr ernst, und ich will hoffen, daß die Deszendenztheorie für uns nicht alle die Schrecken bringen möge, die ähnliche Theorien wirklich im Nachbarlande angerichtet haben. Immerhin hat auch diese Theorie, wenn sie konsequent durchgeführt wird, eine ungemein bedenkliche Seite, und daß der Sozialismus mit ihr Fühlung gewonnen hat, wird ihnen hoffentlich nicht entgangen sein. Wir müssen uns das ganz klar machen."

Das Nachbarland, von dem er sprach, war Frankreich. Und das Ereignis, auf das er anspielte, war die Pariser Kommune von 1871 (VIRCHOW, 1877, 12). In der gleichen Rede hieß es: „Wir können nicht lehren, wir können es nicht als eine Errungenschaft der Wissenschaft bezeichnen, daß der Mensch vom Affen oder von irgend einem anderen Tier abstammt" (VIRCHOW, 1877, 31). VIRCHOW verkannte eben aus dieser weltanschaulichen Position heraus die Neandertalerfunde, die sich in der zweiten Hälfte des 19. Jh. häuften. Die Diagnose des Neandertalers selbst gehört gewiß zu den komplettesten Fehldiagnosen, denen dieser bedeutende Gelehrte erlegen ist[1]. Andere Erklärungen, die fachspezifische Kenntnisse von RUDOLF VIRCHOW für diese Fehldiagnose verantwortlich machen (ASCHOFF, 1940), übersehen die oben zitierten, von VIRCHOW selbst angedeuteten weltanschaulichen Zusammenhänge.

An der weltanschaulichen Relevanz unserer Problematik hat sich bis heute wenig geändert. Die körperliche Evolution des Menschen aus dem Tierreich ist unter dem Druck der Fakten, nicht nur der von DARWIN erschlossenen gemeinsamen Merkmale von Mensch und Tier, sondern auch der vielen Hunderte von Fossilfunden, nicht mehr aus der Welt zu schaffen. Diese Funde sind meßbar, begreifbar, darstellbar und klassifizierbar. Aber der Geist? Das Denken, das menschliche Bewußtsein, das zusammen mit der Arbeit das eigentlich Menschliche ausmacht, die menschliche Sprache? Welcher Antropologe kann hier auf Grund der Fossilien eine typologische, evolutionistische Reihe rekonstruieren? Die Vielzahl der Lücken unserer Kenntnis bietet ausreichend Wundstellen. Und so scheint in der idealistischen Weltanschauung und der Religion genügend Spielraum zu verbleiben, um Schöpfungskonzeptionen im Bereich des Geistigen oder im Bereich der primären Verwirklichung der Idee zu postulieren. Papst Pius XII. gab unter der Last der Funde von Fossilien aus den Menschwerdungsepochen eine Revision der biblischen Schöpfungsgeschichte in dem Sinne, daß eine körperliche Entwicklung vom Tier zum Menschen nunmehr überhaupt als eine mögliche Diskussionsfrage zugelassen wurde, sie für die Forschung also nicht mehr tabu sein sollte. Aber es blieb eben bei der Revision des religiösen Dogmas[2]. Für viele Wissenschaftler, die der religiösen Weltanschauung verbunden sind, war das gewiß ein bemerkenswertes Zugeständnis an die Tatsachen. Aber ebenso nachhaltig setzten sie sich nun dafür ein, körperliche Evolution und Bewußtseinsentwicklung des Menschen zu trennen, wie es Papst Pius XII. in der Enzyklika verlangte. Bereits 1952 formulierte J. KÄLIN das katholische Credo: „Die Typenhaftigkeit des menschlichen Bion trägt unverkennbar den Stempel der sinnvollen Hinordnung auf die Sphäre des Geistigen und fällt gestalthaft durch den relativen Mangel an Organspezialisation auf" (1952, 35). Und er fährt fort: „Da die Naturwissenschaften über die letzten Seinsgründe der in der Natur liegenden Wesenheiten nichts aussagen, steht der Anwendung des Evolutionsgedankens auf die menschliche Leiblichkeit auch aus religiösen Gründen nichts entgegen" (1952, 44).

In die wissenschaftliche Literaturkritik wurden bis in die jüngste Zeit Prämissen eingeführt, wie „Religion zu haben, ist ein allgemein menschlicher Zug". Es wird „Gehirn als Werkzeug des Geistes" aufgefaßt und erklärt, „daß das Gehirn als Werkzeug geistiger Tätigkeit und nicht als deren Subjekt anzusehen ist". Der „Geist" wird verselbständigt und als Primärindikator menschlichen Daseins postuliert, „durch welchen mangels anatomischer Möglichkeiten der Mensch allein noch zu definieren ist". Von derartigen „Prämissen" ausgehend erfolgt sodann die Ablehnung der Evolution des Gehirns als wesentlicher Bestandteil der Menschwerdung (ALTHENGER, 1974, 945).

Von sensationsdurstiger kapitalistischer Presse wurden Lehren verbreitet wie die eines E. v. DÄNEKEN über den angeblichen Eingriff außerirdischer Intelligenzen in die genetische Affensubstanz, über das sexuelle Vergreifen dieser „Götter" aus dem Kosmos an irdischen Affen, das den Menschen gebar.

Das ganze breite Feld von Spielarten und Varianten derartiger Konzeptionen läßt sich nicht verfolgen (Zum Neothomismus vgl. z. B. JAROSZEWSKI, 1976). Wohl aber sei auf ein anderes, echtes Problem hingewiesen, das zu Thesen geführt hat, die Verhaltensforscher, wie KONRAD LORENZ, über die Homologisation tierischen und menschlichen Verhaltens aufgestellt haben. Für sie ist der Mensch ein Tier oder die Krönung der tierischen Evolution. Der Mensch folge den Gesetzen der Evolution bis auf den heutigen Tag und werde von den Triebkräften der biologischen Evolution und den im Evolutionsprozeß entstandenen Trieben beherrscht. Sein Verhalten wurzele nicht nur in der Tierwelt, sondern unterliege auch denselben Gesetzen. Gesellschaftliche Strukturen, wie Staat, Institutionen, und auch gesellschaftliche Ereignisse, wie Kriege, werden aus biologischen Triebanlagen geklärt, also mit angeblicher genetischer Determiniertheit begründet. Die Konsequenzen, die daraus für die Erforschung der Menschheitsgeschichte gezogen werden, laufen auf die Herausarbeitung derartiger Triebe, insbesondere des Aggressionstriebes, hinaus. Er wird als grundlegender, die Geschichte bestimmender Trieb angesehen. KONRAD LORENZ denkt humanistisch und sucht in seinem Umkreis nach Mitteln, um diesen Trieb zu mildern oder abzubauen. „Bekenntnis zur Hoffnung" überschreibt er das Schlußkapitel (LORENZ, 1963, IX, 369, 365). Andere, wie ROBERT ARDREY oder HANS HASS, sehen die Sache ganz anders. Sie rechtfertigen damit imperialistische Aggressionspolitik und versuchen, die heutigen Gesellschaftssysteme auf biologische Triebgrundlagen zurückzuführen. Die Existenz des Kapitalismus bzw. der „freiheitlichen Marktwirtschaft" werden unter eindeutig antikommunistischer Zielstellung biologisch zu rechtfertigen versucht.

Molekularbiologen machen auf Gefahren aufmerksam, die sich für die Menschheit aus derartigen Konzeptionen ergeben. Die Molekularbiologie ist heute in der Lage, im Labor Rekombinationen von RNS-Ketten herzustellen, die in Lebewesen neue, vom Menschen manipulierte Eigenschaften genetisch einpflanzen. Die Konsequenzen für den Fortschritt der Wissenschaft sind noch nicht abzusehen. Wahrscheinlich leiten diese Entdeckungen eine wissenschaftliche Revolution auf dem Gebiet der Molekularbiologie ein. Überwinden doch diese Entdeckungen und labortechnischen Möglichkeiten erstmals die Schranken der Evolution, die seit Entstehung des Lebens die Entwicklung des Lebens bis zum Menschen und bis heute bestimmt haben und bestimmen.

2. Zu einigen Fragen der Zuverlässigkeit unserer Quellen und Methoden

Abgesehen von vordergründigen weltanschaulichen Positionen, die an die Menschheitsgeschichte und deren Untersuchung ganz bestimmte Fragen herantragen, gibt es sehr objektive Gründe für Meinungsverschiedenheiten. Dazu gehört in erster Linie die noch verhältnismäßig großmaschige Erfassung von konkret biologisch-historischen Quellen, d. h. von direkten Hinterlassenschaften der menschlichen Evolutionslinie selbst.

Aus der kritischen Phase der Absonderung der zum Menschen führenden Entwicklungslinie von der des Tierreiches, die in die Epoche des *Australopithecus* (Südaffen) fällt, liegen bisher Reste von etwa 150 Individuen aus Südafrika und von etwa 130 Individuen aus Ostafrika vor (MANN, 1976, 182f.). Diese Individuen verteilen sich auf die Zeit von drei Millionen bis 0,5 Millionen Jahren vor Heute, also auf 2,5 Millionen Jahre. Nach Ansicht mancher Anthropologen gehören sie sogar noch einem längeren Zeitraum an. Das bedeutet, daß im Durchschnitt höchstens aus Intervallen von 25000 Jahren je ein Individuumsrest, oftmals nur einige Zähne oder Schädelbruchstücke, bekanntgeworden sind. Populationen, d. h. die Skelette ganzer Gruppen, sind überhaupt nicht erfaßt. Ähnlich ist die Lage für die folgenden Epochen. Aus der Zeit des *Homo erectus* (Urmenschen) sind etwa 50 Fossilien bekanntgeworden, d. h. aus einer Zeit, die 500000 bis 700000 Jahre einnahm. Nicht mehr als ein Fund kommt auf 10000 Jahre. Und selbst vom Neandertaler sind nicht viel mehr als 100 Individuen überliefert, die sich über 250—200000 Jahre verteilen, so daß im Durchschnitt ein Fund auf 2000 Jahre fällt. Tatsächlich aber ist die Spanne, aus der keine Funde vorliegen, noch größer, da es zeitliche und regionale Häufungen gibt.

Vergegenwärtigen wir uns diese Situation an einem aktuellen und überschaubaren Beispiel. Würden wir die aus der Menschheitsgeschichte bekannte Funddichte auf die Zeit der schriftlich überlieferten Geschichte proportional übertragen, so entstünde für den Anthropologen u. U. folgende Situation: Wir würden ihm zumuten, aus einem 5000 Jahre alten Skelett aus Mesopotamien, einem 3000 Jahre alten Skelettrest aus Vietnam, einem 1000 Jahre alten Skelettrest aus Nordfinnland und einem in einem Bombentrichter des zweiten Weltkrieges entdeckten Toten aus Mitteleuropa die anthropologisch-biologische Entwicklung und Differenzierung des Menschen der letzten 5000 Jahre, die Verteilung der Menschenrassen usw. zu rekonstruieren. Mit anderen Worten, manche Anthropologen haben sich daran gewöhnt, mit wenigen Funden große Zeiträume und Problembereiche zu überspannen, weitreichende Thesen daraus herzuleiten, obschon die Tatsache allgemein anerkannt ist, daß die Evolution der Organismen und auch des Menschen nicht von einzelnen Individuen, sondern von ganzen Populationen ausgeht. Bisher steht aber nicht eine einzige Population für die Analyse zur Verfügung.

Auf diesen faktenbegründeten Sachverhalt muß hingewiesen werden, um verständlich zu machen, daß der subjektiven Auffassung des einzelnen Forschers und seiner weltanschaulichen Bindung ein großer Raum zukommt, oder, anders ausgedrückt, daß nur eine materialistisch-dialektische Methode und interdisziplinäre Zusammenarbeit überhaupt die Möglichkeit zu Theorien geben und Schlüsse auf die Gesamtentwicklung erlauben. Aber selbstverständlich führt auch die dialektisch-materialistische Analyse der anthropologischen Entwicklung des Menschen nicht nur in Einzelheiten, sondern auch in wesentlichen Fragen auf dieser begrenzten Faktenbasis zu erheblich voneinander abweichenden Ergebnissen. Solche Meinungsverschiedenheiten betreffen die Einordnung bestimmter Hominiden in die Entwicklungslinie, die zum Menschen führt oder deren Zuordnung zu einer Nebenlinie. Sie betreffen Fragen der sogenannten Seitenzweige einschließlich der Neandertaler, die nach Auffassung mancher Forscher bis zum Übergang zum Homo sapiens jeweils ausgestorben sein sollen; sie betreffen das Problem der Bildung der menschlichen Großrassen, der Entwicklung des Gehirns usw. Unterschiedlich wird auch die Periodisierung der Menschwerdung vorgenommen (Foerster, 1976; Gur'ev, 1976 mit Lit.).

Die Anthropologie allein steht diesen Fragen ohne Aussicht auf Bewältigung gegenüber; gewisse Schlüsse und Sicherheiten ergeben sich erst, wenn andere menschliche Hinterlassenschaften, vor allem die Werkzeuge und Reste der Lebensweise, mit in die Untersuchung einbezogen werden. Ohne eine solche Verbindung wäre es nicht einmal möglich, die Schwelle, die zwischen Tier und Mensch bestand, zu bestimmen. Ein Beispiel, wie die Trennung der anthropologischen Fossilien und der Entwicklung des Menschen von der Entwicklung der Arbeitstätigkeit zu weitreichenden, meines Erachtens jedoch fehl verlaufenden Schlußfolgerungen führen kann, hat Christian Vogel in seinem Beitrag auf der Jahresversammlung der Leopoldina in Halle gegeben. Die Evolution des Menschen wird von Ch. Vogel (1975, 264) unter bewußter Abwertung der Arbeitstätigkeit als wesentlicher Evolutionsfaktor behandelt. Hinzu tritt eine bemerkenswerte Fehleinschätzung von Fakten, soweit sie auf archäologischen bzw. physikalischen Datierungsmethoden beruhen. Auf einer solchen Grundlage lassen sich selbstverständlich verhältnismäßig leicht neue, weitreichende Thesen über die menschliche Evolutionsgeschichte aufbauen, in deren Ergebnis z. B. die Herausbildung des Menschen als Ergebnis polytypischer Evolutionsstränge gesehen wird. Vogel meint, „die alte, durch Tradition schon fast ‚tabuisierte' Theorie [sei] vom Sockel gestoßen worden, die instrumentell-materielle Umweltbewältigung sei Haupttriebfeder der cerebralen Leistungssteigerung in der Evolution der höheren Primaten und bei der Hominisation gewesen. Anthropologen verkünden, daß die Bedeutung der materiellen Werkzeugbenutzung und -herstellung für die Hominisation ‚has been greatly over emphasized' . . ., ihnen assistierten zahlreiche Ethologen mit ihren neueren Befunden über die Schlüsselrolle des Sozialverhaltens für die kognitive Entwicklung" (Vogel, 1977, 249). Die Polemik gegen den Marxismus, die daran angeschlossen wird, geht am Wesen vorbei. Denn weder Marx noch Engels haben die „Technologie in der Hominiden-Evolution" für die Menschwerdung verantwortlich gemacht (Vogel, 1977, 248), sondern das dialektische Wechselverhältnis der Naturaneignung im gesellschaftlichen Arbeitsprozeß. Mit der Verlagerung der Problemstellung, wie sie Vogel u. a. vornehmen, werden letzten Endes aus der Diskussion die historischen Fakten herausgenommen, die in Form von Geräten und Werkzeugen, in Form von Zeugnissen über die Evolution des Arbeitsprozesses erhalten sind (Andreev, 1976). Es ist nicht zu bestreiten, daß ein Verzicht auf das oftmals aufwendige Studium der historischen Fakten eine von ethologischen Forschungsergebnissen ausgehende weitgespannte Hypothesenbildung erleichtert. Die Gefahr der Einseitigkeit und der Introduktion von gesetzten, historisch nicht erweisbaren Evolutionsfaktoren ist nicht zu übersehen. Diese Gefahr ist mindestens ebenso groß wie die,

die sich aus vulgärmaterialistischer Interpretation der Werkzeuge für die Evolutionstheorie ergibt.

Darwin hat naturwissenschaftlich die Einheit von Mensch und Natur begründet und mit dem Entwurf der Evolutionsgesetzmäßigkeit auch die Triebkraft für diese Entwicklung, für die Herausbildung unterschiedlicher, qualitativer Stufen untersucht. Im philosophischen Denken war eine solche Einheit bereits von Philosophen, wie Kant, 100 Jahre vor Darwin erkannt und vertreten worden. Selbst der Theologe und Geschichtsphilosoph Johann Gottfried Herder ging von dieser Einheit aus und entwickelte eine durchgehende Naturgeschichts- und Geschichtskonzeption, wobei er keinen Zweifel daran ließ, daß der Mensch mit dem Tierreich zusammenhinge. Er war sich darin mit J. W. Goethe[3] einig. So war es für Marx und Engels bereits in den vierziger Jahren des vergangenen Jahrhunderts, als sie ihr Buch „Die deutsche Ideologie" schrieben, keine Frage, daß der Mensch aus dem Tierreich entstanden sei. Selbst die Triebkraft, die das bewirkt hatte, wurde von Marx und Engels damals entdeckt: die Arbeit wurde als bewußte Tätigkeit im Stoffwechsel zwischen menschlicher Gesellschaft und Natur mit Hilfe von Geräten, Werkzeugen, Erkenntnissen und Erfahrungen in der Nutzung und Ausnutzung von Naturkräften und Naturgesetzen betimmt.

In der gemeinsamen Untersuchung „Die Deutsche Ideologie" begründet, weiter ausgearbeitet von Karl Marx im „Kapital", hat F. Engels in der „Dialektik der Natur" die Skizzierung von historischer und logischer Rolle der Arbeit im Menschwerdungsprozeß unternommen.

Die Stellung des Menschen in der Klassifikation des Tierreiches, auch hinsichtlich seiner nächsten Verwandten, ist heute, mehr als 100 Jahre nach Charles Darwin, hinreichend geklärt. Die Problemstellung der weiteren Forschung und Darstellung der frühen Menschheitsgeschichte besteht also nicht in erster Linie darin, die unmittelbare Verwurzelung des Menschen im Tierreich zu begründen, sondern zu untersuchen, wie und durch welche Vorgänge sich der Mensch aus dem Tierreich heraushob, wie er zum Menschen wurde, wie die menschliche Gesellschaft als höhere Bewegungsform der Materie mit neuen Triebkräften und mit neuem Inhalt entstand. Es ist chrakteristisch für eine Reihe von bürgerlichen Literaten, daß dieses Problem nicht erkannt oder verdeckt wird. Der qualitative Unterschied zwischen Tier und Mensch wird oftmals auf quantitative Verschiedenheit reduziert. Christian Vogel führte z. B. auf der Festsitzung der Leopoldina, gestützt auf Verallgemeinerungen von Verhaltensforschern, aus: „Die Fülle von sicheren Belegen für Werkzeugverwendung und Werkzeugherstellung bei nicht-menschlichen Primaten (auch in freier Wildbahn) (! J. H.) macht eindeutig klar, daß hier kein grundlegender qualitativer Unterschied zwischen den Hominiden und nicht-menschlichen Primaten besteht, sondern zunächst nur ein sich im Laufe der Evolution kumulierender quantitativer Unterschied" (Vogel, 1975, 265). Mit anderen Worten: Von manchen Verhaltensforschern und Anthropologen wird nicht beachtet, daß Arbeit und Verwendung von Arbeitsgeräten im Arbeitsprozeß etwas völlig anderes ist als zufällige, zum Teil noch in Laborversuchen angelernte Gerätebenutzung. Herstellung und Einsatz von Geräten in der Arbeit ist bewußter Prozeß oder führt dazu; es ist ein Vorgang, der nur den Menschen auszeichnet. Kein Verhaltensforscher hat in den vielfach außerordentlich interessanten Versuchsanordnungen und Materialzusammenstellungen diese triviale Tatsache der Bewußtheit für das Verhalten und die Gerätenutzung bei Tieren erweisen können. Die Frage wird daher in Arbeiten bürgerlicher Verhaltensforscher und deren Verwerter nicht aufgeworfen. Einer der grundlegenden methodischen Grundsätze der Evolutionsforschung, das Problem von Diskontinuität und Kontinuität, wird einseitig, gewissermaßen nur auf dem Gleis der Kontinuität verfolgt. Unter einem solchen Gesichtspunkt primärer Materialanalyse fällt es der weltanschaulich-religiösen Richtung nicht allzu schwer, ihrerseits umgekehrt den Grundsatz der „Diskontinuität im Geistigen" bei Anerkennung aller Kontinuität im Physischen zu betonen und damit der Schöpfung, dem „Aufleuchten eines personalen Geistes" usw., den Einstieg in den Evolutionsprozeß zu ermöglichen (Kälin, 1952).

3. Die Epochen der Herausbildung des Menschen und der menschlichen Gesellschaft

Bei dem Versuch, die Epochen der Herausbildung des Menschen und der menschlichen Gesellschaft darzustellen, sollte von dem spezifischen Merkmal des Menschen ausgegangen werden, von der Herausbildung und Entwicklung der Arbeit und des Arbeitsprozesses. Das Wesen dieses grundlegenden Prozesses ist u. a. von Karl Marx im „Kapital" dargelegt worden: „Die Arbeit ist zunächst ein Prozeß zwischen Mensch und Natur, ein Prozeß, worin der Mensch seinen Stoffwechsel mit der Natur durch seine eigene Tat vermittelt, regelt und kontrolliert. Er tritt dem Naturstoff selbst als eine Naturmacht gegenüber. Die seiner Leiblichkeit angehörigen Naturkräfte, Arme und Beine, Kopf und Hand, setzt er in Bewegung, um sich den Naturstoff in einer für sein eigenes Leben brauchbaren Form anzueignen. Indem er durch diese Bewegung auf die Natur außer ihm wirkt und sie verändert, verändert er zugleich seine eigene Natur" (Marx, MEW 23, 192). Die Menschwerdung beginnt mit den Anfängen der Arbeit, und sie ist abgeschlossen, nachdem sich der Arbeitsprozeß als grundlegender Faktor der Geschichte der Gesellschaft durchgesetzt hat. Die Entstehung des fertigen Menschen und die Formierung der Gesellschaft bilden also, bezogen auf die Ausbildung der Arbeit und des Arbeitsprozesses, eine Einheit. Von Anthropologen wird oftmals unter Verweis auf biologische Merkmale an Skelettresten von Seitenzweigen oder von ausgestorbenen Zweigen menschlicher Evolutionsgeschichte gesprochen. Der extremste Versuch dieser Art besteht darin, den *Homo sapiens* unmittelbar aus dem sogenannten *Homo habilis* herzuleiten und alle anderen Menschenarten wie den *Homo erectus* (Urmenschen) oder den *Homo neanderthalensis* (Neandertaler) aus der zum heutigen Menschen führenden Evolutionskette zu streichen. Die methodische Grundlage für ein derartiges Vorgehen ist mir unter zweierlei Gesichtspunkten unverständlich:

Erstens liegen zwischen dem sogenannten *Homo habilis* und dem *Homo sapiens* 1—2 Millionen Jahre Evolutionsgeschichte mit ihren fossilen Resten des *Homo erectus* und des *Homo neanderthalensis*. Der eine oder der andere Fund läßt sich möglicherweise von den genannten Gruppen abtrennen, aber er kann nicht eine neue Evolutionskette über 1—2 Millionen Jahre füllen. Raum und Zeit sind für die historische Forschung selbstverständliche methodische Größen. Auch eine auf Systematik gerichtete Forschung kann sie nicht übergehen, wenn sie den Anspruch auf Aussagen über Entwicklungsvorgänge erhebt.

Zweitens aber gibt es Arbeitsgeräte und sogenannte „Kulturen". Diese Kulturen sind nichts anderes als Hinterlassenschaften des Menschen mit traditioneller und damit historischer Zusammengehörigkeit. Die Kette der Kulturen jedoch reißt seit der fernsten Entstehungszeit von materiellen Hinterlassenschaften des Menschen — die älteste, bisher bekannte „Kultur" ist das Oldovanian — aus den knapp zwei Millionen Jahren alten

Schichten des KBS-Tuffes am Turkana-See in Ostafrika — nicht ab. Sie überspannt die von manchen Anthropologen auf Grund von anthropologischen Merkmalen gezogenen Grenzen und leitet über *Homo erectus* und *Homo neanderthalensis* zum *Homo sapiens*. Diese ununterbrochene Tradition in der Lebensäußerung menschlicher Stammesgeschichte hat ein beachtliches Gewicht für die Theoriebildung. Die Analyse derartiger Tradition der Kultur hat z. B. auch dazu geführt, daß diejenigen Anthropologen, die von einem „Aussterben" des Neanderthalers sprechen, in einer mißlichen Lage sind. Möglichen Interpretationen dieser Art auf Grund des Skelettmaterials steht die ungebrochene Entwicklung in der menschlichen Kultur entgegen, wie u. a. auch ein UNESCO-Symposium herausgearbeitet hat (BORDES, 1972).

Die Herausarbeitung von Epochen der menschlichen Evolutionsgeschichte kann also nicht nur von Fossilfunden ausgehen, sondern sie muß bemüht sein, die Entwicklung des Arbeitsprozesses und der Kultur gleichrangig zu berücksichtigen.

Nach dem gegenwärtigen Stand unserer Kenntnis lassen sich vier Epochen unterscheiden, die jeweils durch wesentliche Entwicklungsschritte charakterisiert waren und in deren Verlauf im Evolutionsprozeß neue Stufen erreicht wurden.

Die erste Epoche war die Epoche der biologischen Deviation der Art Mensch, der Absonderung der unmittelbar mit der Menschwerdung verbundenen Entwicklungslinie von anderen, unter biologischen Gesichtspunkten ebenfalls menschenähnlichen Entwicklungslinien (s. u.). Diese Homo-Deviation war mit der Herausbildung von Arbeit verbunden. Arbeit ist auf erster Entwicklungsstufe als Gerätenutzung zum Nahrungserwerb in Einheit mit Anfängen anschaulich-handelnden Denkens begriffen. KARL MARX sprach von instinktmäßigen Formen der Arbeit. Die Epoche umfaßte, unabhängig von den zur Zeit noch beträchtlichen Unsicherheiten in der Datierung der einzelnen Funde, auf jeden Fall einen Zeitraum von etwa zwei Millionen Jahren. Die ersten Nachweise für den Beginn dieser Epoche sind 1,6—1,8 Millionen Jahre alt, jedoch ist mit einem früheren Beginn zu rechnen. Die Epoche der humanen biologischen Deviation war vor etwa 0,8 Millionen Jahren abgeschlossen.

Die zweite Epoche war die Epoche der Anthroposoziogenese, die Epoche der Vermenschlichung des Affenmenschen und seiner biologischen Evolution zum Urmenschen unter zunehmender Wirksamkeit des Selektions- bzw. Evolutionsfaktors Arbeit. Die Arbeit existierte in einer Form, in der sie Grundlage der Existenz geworden war, ohne jedoch ihre primitiven, von den Anfängen des sensorisch-handelnden Denkens bestimmten Formen völlig abgetreift zu haben. Diese Epoche begann wenigstens vor 1 Million bis 800000 Jahren und endete vor 350000—250000 Jahren vor Heute.

Die dritte Epoche war die Epoche der sozialökonomischen Formierung. Die Arbeit wurde zum Arbeitsprozeß, d. h., sie nahm gesellschaftliche Formen an. Der *Homo sapiens neanderthalensis*, der Neandertaler im weitesten Sinne, bildete sich zugleich als biologische Übergangsform zum heutigen Menschen aus. Die Epoche begann 350000—250000 Jahre vor Heute und endete mit der Durchsetzung des *Homo sapiens* vor 40000—30000 Jahren.

Die vierte Epoche war die Epoche der Herausbildung der Urgesellschaft als der ersten sozialökonomischen Formation. Diese Epoche begann mit der Durchsetzung des *Homo sapiens*, des heutigen Menschen. Die Gesetzmäßigkeiten der biologischen Evolution traten im Hinblick auf die Gestaltung der Lebensweise des Menschen zurück. Sie ordneten sich in diesem entscheidenden Bereich gesellschaftlichen Daseins unter. Datierung etwa 40000 Jahre bis etwa 20000 Jahre vor Heute.

Für die Darstellung eines von mehreren Disziplinen bearbeiteten Stoffes ist eine verständliche Begriffsbildung erforderlich. Daran mangelt es z. Z. noch. Die erste Frage beginnt bei der Bestimmung bzw. Klassifizierung der anthropologisch feststellbaren Fossilien, der Skelettreste aus der menschlichen Evolutionslinie. Hier besteht einige Verwirrung, und häufig oder sogar in der Regel wird die Taxonomie (Zuordnung zu einer Gattung) ohne Berücksichtigung des Gesamtzusammenhanges nur nach der Diskussion anthropologischer Merkmale, und zwar nur solcher an Skelettresten oder gar Zähnen, vorgenommen. Daraus leitet sich ein großes Durcheinander ab, eine Fülle von Termini und Begriffen, die sich überschneiden, von den Fachleuten selbst oft verschieden verstanden werden und dem Nichtfachmann häufig völlig unverständlich sind. Für die Zuordnung von Skelettresten zu Familien, Gattungen und Arten sind neben morphologischen Merkmalen des Skeletts, die bei rezenten Arten übrigens eine geringe methodische Rolle spielen, andere Faktoren viel wesentlicher. Die sowjetischen Forscher N. V. Timifeeff-Rossovsky, N. N. Voronov und A. N. Jablokov (1975) bestimmten eine biologische Art folgendermaßen: „Die Art ist die Gesamtheit von Individuen, die geographisch oder ökologisch vikariierende Populationen bilden, eine Reihe gemeinsamer morphophysiologischer Merkmale haben, unter natürlichen Bedingungen miteinander kreuzbar sind und daher Intergradationen und Übergangspopulationen zwischen sich voneinander unterscheidenden Nachbarpopulationen bilden, in ihrer Gesamtheit jedoch ein gemeinsames geschlossenes oder teilweise unterbrochenes Areal einnehmen. Sie wird von anderen solchen Argen unter natürlichen Verhältnissen durch praktisch vollkommene biologische Isolation (Nichtkreuzbarkeit) getrennt, wodurch eine volle oder teilweise Überlappung von Artarealen ermöglicht wird. Schließlich ist die Art ein System von Genotypen, die innerhalb von Biogeozönosen eine entsprechende Gemeinschaft von ökologischen Nischen bilden, ein gemeinsames Evolutionsschicksal haben, das durch die Möglichkeit von zu Genrekombination führenden Kreuzungen bestimmt wird, und durch intraspezifische Konkurrenz und, in diesem Sinne, unabhängig vom Evolutionsschicksal anderer Arten charakterisiert ist."

Diese Kriterien stehen der Fossilien-Anthropologie kaum zur Verfügung. Gegenüber übertriebenen Ansprüchen, auf der Grundlage weniger Skelettreste weitgreifende Thesen über die Deviationen und Artenbildungen aufzustellen, muß daher auf den eben zitierten Sachverhalt nachdrücklich hingewiesen werden. Vielfach sind sich auch Evolutionsforscher heute darüber im klaren, daß zur Bestimmung der Gattung Mensch und seiner Evolutionsstufen nicht nur oder nicht in erster Linie Skelettreste ausreichen, sondern die auf Arbeit begründete Lebensweise einbezogen werden muß. E. Mayr von der Haward-University erklärte: „Der Hauptschritt, die Beschleunigung des Menschwerdens, passierte anscheinend, als unser Vorfahr, dieser frühe Hominide, zu der Jagd auf Großsäugern überging. Diese neue Ausnutzung der Umwelt, diese Einwanderung in eine neue ökologische Nische, verursachte eine ganze Reihe von neuen Selektionsdrücken . . ., aber alle erforderten letzten Endes eine viel schnellere und eine viel reichere Kommunikation zwischen diesen Hominiden." Die Evolution des Gehirns sei dadurch überaus rasch erfolgt, diese Evolution „ist ungefähr der schnellste unter den wichtigsten Evolutionsvorgängen, der überhaupt in der Geschichte der Welt bekannt ist" (Mayr, 1975, 412).

Es wird also nicht zu umgehen sein, bei der Bestimmung der Epochen der Menschwerdung eben die Entfaltung jenes Grundprozesses, des Arbeitsprozesses einzubeziehen. Eine Gattung Homo oder eine Art des Menschen läßt sich nicht bestimmen, ohne daß der Entwicklungsstand des Arbeitsprozesses berücksichtigt wird (Gur'ev, 1976). Daher sei es gestattet, Zweifel an einer solchen Stufengliederung zu äußern, die in den Prozeß der

Menschwerdung auch jene Stufen einbezieht, die vor dem Hinzutreten der Arbeit als Evolutionsfaktor liegen. Jene manchmal als subhumane Phase der Anthropogenese bezeichneten Evolutionsabläufe führten zur Herausbildung hochentwickelter Primaten, in denen Voraussetzungen für den Übergang zur Arbeit und damit zur Menschwerdung angelegt waren, aber sie sind noch nicht **Bestandteil** der Anthropogenese oder Menschwerdung. K. Marx und F. Engels machten bekanntlich bereits in der „Deutschen Ideologie" darauf aufmerksam: „Die erste Voraussetzung aller Menschengeschichte ist natürlich die Existenz lebendiger menschlicher Individuen. Der erste zu konstatierende Tatbestand ist also die körperliche Organisation dieser Individuen und ihr dadurch gegebenes Verhältnis zur übrigen Natur ... Sie selbst fangen an, sich von den Tieren zu unterscheiden, sobald sie anfangen, ihre Lebensmittel zu produzieren, ein Schritt, der durch ihre körperliche Organisation bedingt ist ..." (MEW 3, 20—21). Hierzu gibt es jedoch unterschiedliche Auffassungen. Ingeborg Foerster z. B., die sich in einer Dissertation mit philosophischen Problemen der Theorie der Anthropogenese befaßt, schließt sich ausdrücklich jener Richtung an, nach der der „Anfang der Anthropogenese (durch die Pongiden-Hominiden-Differenzierung) gekennzeichnet (sei), wodurch die historische Entwicklung der unmittelbaren anthropoiden Vorfahren des Menschen und ihrer Gemeinschaften in die Anthropogenese bzw. Anthroposoziogenese mit einbezogen sind" (Foerster, 1976, 22; vgl. auch ihren Beitrag S. 107ff.; ähnlich Ullrich, 1976).

Ich kann, um bei den angeführten Begriffen zu bleiben, in dieser subhumanen Phase keine **„historische Entwicklung"** erkennen. Es ist reine biologische Evolution. Vor Ende des Tertiärs bzw. dem ältesten Pleistozän gibt es keine Fakten, die auf Arbeit als Evolutionsfaktor hinweisen. Daran ändert sich auch nichts, wenn u. a. für das Pliozän in den naturgeschichtlichen Evolutionsprozeß eine sogen. Hunting-Revolution introiert wird (Feustel, 1976, 223, Tabelle 2). Eine solche Hunting-Revolution bleibt Postulat. Es gibt nicht den geringsten Beleg für eine derartige „Revolution". Als Historiker und Archäologen müssen wir uns an die Fakten halten.

Selbstverständlich schließt das Offenheit gegenüber neuen Tatsachen ein. Aber bisher sind Tatsachen, die die Menschwerdung — charakterisiert durch die Verbindung von Anfängen der Arbeit mit dem Evolutionsprozeß — tiefer in das Tertiär zurückverweisen würden, nicht bekanntgeworden. Einzelne Quarzite oder Steine werden hin und wieder in älteren Schichten angetroffen. Es sollen sich daran Bearbeitungs- oder Benutzungsspuren finden. Abgesehen davon, daß derartige Schlagmerkmale durchaus nicht zwingend artifizieller Herkunft sind, sondern auch natürlichen Kräften ihren Ursprung verdanken können, besteht an der sporadischen Nutzung von Geräten durch höhere Primaten auf Grund der Forschungsergebnisse der Ethologie kein Zweifel. Seit der Zeit von *Ramapithecus* und *Dryopithecus* wäre sporadischer Gerätegebrauch zu erwarten. Selbst wenn unterstellt wird, daß der eine oder andere Stein aus pliozänen Schichten wirklich als Gerät diente, so kann daraus keine Schlußfolgerung auf die Existenz des Arbeitsprozesses und des Menschen hergeleitet werden (in diesem Sinne auch Gur'ev, 1976).

Im wesentlichen sind also drei Hauptprobleme in die Frage nach den Epochen der Menschwerdung eingeschlossen.

1. Welcher evolutionsgeschichtliche Vorgang schuf wie, wo und in welchen Zeiträumen das Populationssubstrat als Bedingung und Voraussetzung der Menschwerdung. Es handelt sich um die sogenannte subhumane Phase der Anthropogenese in der Auffassung einiger Philosophen und Anthropologen.

2. Welche Stellung kommt der Arbeit und der allmählichen Herausbildung des Arbeits-

prozesses in der Evolutionsgeschichte des Menschen und für die Herausbildung gesellschaftlicher Verhältnisse bzw. Gesetzmäßigkeiten zu.

3. Unter welchen Bedingungen und unter der Wirkung welcher Triebkräfte vollzog sich die sozialökonomische Formierung als Grundlage für das Inkrafttreten historischer Gesetzmäßigkeiten. Diese Fragen sind von keiner einzelnen Wissenschaftsdisziplin zu beantworten, sondern nur durch das Zusammenwirken von gesellschaftswissenschaftlichen und naturwissenschaftlichen Disziplinen, von Geschichts- und systematischen Wissenschaften. Archäologie, Anthropologie, Biologie, Geschichtsforschung, Philosophie, Paläontologie, Paläozoologie, Radiophysik, Verhaltensforschung, Sprachwissenschaft und Molekularbiologie haben ihren unterschiedlichen, nicht verzichtbaren Anteil daran. Allein die Aufzählung der Disziplinen läßt erahnen, in welcher komplizierten Situation sich jeder Ansatz zur Synthese zwangsläufig bewegen muß.

Es gibt eine Vielzahl von Gliederungsvorschlägen der menschlichen Evolutionsgeschichte, die vor allem von Anthropologen ausgearbeitet worden sind. Das zusammenfassende Merkmal trotz zahlreicher Differenzen im einzelnen ist unschwer zu erkennen: Derartige Gliederungen schließen in die menschliche Evolutionsgeschichte, in die Anthropogenese oder selbst in die Anthroposoziogenese die große Zeitspanne ein, die seit der Gabelung der Pongiden/Hominiden vor 20—30 Millionen Jahren vergangen ist. In der Regel wird eine subhumane Phase von einer humanen Phase unterschieden. Beide werden nach dem Vorschlag von GERHARD HEBERER durch das TMÜ, das Tier-Mensch-Übergangsfeld, getrennt. Dieses Tier-Mensch-Übergangsfeld (auch als Tier-Mensch-Übergangsphase interpretiert [FEUSTEL, 1976, 221]) erfährt seither verschiedene Interpretationen und Darstellungen. GERHARD HEBERER (1965, 310) setzte das TMÜ als Vorstufe der Hominidenentfaltung tief in das Pliozän, also in das Tertiär. Er schrieb u. a.: „Wir haben im Fundmaterial eigentlich nur eine eindeutige Möglichkeit, über das **erfolgte** Passieren des Tier-Mensch-Übergangsfeldes Aussagen zu machen: wenn mit Skelettfunden assoziiert Spuren einer Gehirntätigkeit nachgewiesen und auf die durch diese Skelette repräsentierten Hominiden als Urheber zurückgeführt werden können, die die Gehirntätigkeit der Nicht-Hominiden überschreiten. Kurz gesagt, wenn also die betreffenden Hominiden nicht nur „Werkzeuge" benutzten, wie viele Tiere auch, sondern „Geräte" herstellten, wenn also nachweislich nicht nur ‚tool-users', sondern auch ‚tool-makers' vorliegen." Demzufolge läßt HEBERER Australopithecinen und Homo sich erst nach dem TMÜ aus der allgemeinen Hominidenlinie abspalten. Dem folgt HANS GRIMM (1976, 260). Die zeitliche Ansetzung schwankt, jedoch sind diese Lebewesen vor 2 bis 3 Millionen Jahren — wie Lucie in Hadar in Äthiopien (ARONSON u. a., 1977) — vorhanden gewesen, und ihre Ausläufer verlieren sich erst im Mittelpleistozän, vor kaum mehr als 500000 Jahren. Für alle drei von manchen Anthropologen erschlossenen Arten der Australopithecinen, den *Australopithecus africanus* oder *gracilis*, *robustus* und *bosei*, ist Gerätenutzung belegt oder anzunehmen (HARRIS and BISHOP, 1976, 93 u. a.). Dennoch starben sie teilweise aus. Folglich werden die Australopithecinen von einigen Forschern nicht durch das TMÜ hindurchgeführt.

3.1 Die Epoche der biologischen Deviation (etwa 2,5/1,8—0,8 Millionen Jahre vor Heute)

Worin besteht das Problem? Offensichtlich hat es im Prozeß der Hominiden-Evolution, die vor 20 bis 25 Millionen Jahren einsetzte, eine Epoche gegeben, in der wesentliche

Tabelle: Überblick über die Epochen der Herausbildung des Menschen und der menschlichen Gesellschaft

Homo-Art	Biologische und Gesellschaftliche Merkmale	Biologische Evolution	Andere Benennungen für fossile Gruppen
Homo simius Affenmensch	Individuen mit 500—750 cm^3 Hirnkapazität. **Arbeit:** Stetige Benutzung von Geräten und Herstellung einfacher Geräte zum Nahrungserwerb, älteres Oldowanian. Ausbildung sensorisch-anschaulichen Handelns und Denkens. Gebärdensprache in Verbindung mit Affektlauten. Zusammenleben in lokalen Gruppen. Epoche der Homo-Deviation. Dat.: 2,5—0,8 Mill. Jahre v. H.	Absonderung der Homo-Linie aus dem Feld der biologischen Artendeviation.	Homo habilis Eoanthropus Pithecanthropus Australopithecus africanus Australopithecus habilis Australopithecus grazilis
Homo erectus Urmensch	Individuen mit 780—1200 cm^3 Gehirnkapazität. **Arbeit:** Geräte des entwickelten Oldowanian, Acheuléen und Levalloisien. Sensorisch-anschauliches Denken und entsprechendes Handeln. Feuernutzung. Allmählicher Übergang zur Werkzeugherstellung. Ausdehnung über subtropische und gemäßigte Zone in Europa und Asien. Entstehung der Lautsprache neben der Gebärdensprache als Mittel der Kommunikation. Zusammenleben in Urhorden. Epoche der Anthroposoziogenese. Dat.: 0,8—0,35/0,25 Mill. Jahre v. H.	Durchsetzung der Homo-Linie. Aussterben von Nebenlinien der Homonidenentwicklung wie Australopithecus robustus und Australopithecus bosei.	Pithecanthropus Archanthropus Sinanthropus
Homo s. neanderthalensis Altmensch	Individuen mit 1000—2000 cm^3 Gehirnkapazität, jedoch unterentwickelte Gehirnstruktur. **Arbeit:** Werkzeugherstellung. Geräte des Mousterien u. a. Gerätekulturen. Arbeit wird zur bewußten Tätigkeit und nimmt Charakter eines gesellschaftlichen Prozesses an. Sensorisch-anschauliches Denken wird ergänzt durch Anfänge prälogisch-abstrakten Denkens. Erste Versuche zur geistigen Bewältigung der Naturumwelt mit Hilfe von Kult und kultischen Vorstellungen. Zusammenleben in protogentilen Lokalgruppen oder Verbänden von Lokalgruppen. Keime künstlerischer Darstellung. Lautsprache beginnt über Gebärdensprache zu dominieren. Epoche der sozialökonomischen Formierung. Dat.: 350000/250000—30000 Jahre v. H.	Differenzierung der Populationen entsprechend Arbeitsprozeß und Lebensweise in unterschiedlichem geographischen Milieu.	Homo präneanderthalensis, Homo neanderthalensis, Präsapiens, Paläanthropus

Homo s. sapiens Mensch	Individuen mit 1000—1800 cm^3 Gehirnkapazität. Ausbildung einer neuen Gehirnstruktur. **Arbeit:** bewußter Prozeß, der zur Triebkraft der eigenen Entwicklung wird. Entstehen der Triebkraft „Bedürfnis“ als individuelles und gesellschaftliches Bedürfnis, das in der Gesellschaft realisiert wird. Ausbildung differenzierter Lautsprache als Grundlage gesellschaftlicher Kommunikation. Anfänge der Kunst. Ausbreitung des Menschen über Amerika und Australien. Ausbildung der Gentilgesellschaft als erste Gesellschaftsformation mit urkommunistischer Basis, kultisch-religiösem Überbau, Kultur und Kunst. Die Veränderungen des Arbeitsprozesses verlaufen schneller als die Veränderungen des Naturmilieus. Epoche der Gentilgesellschaft, Erste Periode. Dat.: 40000—20000 Jahre v. H.	Zeitlich differenzierter Übergang der Homo s. neanderthalensis-Populationen zum anthropologischen Typ des Homo sapiens. Beginn der Ausbildung der Menschenrassen des Homo sapiens unter Ausprägung sekundärer biologischer Merkmale.	Neanthropus Neumensch, Homo sapiens diluvialis

Voraussetzungen für die Menschwerdung vorhanden waren bzw. geschaffen wurden: aufrechter Gang; Freiwerden der Hände; omnivore Ernährung durch Tötung von Kleintieren; sporadische Gerätenutzung. Alle diese Merkmale sind ausschließlich von Evolutionsgesetzmäßigkeiten und Naturfaktoren hervorgebracht worden, und sie treten in dieser Kombination nicht vor dem Ende des Pliozäns bzw. zu Beginn des Pleistozäns auf. Die langen Zeiträume, die diese Artenmerkmale hervorbrachten und in denen sich die hominide Artendifferenzierung vollzog, sind daher — wie bereits angemerkt — schwerlich in die Anthropogenese oder gar Anthroposoziogenese (FOERSTER, 1976, 21) einzubeziehen. Die Menschwerdung begann erst dort, wo ein neuer Evolutionsfaktor wirksam wurde. Dieser Evolutionsfaktor waren Gerätenutzung und Geräteherstellung bei der Nahrungsgewinnung, die sich zur Arbeit verfestigte. Sie bewirkte schließlich die endfültige Absonderung der Homo-Linie aus dem rein naturgeschichtlichen Evolutionsfeld der Hominidenentwicklung. Diese Absonderung, diese Artendeviation, würde ich daher als erste Epoche der Menschwerdung, als humane Deviationsepoche, bezeichnen. Erst in dieser Epoche entschied sich die Absonderung des Menschen aus dem Tierreich. Sie liegt — wenn wir sie in Beziehung setzen zu dem von G. HEBERER eingeführten Begriff des TMÜ (Tier-Mensch-Übergangsfeldes) — eigentlich hinter diesem Feld. Dieses Verhältnis ergibt sich zwangsläufig. Für HEBERER waren bei der Bestimmung des TMÜ nicht Kriterien des Überganges zur Arbeit maßgebend, sondern biologische Kriterien. Wo Spuren von Gerätegebrauch vorkommen, war das TMÜ für HEBERER durchlaufen. Die Triebkräfte, die das Geschehen im TMÜ bestimmten, hat HEBERER nicht besonders analysiert. Soweit es sich aus dem Zusammenhang seiner Ausführungen ergibt, waren es jedoch solche der naturgeschichtlichen Evolution, die er u. a. als Radiationen erfassen zu können vermeint. Die Triebkraft „Arbeit" spielte für HEBERER keine Rolle. Das TMÜ ist also nicht eigentlich ein Tier-Mensch-Übergangsfeld, sondern die evolutionsgeschichtliche Vorbereitung für die Herausbildung des Menschen. Der sehr verschiedene Inhalt, der dem TMÜ von manchen Forschern über HEBERER hinaus zugesprochen wurde (ULLRICH, 1975), widerspricht also wenigstens teilweise den Vorstellungen des Schöpfers dieses Begriffes. Wollen wir den Begriff gebrauchen, so bedürfte es einer neuen Definition seines Inhaltes, etwa derart, daß im TMÜ der Übergang von der ausschließlichen Wirksamkeit von Gesetzmäßigkeiten der naturgeschichtlichen Evolution zur maßgeblichen Wirksamkeit von Entwicklungsgesetzen der Gesellschaft erfolgte, also der Übergang von einer Bewegungsform der Materie zu einer anderen, höheren Bewegungsform. Der Zeitraum, in dem dieses geschah, deckt sich keineswegs mit dem, den HEBERER und seine Nachfolger für das TMÜ ansetzen. Selbst wenn wir lediglich die Ausbildung des Arbeitsprozesses als entscheidendes Kriterium für den Übergang vom Tier zum Menschen ansetzen, so liegt auch dieser Vorgang außerhalb des TMÜ in bisheriger zeitlicher und inhaltlicher Bestimmung.

Die Darstellung der Epoche ist mit vielerlei Unklarheiten behaftet, sowohl hinsichtlich ihres Inhalts als auch hinsichtlich der Chronologie. Deutlicher hervor tritt die Absonderung der Homo-Linie erst dort, wo der heutige Forschungsstand Einblick in den Zustand der Individuen und der Arbeitstätigkeit erlaubt. Und das ist erst vor 1,6 bis 2 Millionen Jahren der Fall. Die Stratigraphien am Turkana-See (Rudolf-See) in Kenia zeigen verhältnismäßig klar, daß vor dem sogenannten KBS-Tuff, einer Vulkanablagerung innerhalb der geologischen Schichtenfolge, kaum mit Gerätefunden zu rechnen ist. Wir kennen aus den älteren Schichten zwar zahlreiche Hominiden-Reste, jedoch keine nennenswerten Geräte. Erst im KBS-Horizont setzten Gerätefunde in größerer Anzahl ein. Zeitlich handelt es sich um das untere Pleistozän, den Beginn des Eiszeitalters. Danach ist der Beginn der

Deviationsepoche in die Zeit von etwa 1,8 Millionen Jahre vor Heute anzusetzen. Dem stehen bisher keine stratigraphisch gesicherten Fundzusammenhänge anderer Art entgegen. Alle, zum Teil auch spektakulären Datierungen und Nachrichten in der Presse haben sich in den letzten Jahren in der ernsthaften Diskussion und Datenprüfung auf diesen Zeitraum reduziert[4]. Spätestens vor 0,8 Millionen Jahren war diese Deviationsepoche abgeschlossen. Auch der im August 1976 entdeckte jüngste Fund eines grazilen Australopithecus-Schädels von Sterkfontain lag in Schichten mit Steingeräten, die 1,5—2 Millionen Jahre alt sind, wie TOBIAS auf dem Internationalen Kongreß in Nizza im September 1976 berichtet hat.

Drei wesentliche Ergebnisse begannen die Homo-Linie, die sich in dieser Deviationsepoche von anderen Hominiden-Linien schied, zu charakterisieren:

1. Der Übergang zur regelmäßigen Geräteherstellung zum Zwecke des Nahrungserwerbs als gefestigte Verhaltensweise.

Ich würde diese Verhaltensweise in Anlehnung an KARL MARX (MEW 23, 193) als Stufe geringer Bewußtheit in der Herausbildung der Arbeit, als instinktmäßige Form der Arbeit von K. MARX bezeichnet, ansehen. Diese instinktmäßige Form der Arbeit schied sich damit in der Deviationsepoche von sporadischer Gerätenutzung und zufälliger Geräteherstellung. So wurde schon mehrfach der Vorschlag gemacht, Australopithecus robustus und bosei als Tool-user, den *Homo habilis* oder Affenmenschen (s. u.) als Tool-maker zu bezeichnen (M. D. LEAKEY, 1976, 304f.).

2. Der von dieser neuen Verhaltensweise ausgehende Selektionsdruck bewirkte eine Entwicklung des Gehirns und — an Fossilfunden meßbar — des Gehirnvolumens. Es wuchs bis auf 775 cm^3 an gegenüber etwa 400 cm^3 bei den hominiden Ausgangsformen und den hominiden Nebenlinien. Die Veränderungen am Gehirn wurden genetisch fixiert. Weniger bedeutsam waren demgegenüber offenbar die Veränderungen am Skelett. Daraus erklären sich die langwierigen Diskussionen über die morphologisch-taxonomische Zuordnung von Skelettresten zu den verschiedenen Hominidenlinien. So schlug beispielsweise unlängst M. D. LEAKEY (1976) vor, die Zuordnung der Hominidenfunde von Olduvai grundsätzlich zu überprüfen und neu vorzunehmen.

Besonderen Anteil an den Veränderungen des Gehirns hatte der differenzierte Gebrauch der Hand und die Koordination der Tätigkeit der Population bzw. innerhalb einer Population, der mit dem Übergang zur Jagd verbunden war. Es domierte zwar noch die Jagd auf Kleinwild, wie die Befunde von Olduvai und vom Turkana-See zu zeigen vermögen, aber hin und wieder ist damit zu rechnen, daß in günstigen Situationen auch größere Tiere, wie Antilopen, Schweine und Hippoide, durch koordinierte Aktionen zur Strecke gebracht wurden, etwa durch das Abtreiben solcher Tiere in Sumpflöcher. Die Faunenliste vom Turkana-See und von Olduvai Schicht I geben verhältnismäßig gute Auskunft darüber. Sie zeigen zugleich, daß die Jagd wirklich noch im Anfangsstadium steckte, von einer Hunting-Revolution kann also keine Rede sein (Beispiele bei HARRIS and BISHOP, 1976; HERRMANN, 1974, 27, jeweils weitere Literatur).

3. Es darf mit den Anfängen anschaulich handelnden, sensorischen Denkens gerechnet werden. Damit war wahrscheinlich die Ergänzung der intentionellen Gebärdensprache durch Laute verbunden. Solche Laute standen im biologischen Substrat als Affektlaute zur Verfügung. Sie dienten weniger der Kommunikation, obwohl ihnen natürlich ein gewisser Informationsgehalt — werden Beobachtungen an rezenten Menschenaffen berücksichtigt — zugekommen sein dürfte. Bekanntlich sind Versuche, Schimpansen, d. h. die Menschenaffen, die dem Menschen am nächsten stehen, zum Reden zu bringen,

gescheitert. Der Schimpanse Vicki, der von dem Ehepaar HAYES aufgezogen und in sechs Jahren auf Sprechen dressiert worden war, brachte es nur auf die Worte „Mama", „Papa", „Cup" und „Up". Der Schimpanse verfügt zwar dank seiner aufrechten Körperhaltung im Rachen-Mund-Bereich über Voraussetzungen, eine Lautsprache zu entwickeln, aber es fehlen Steuerungsvoraussetzungen im Gehirn. Dagegen konnten ALLEN und BEATRICE WAGNER dem Schimpansen Washoe an der Nevada-Universität eine Zeichensprache mit etwa 100 Zeichen beibringen. Das entspricht auch Beobachtungen in freier Wildbahn, derzufolge sich Schimpansen durch Gebärden verständigen.

Der Sprachphysiologe J. WIND hält es im Gedankenexperiment für wahrscheinlich, daß bei Implantation des Rachen-Mund-Traktes des Schimpansen in einen Menschen dieser damit normal, lediglich mit etwas anderer Klangfarbe, sprechen könne (WIND, 1976, 626).

Die Lebensweise dieser sich absondernden Homo-Populationen ist an einigen Fundstellen, vor allem in Olduvai Schicht I und neuerdings am Turkana-See (Rudolf-See) in Kenia ein wenig deutlicher erkennbar geworden.

Am Nordufer des Turkana-Sees bei Ileret und Koobi Fora mündeten im frühen Pleistozän zeitweilig Flüsse in den Turkana-See, die aus dem äthiopischen Hochland kamen. Sie schnitten tiefe Täler ein, die außerhalb der Regenzeit trocken lagen. Der sandige, offene Grund der Täler unter den Galeriewäldern der Uferzonen wurde bevorzugt als Aufenthaltsplatz benutzt. Das zwischen See und Flußdelta gelegene Sumpfgelände bot Kleinwild eine Daseinsgrundlage. Die Lagerstellen der Hominiden weisen jeweils Häufungen von Geräten und Spuren der Herstellung solcher Geräte des frühen Oldowanian auf. Das Material für die Geräte war zum Teil aus größerer Entfernung herbeigeschafft worden. Als Beutetiere dienten Stachelschweine, Schweine, Gazellen, Wasserböcke und pferdeartige Tiere. Sie wurden wohl zum Teil an der Lagerstelle zerlegt und verteilt.

Als allgemeine Grundzüge, die sich auch an anderen Fundstellen bestätigen, ergeben sich: 1. Geräteherstellung aus Kieselsteinen, Tuff und Lava mit begrenzter, aus der unmittelbaren Tätigkeit sich ergebender Zielstellung. 2. Wahrscheinlich Gebrauch von Eckzähnen pferdeartiger Tiere und von Schweinen als Geräte. 3. Zeitweilige Nutzung eines festen Rastplatzes. 4. Herbeischaffen wenigstens eines Teils der Beute an diesen Rastplatz und deren Zerlegung und Verteilung (ISAAC, 1976, 17). 5. Die Kinderpflege bzw. Aufzucht von Kindern dürfte mit dem Leben an solchen Rastplätzen verbunden gewesen sein und den weiblichen Mitgliedern derartiger Horden eine spezielle Rolle zugewiesen haben. Mit Anfängen geschlechtlicher Arbeitsteilung ist daher zu rechnen.

Wie die zukünftigen Forschungen auch immer diese Vorstellungen präzisieren mögen, sicher scheint, daß die Arbeit in einfachster Form Grundlage des Nahrungserwerbs und der Lebensweise geworden war. Damit ist für die Lebewesen, die diesen Evolutionsschritt vollzogen, die Klassifizierung als „Homo" gerechtfertigt. In Anbetracht der engen biologischen Verbindung mit anderen Hominidenlinien, die jedoch nicht zum Menschen führten, und der direkten Verwurzelung im Tierreich würde ich diese, sich herausbildende Art als *Homo simius*, als Affenmenschen, bezeichnen[5]. Kennzeichen wären Arbeit auf der untersten Stufe, jedoch als Grundlage der Erwerbung von Lebensmitteln, damit verbundene Vergrößerung der Gehirnkapazität über den Schwellbereich des Menschenaffen hinaus, jedoch noch unterhalb des „Rubicon" zum ausgeprägten Menschen. Dieser „Rubicon" liegt bei 900—1000 cm^3 (JERISON, 1976). Es bilden sich Skelettmerkmale heraus, die Mensch und Menschenaffen scheiden, wie Ausprägung der Hand, Veränderungen in der Lage des Beckens infolge dauernden aufrechten Ganges, Rückbildung der Prognathie als Folge veränderter Ernährung. Allgemeine Eigenheiten späterer Menschenformen des *Pithecanthropus* von Java, des *Sinanthropus* oder des *Präsapiens* werden mit dem Begriff „*Homo erectus*“ (Urmensch) belegt. Der Variationsreichtum der Menschenform des Mittelpleistozäns ist unter dem Begriff des *Homo s. nenanderthalensis* zusammengefaßt worden. In ähnlicher Weise könnte der Begriff *Homo simius* die offensichtlich nicht geringe Differenziertheit von Hominiden, die in der Deviationsepoche lebten, in sich enthalten. Zu den Kriterien für die Zuordnung der einzelnen Variationen von Menschenformen zu der einen oder anderen Homo-Art sind nicht nur biologische Merkmale, sondern diese in Einheit mit dem Entwicklungsstand des Arbeitsprozesses zu rechnen.

Die Homo-Deviation fällt in das Villafranchium, also in den Beginn des Pleistozäns oder des Eiszeitalters der Erde. Datierungen und Vermutungen, die diese Vorgänge zum Teil weit zurück in das Pliozän verlegen, haben sich nicht bestätigt. Damit dürfen wir einen direkten Zusammenhang zwischen dem Wechsel des Ökosystems zu Beginn des Pleistozäns und den Anfängen der Arbeit annehmen.

Nachdem vielfach sehr frühe, scheinbar sensationelle Daten angegeben worden sind, weisen die neuen Daten, die aus sorgfältiger untersuchten stratigraphischen Zusammenhängen herrühren, auf die Zeit zwischen 1,5 bis höchstens 2 Millionen Jahren für den Übergang zur Arbeit hin. Die ältesten Schichten, in denen Geräte vorkommen, sind am Turkana-See ebenso wie in Olduvai auf 1,6 bis 1,8 Millionen Jahre datiert. Ältere Funde von Arbeitsgeräten, die chronologisch einigermaßen verläßlich einzuordnen wären, gibt es nicht. Ebenso gibt es bisher keine Reste des *Homo simius* oder „*Homo habilis*“, die älter als zwei Millionen Jahre sind. Der mit viel Sensation durch die Presse geschickte Oberflächenfund des Schädels 1470 vom Turkana-See (Leakey, 1973) lag in einem fossilen Flußbett, das den KBS-Tuff (s. o.) durchschnitt. Die Datierung des KBS-Tuffes ist mittlerweile auf 1,8 bis 1,6 Millionen Jahre erfolgt (Leakey gab noch 2,6 bis 3 Millionen Jahre an). Während Leakey jedoch, da der Schädel tiefer als der einige Kilometer weiter anstehende KBS-Tuff lag, den Schädel in Schichten unterhalb des KBS-Tuffes projizierte und damit die Sensation schuf, haben seine Mitarbeiter inzwischen die Zuordnung richtiggestellt. Der KBS-Tuff gibt den Terminus post quem, nicht antequem, wie Leakey meinte. Der Schädel 1470 mit 700—775 cm^3 Kapazität gehört also in die bereits bekannte Homo-Entwicklung[6].

Neue Fragen sind durch die Frühdatierung einiger Homo-Funde von Java in das Frühpleistozän aufgeworfen worden. Die sogenannte Djetis-Fauna, mit der diese Reste zusammen vorkommen, wird unvermittelt auf Grund einiger Kalium-Argon-Daten ins Frühpleistozän angesetzt (Jacob, 1975). Die Paläozoologen werden klären, ob das möglich ist. Bisher gilt sie auf Grund faunistischer Zuordnung als frühes Mittelpleistozän (Heekeren, 1972, 12; Woldstedt, 1969). Eine Begründung, warum sie nunmehr in das Frühpleistozän gehören soll (Jacob, 1975), wird nicht gegeben. Aus dem Villafranchium, dem Beginn des Pleistozäns, sind aus Java keine Funde von Hominiden bekannt (Heekeren, 1972, 10).

3.2. Die Epoche der Anthroposoziogenese (800000—350000/250000 vor Heute)

In dieser Epoche begann die Arbeit, den Menschen auszuprägen. Die Epoche setzt sich deutlich durch wesentliche Veränderungen in der Entwicklung der Arbeit, des menschlichen Phänotyps und des Verhältnisses des Menschen zur Natur ab.

Historisch gesehen ist sie mit der Ausbildung der Geräte des entwickelten Oldowanian, des Abbevillien, des Acheuléen, der Nutzung des Feuers, der Ausbreitung des Menschen über die subtropische und gemäßigte Zone der Erde und durch die Ausbildung von Voraussetzungen für gesellschaftliches Zusammenleben charakterisiert. Es ist die Epoche des *Homo erectus* oder Urmenschen. Auch diese Epoche umfaßte Jahrhunderttausende, wobei die Anfangs- und Enddaten je nach angewandter Datierungsmethode verschieden angegeben werden. Die Arbeit existierte in einer Form, in der sie Grundlage der Existenz geworden war, ohne jedoch ihren instinktmäßigen Charakter völlig abgestreift zu haben. In der Evolutionsgeschichte drückt sich diese Tatsache darin aus, daß der von der Arbeit ausgehende Selektionsdruck auf die körperliche Gestalt, besonders auf das Gehirn und die Ausbildung der Sprachfähigkeit, anhielt. Der *Homo erectus* aus dem Anfang dieser Epoche, wie etwa die Funde von Java aus dem unteren Mittelpleistozän und von Lantjang in China, erscheinen als primitive Vorformen gegenüber dem feuerverwendenden, differenzierte Geräte und Werkzeuge außerhalb seiner ursprünglichen natürlichen Heimat herstellenden Menschen im Endstadium dieser Epoche. Verwiesen sei nur auf die Funde von Vértesszöllös in Ungarn oder Bilzingsleben bei Halle (Mania, Grimm, Vlček, 1976).

Drei wesentliche Errungenschaften würde ich für diese Epoche als charakteristisch ansehen:

1. Die Arbeit hatte eine Stufe erreicht, auf der zur Herstellung von Geräten andere Geräte hergestellt wurden. Die Werkzeugherstellung setzte sich durch. Was ist Arbeitsgerät, was ist Werkzeug? Wir könnten uns mit dem englischen Begriff „tool" behelfen. Aber tatsächlich gibt es eine Entwicklungskette in der Geschichte, die wir versuchen sollten, auch historisch zu erkennen und in entsprechenden Begriffen zu fassen. Als Vorstufe der Werkzeuge ist ohne Zweifel die Nutzung von Naturprodukten als Geräte zum Nahrungserwerb anzusehen. Eine solche z. T. instinktmäßige Nutzung geht weit in das Tierreich hinein. Es ist keine Eigenschaft der Primaten. Allerdings mag sie unter Primaten in stärkerem Maße bereits mit Lernvorgängen innerhalb von Populationen verbunden gewesen sein. In der Deviationsepoche verfestigte sich diese Eigenschaft in der Homo-Linie zur Herstellung von Geräten durch Zertrümmern von Naturvorlagen. Das war die erste Stufe in der Gerätegeschichte. Die zweite Stufe, die nunmehr der *Homo erectus* erreichte, leitete eine neue Epoche in der Ziel-Mittel-Zweck-Kette der Arbeit ein. Es wurden Geräte hergestellt, die nicht direkt dem Nahrungserwerb oder der Lebensweise, sondern der Herstellung anderer Geräte, der Herstellung von Arbeitsgeräten, dienten.

Die Geräte des älteren Oldowanian waren begrenzt zweck-zielgerichtet, sie waren direkte Organkompensation beim Nahrungserwerb. Die Geräte der neuen Epoche des Acheuléen dagegen waren mehr: sie dienten nicht nur dem direkten Nahrungserwerb, sondern wurden offensichtlich mit dem Ziel der Herstellung anderer Arbeitsgeräte geschaffen. Die Kette hatte also ein neues Glied erhalten, und dieses Glied setzte ein Erfassen von Zusammenhängen im Arbeitsvorgang über mehrere Stufen voraus. Die Geräte, die in dieser Verkettung als Geräte zur Geräteherstellung, zur Herstellung von Arbeitsbehältern, darunter Gefäßen oder „Containern" (Isaac, 1976, 278) usw. dienten, würde ich als Werkzeuge bezeichnen. Es waren die ersten Anfänge der Abteilung I der Produktion: die Produktion von Produktionsmitteln. Eine solche Stufe ist nicht mehr vorwiegend instinktmäßig oder von sensorisch-handelndem Denken bedingte Arbeit, sondern Arbeit mit höherem Bewußtheitsgrad. So entspricht es nach unserem bisherigen Wissen voll und ganz diesem Zustand des Daseins und der Bewußtheit, daß in dieser Epoche erstmals das Feuer genutzt und unterhalten wurde. Die Nutzung einer Naturkraft und die Arbeit zur

Sicherstellung dieser Nutzung entsprechen dem, was uns die Gerätefunde aussagen. Die Arbeit begann, ihre instinktmäßigen Formen abzustreifen und weitere Zwischenglieder in den Stoffwechsel zwischen Mensch und Natur einzubeziehen, die vom werdenden Menschen selbst zielgerichtet geschaffen und unterhalten wurden.

2. Mit der Herstellung von Werkzeugen und der Nutzung und Unterhaltung des Feuers begann die Arbeit zum Prozeß zu werden. Arbeit in dieser Form erforderte kontinuierliches, abgestimmtes Zusammenwirken in Gruppen sowie die Entwicklung der Kommunikation. Daher darf mit einer weiteren Ausbildung des Laut-Gehör-Systems, also der Lautsprache im Verhältnis zur Gebärdensprache, gerechnet werden. Der Anstieg des Gehirnvolumens von 780 auf mehr als 1000 cm^3 bei den Menschen dieser Epoche schuf die Möglichkeiten dazu, wenngleich eindeutige Aussagen über Umfang und Struktur der entstehenden Lautsprache nicht möglich sind (MONTAGU, 1976; JERISON, 1976, 377).

Die Grundlagen dieser Entwicklung des *Homo erectus* wurden genetisch im Prozeß der naturgeschichtlichen Evolution fixiert. Das ökologische System veränderte sich schneller, als der Mensch die Arbeitsfähigkeit entwickelte, damit jedoch scheint mir sicher zu sein, daß auch in dieser Epoche noch nicht von der Wirkung gesellschaftlicher Gesetzmäßigkeiten gesprochen werden kann. Es waren die Ansätze in Form der Entwicklung der Arbeit erweitert worden, die diese zu einem wirksamen Selektionsfaktor im biologischen Evolutionsprozeß erhob. Aber diese Ansätze schufen keine neue Gesetzmäßigkeit, auch keine, wie es manchmal heißt, biosoziale Gesetzmäßigkeit. Die Wirkung des Evolutionsfaktors Arbeit und dessen Entwicklung hatte vielmehr in erster Linie eine Beschleunigung der biologischen Evolution und deren Ausrichtung zur Folge.

3. Die Entwicklung der Arbeit erlaubte Menschengruppen, in neue Ökosysteme oder Klimaregionen vorzudringen. Damit setzten sich diese Gruppen auch verstärktem Selektionsdruck aus; das mußte vor allem in Zeiten der radikalen Veränderung naturgegebener Bedingungen, vor allem in den Zeitabschnitten erneuter Vereisungen geschehen. Dem daraus entstehenden Selektionsdruck setzte der Mensch die Entwicklung des von ihm geschaffenen Evolutionsfaktors „Arbeit“ entgegen. Die Entwicklung dieses Faktors evolutionierte ihn zugleich biologisch, vor allem durch weitere Ausbildung des Gehirns und der biologischen Grundlagen für die Ausbildung gesellschaftlicher Elemente. Die beste Chance, seine jeweiligen Erbanlagen weiterzugeben, hatte das Individuum, das in der Tendenz zur gesellschaftlichen Einordnung in den Arbeitsprozeß eine herausragende Rolle spielte, sei es als bester Jäger oder Organisator der Jagd. Die besten Chancen, sich durchzusetzen, vor allem in Perioden ökologischen Druckes, hatten offensichtlich auch die Gruppen, die im Arbeitsprozeß die bedeutendsten Leistungen aufwiesen. In diesem Griff der Anpassung an die Erfordernisse des Arbeitsprozesses als eines gemeinsamen, protogesellschaftlichen Prozesses kam der Herausbildung von Fertigkeiten und Intelligenz sowie der Sprache eine erstrangige Rolle zu. Die Fähigkeit zur Sprache mußte genetisch erworben werden. Ebenso die Grundlage der Intelligenz. Intelligenz im Sinne von Voraussetzungen für Denkprozesse ist vererbbar und war immer vererbbar, gleiches gilt auch für die Begabung zur Sprachfähigkeit.

Für die Epoche, die hier behandelt wird, können wir also von einer Epoche der Anthroposoziogenese im eigentlichen Sinne des Wortes sprechen. Es war eine Epoche naturgeschichtlicher Evolution, an der jedoch mehr und mehr vermittelnde Faktoren, die wesentlichsten waren Arbeitstätigkeit und gesellschaftliches Zusammenleben, beteiligt gewesen sind.

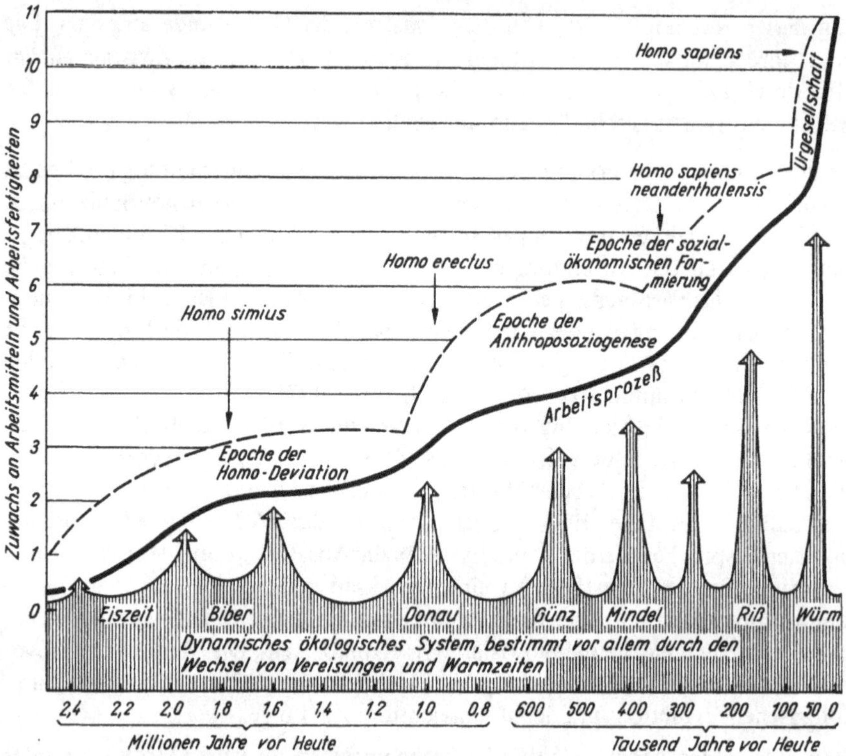

Abb. 1. Wechselnde Umweltbedingungen, Zuwachs an Arbeitsmitteln und Entfaltung des Arbeitsprozesses als Grundlagen der Menschwerdung und der Epochengliederung

1 Ständiger Gebrauch von unbearbeiteten Naturstoffen als Geräte

2 Herstellung von undifferenzierten, groben Geräten aus Steinen

3 Festigung der Herstellungstechniken und Ausbildung traditioneller Geräteformen. Anfänge sprachlicher Kommunikation und sozialer Vererbung von Eigenschaften und Erfahrungen

4 Verwendung des Feuers

5 Differenzierte Stein- und Knochengeräte entsprechend der Spezialisierung der Arbeit unter verschiedenen Umweltbedingungen

6 Herstellung von Werkzeugen zur Werkzeugherstellung und von zusammengesetzten Geräten. Jagd mit Speeren und anderen Schleuderwaffen

7 Beherrschung der Feuererzeugung

8 Erfindung von Pfeil und Bogen, damit Durchsetzung neuer Jagdmethoden

9 Entwicklung von Geräten zum Fischfang, vor allem auf der Grundlage differenzierter Horn- und Knochengeräte

10 Herausbildung hochspezialisierter Jäger und Fischer; saisonweise Seßhaftigkeit auf Grund höherer Arbeitsproduktivität

11 Geräte und Methoden zur materiellen Darstellung künstlerischer und geistiger Bedürfnisse

Einige gesellschaftliche Spezifika der Entwicklung werden auf dieser Stufe bereits deutlich: Sie liegen in der differenzierten Gestaltung des Arbeitsprozesses jeweils nach den konkreten Naturbedingungen. Die seit dem Mittelpleistozän einsetzende Differenzierung der Gerätekulturen ist offenbar Ausdruck der differenzierten Auseinandersetzung mit dem unterschiedlichen Naturmilieu. Die verschiedene Anpassung an das Naturmilieu mit Hilfe der Arbeit verhinderte die Auflösung der über nunmehr drei Kontinente — Asien, Afrika, Europa — verteilten Homo-Linie in einzelne Arten. Aber ebenso darf angenommen werden, daß biologische Differenzierungen vor sich gingen, die gewiß merkbarer, d. h. nicht geringer waren als die späteren Differenzierungen der Großrassen. Für die spätere Epoche des Neandertalers ist das längst erkannt worden.

3.3. Die Epoche der sozialökonomischen Formierung (≈350000/250000 bis etwa 30000/20000 vor Heute)

Diese Epoche lag in der Zeit der beiden letzten Vereisungen, der Riß- und der Würmvereisung. Ihr Wesen wurde durch die differenziertere Ausbildung des Arbeitsprozesses bestimmt. Dieser wurde nunmehr zum bewußten gesellschaftlichen Zusammenwirken und durch das Denken geprägt. Beispiele wie die Invalidenpflege in der Höhle von Shanidar im Zagrosbergland (Irak) oder die Totenbestattungen in Teschik-Tasch (Usbekische SSR) lassen diese neue Qualität des Verhältnisses von Individuum und Gesellschaft erkennen. Es sind Hinweise auf die rationale Steuerung des gesellschaftlichen Zusammenlebens. Im unmittelbaren Arbeitsprozeß zeigen sich die Wirkungen entwickelten Denkens in der Herstellung komplizierterer Geräte, der Spezialisierung in der Jagd, z. B. auf Höhlenbären. Vereinzelt finden sich auch Hinweise darauf, daß Ansätze des Denkens über die Beziehungen zwischen Mensch und Tier und Umwelt vorhanden waren. Diese Hinweise mehren sich in der Würm-Eiszeit. Knochenritzungen und Zahnamulette sind gleichfalls Ausdruck geistiger Fähigkeiten, die über begrenztes, anschaulich-handelndes Denken hinaus in neue Regionen vordrangen. Wir müssen damit rechnen, daß im Arbeitsprozeß, nicht nur in der unmittelbaren Tätigkeit, Voraussicht und Planung eine gewisse Rolle zu spielen begannen, daß der Arbeitsprozeß wenigstens in Teilen und in Grundzügen bereits vor seiner Realisierung im Denken vollzogen bzw. durch die Ausbildung entsprechender sprachlicher Kommunikation auch gesellschaftlich vorbereitet wurde. Je komplizierter das Naturmilieu war — und während der Würmvereisung gestaltete es sich für einige Neandertalergruppen im Vorfeld des Inlandeises offensichtlich außerordentlich hart —, umso größere Bedeutung kam der Ausprägung dieser gesellschaftlich konzeptionellen, rationalen Seite des Arbeitsprozesses zu.

So ist es gewiß nicht zufällig, daß Teile der europäischen und mittelasiatischen Neandertalerpopulationen in der ersten Hälfte der Würmvereisung ein fast sprunghaftes Anwachsen des Gehirnvolumens erkennen lassen (Liste u. a. HERRMANN, 1974), das zum Teil das Volumen des heutigen Menschen erheblich übertraf. In den eisferneren Zonen gab es diese Evolutionstendenz offenbar nicht. Bestattungen von Neandertalern, d. h. Hinweise auf soziales Verhalten, sind bisher nur aus dieser Zone der Erde vor dem Eisrand aus der frühen Würmvereisung bekannt.

Diese zugegebenermaßen dürftigen, aber unbestreitbaren Hinweise auf die ökonomischen, geistigen und sozialen Vorgänge und Beziehungen, die aus der Epoche des

Homo neanderthalensis erhalten sind, deuten darauf hin, daß sich sozialökonomische Grundlagen in der Homo-Entwicklung formierten. Kennzeichen dieser Formierung waren:

1. der allmähliche Übergang zur bewußten Arbeit, zur Arbeit als Einheit von Denken und Handeln;
2. die Herausbildung sozialer Formen des Zusammenlebens, wobei sozial im Sinne gesellschaftlicher Bewußtheit, nicht biologischer „Geselligkeit" verstanden wird. Die Ethologie und nach ihr einige Verwerter ihrer Arbeitsergebnisse halten zumeist beide Qualitäten bedauerlicherweise nicht auseinander (Lorenz, 1963; Vogel, 1977; Behrens, Padberg, 1976);
3. die Anfänge eines Denkens, das die Beziehungen von Gesellschaft und Individuum zur Umwelt und zur Zeit (Vergangenheit, Gegenwart, Zukunft) zum Gegenstand hatte.

Diese drei neuen Elemente waren offenbar die ausschlaggebenden, die zur Formierung sozialökonomischer Voraussetzungen für die Herausbildung der ersten ökonomischen Gesellschaftsformation, der Urgesellschaft, führten.

3.4. Die Epoche der Herausbildung der Urgesellschaft (40000—20000 vor Heute)

Erst auf der Grundlage der sozialökonomischen Formierung entstanden Bedingungen für die Wirksamkeit gesellschaftlicher Gesetzmäßigkeiten. Eine der ersten war sicher in der allmählichen Herausbildung eines dialektischen Wechselverhältnisses zwischen Effektivität des Arbeitsprozesses, also Stand der Produktion, und den gesellschaftlichen und individuellen Bedürfnissen gegeben. Die wesentliche Voraussetzung, auf der dieses Verhältnis sich gründete, lag in der Bewußtheit von Arbeits- und Lebensprozeß, d. h. letztlich in den über Jahrtausende im Evolutionsprozeß ausgebildeten Fähigkeiten des menschlichen Denkens. Die Epoche der sozialökonomischen Formierung hatte sich noch im evolutionsgeschichtlich-biologischen Ergebnis des *Homo sapiens* ausgeprägt. Eine neue Menschenart entstand. Die sozialökonomische Formierung bildete die Voraussetzung für die Herausbildung dieser Menschenart, ebenso wie diese Bedingung für den weiteren Schritt in die Geschichte wurde. Die allmählich in Teilbereichen tendenziell und in Anfängen wirksamen gesellschaftlichen Gesetze, das Entstehen der Triebkraft „Bedürfnis" (Herrmann, 1974) bewirkten offensichtlich in der Zeit der Würmvereisung eine Beschleunigung des Tempos der Entwicklung. Die Wanderbewegungen vor dem oszilierenden Eisrand beförderten den Genfluß, die Kombination von Erbanlagen der Populationen aus unterschiedlichem Milieu, so daß einerseits mit dem Übergang zum *Homo sapiens* ein im wesentlichen einheitlicher Menschheitsprozeß ablief; zum anderen aber begann auch aus Tradition und Isolierung die Herausbildung der menschlichen Großrassen, die wir bis heute kennen. Starre Grenzen sind für diese Prozesse nicht zu ziehen. Noch immer rechnen wir mit Jahrzehntausenden. Erst vor etwa 40000—20000 Jahren wurde in großen Teilen der Erde die neue Qualitätsstufe erreicht: die menschliche Gesellschaft als urkommunistische sozialökonomische Formation. Erst seit diesem Zeitpunkt verloren die Gesetze biologischer Evolution ihren Charakter als bestimmende Entwicklungsgesetze, die den Übergang zur Arbeit erzwungen und die zur Vervollkommnung des Arbeitsprozesses und des Menschen als „Ensemble gesellschaftlicher Verhältnisse" wesentlich beigetragen hatten. Ihre Wirkung blieb nunmehr vor allem auf biologische Prozesse menschlichen Daseins begrenzt. Die Wirkungszeit blieb unter den Zeiträumen geschichtlicher Entwicklung nunmehr weit zurück, ohne daß die grundlegenden Wirkungsprinzipien der Evolution verlorengegangen wären. Anlagen, Talente, Intelligenz, Erbkrankheiten, Rassenmerkmale sind auch heute vererbbar. Mutationen entstehen ebenso oder sogar häufiger als in den Epochen der Menschwerdung. Aber die evolutionsgeschichtliche Selektion verläuft anders. Sie wird mehr und mehr von der Gesellschaft beeinflußt, in einigen Bereichen auch bereits beherrscht. Diese Frage reicht bis in unsere Zeit hinein, ohne daß sie bisher gründlich untersucht worden wäre. Ohne Zweifel sind z. B. solche evolutionsgeschichtlichen Vorgänge wie die Akzeleration mit der Entwicklung von gesellschaftlichen Verhältnissen und Evolutionsvorgängen eng verbunden. Die Herausbildung der ersten ökonomischen Gesellschaftsformation und das Wirksamwerden gesellschaftlicher Gesetze hob also nicht die Evolutionsgesetze auf. Vielleicht geht es schon zu weit, wenn formuliert wird, daß die Evolutionsgesetzmäßigkeiten der Wirkung gesellschaftlicher Gesetze untergeordnet worden seien. Richtiger ist es wohl, von der Herausbildung eines neuen dialektischen Wechselverhältnisses zu sprechen, in dem die Tendenz zur Unterordnung der Evolutionsgesetze unter die Gesetzmäßigkeiten der Gesellschaft wirksam zu werden begann. Gleichzeitig aber steht zweifelsfrei fest, daß sich die Wirkungen der Evolutionsgesetze auf den Menschen als biologisches Wesen erstrecken, nicht auf die Geschichte der Gesellschaft. In bezug auf die Geschichte der Gesellschaft besteht kein Zweifel, daß naturgeschichtliche Evolutionsvorgänge dem Wesen nach bedeutungslos blieben und weder das Tempo der geschichtlichen Entwicklung noch die Aufeinanderfolge der Gesellschaftsformationen und schon gar nicht das Wesen der Gesellschaftsformationen bzw. Gesellschaftsordnungen bestimmten.

Um unsere Auffassung in eine Abschlußformel zu bringen: Die Epochen der Menschwerdung waren Epochen der biologischen Evolutionsgesetzmäßigkeit. Sie erstreckten sich über Zeiträume, in denen diese naturgeschichtliche Gesetzmäßigkeit die Arbeit als neuen Evolutionsfaktor hervorbrachte bis zu dem Zeitpunkt, an dem die Arbeit zum Arbeitsprozeß und damit zur Grundlage für die Ausbildung der Gesellschaft wurde. Zwischen beiden Zäsuren wirkten Arbeit und Arbeitsprozeß als Evolutionsfaktoren, die die Wirkung der Evolutionsgesetzlichkeit auf die Vervollkommnung von Arbeit, Hand, Denken und Sprache, d. h. letztlich des Menschen, richteten. Daraus entstanden die Voraussetzungen für das Wirken neuer Gesetzmäßigkeiten, die wir als Gesetzmäßigkeiten der Gesellschaft bezeichnen, und für eine neue Bewegungsform der Materie, die sich als die gesellschaftliche Bewegungsform der Materie charakterisieren läßt.

Anmerkungen

1 R. Virchow (1872, 157) schrieb damals: „Wir können daher meiner Meinung nach mit aller Sicherheit schließen, daß das fragliche Individuum in seiner Kindheit in einem geringen Grade an Rachitis gelitten, daß es dann eine längere Periode kräftiger Tätigkeit unwahrscheinlicher Gesundheit durchlebt hat, welche nur durch mehrere Schädelverletzungen, die aber glücklich abliefen, unterbrochen wurde, bis sich später Arthritis deformans mit anderen, dem höheren Alter angehörenden Veränderungen einstellten."

2 In der Enzyklika Humani Generis von 1951, die diese Revision vornahm, heißt es: „Aus diesem Grunde verbietet das Lehramt der Kirche nicht, daß in Übereinstimmung mit dem augenblicklichen Stand der menschlichen Wissenschaften und der Theologie die Entwicklungslehre Gegenstand der Untersuchungen und Besprechungen der Fachleute beider Gebiete sei, insoweit sie Forschungen anstellen über den Ursprung des menschlichen Körpers aus einer bereits bestehenden Materie — daß die Seelen unmittelbar von Gott geschaffen sind, daran festzuhalten, verpflichtet uns der katholische Glaube."

Litterae Encyclicae de nonnules falsis opinionibus, quae catholicae doctrinae fundamenta subruere minanteur (Rundschreiben Papst Pius XII „Humani Generis" vom 12. August 1950, Köln o. J., 37.

3 Vgl. z. B. J. G. HERDER (1963, 23): „Er, der Sohn aller Elemente und Wesen . . ., konnte nichts anderes als das letzte Schoßkind der Natur sein, zu dessen Bildung und Empfang viele Entwicklungen und Revolutionen vorhergegangen sein mußten. Indessen wars ebenso natürlich, daß er noch viele erlebte . . ."
Zum Entwicklungsgedanken bei Herder u. a. W. HEISE, 1976.

4 Der Datierung des KBS-Horizontes, die auf der Basis der Kalium-Argon-Datierung erfolgt, kommt also ein besonderer Stellenwert im Hinblick auf die Chronologie der menschlichen Evolutionsgeschichte zu. Zunächst gab es mancherlei Frühdatierungen auf 2,6—3,0 Millionen Jahre v. Heute, denen auch nicht wenige marxistische Wissenschaftler folgten. Von LEAKEY und anderen wurden daraus Sensationsdaten zur menschlichen Evolutionsgeschichte geschaffen. Die methodologischen Bedenken, die von Anfang an offenkundig gegenüber Kalium-Argon-Daten geltend zu machen waren (J. HERRMANN, 1974, 17—20, mit Literatur), wurden weithin unbeachtet gelassen.
Inzwischen ist größere Nüchternheit eingekehrt. Der KBS-Horizont ist nicht älter als 1,8—2 Millionen Jahre, wahrscheinlich sogar jünger (J. W. K. HARRIS, W. W. BISHOP, 1976, 75 u. a.); Untersuchungen zur Klimaentwicklung haben dieses Alter bestätigt (CERLING und HAY, 1977). Die vor 1,8 Millionen Jahren einsetzende Verfeuchtung ist wohl auf den Beginn der Vereisung, dem in Afrika erhöhte Regenfälle entsprachen, zurückzuführen.

5 Die taxonomische Zuordnung bzw. Bestimmung der einzelnen Fossilien ist — wie oben dargelegt — im Fluß. Es gibt eine größere Anzahl von Begriffen, die — vielfach auf der Grundlage einiger Merkmale am Skelett — mit dem Anspruch auf taxonomische Gültigkeit vorgetragen werden. *Australopithecus grazilis*, *A. bosei*, *A. robustus* werden gebraucht; für Skelettreste mit größerem Schädelvolumen wurde von LEAKEY der Begriff „*Homo habilis*", „fähiger Mensch", eingeführt. Dieser Vorschlag hat nur geringe Anerkennung gefunden, so bei HEBERER (1965). Vom größten Teil der Anthropologen wird eine solche Art abgelehnt mit dem Hinweis auf die am Skelett kaum wahrnehmbaren Unterschiede zu den verschiedenen Individuen aus der Australopithecus-Gruppe (u. a. ULLRICH, SIMON, 1976).
Die bedeutenden Unsicherheiten und Unschärfen, die auf Grund der Beschaffenheit der Fossilien und der Spuren der Arbeitstätigkeit nicht zu beheben sind, erlauben m. E. vorerst nur eine weitgefaßte Definition dieser ersten Menschen.

6 Der Schädel KMN 1470 wurde als Oberflächenfund vom Hubschrauber aus durch LEAKEY ausgemacht. Er lag im Planquadrat 131 (LEAKEY, 1973) in den Sedimenten eines Trockentals von Karari am Tuekanasee (HARRIS and BISHOP, 1976, 104, 105), etwa 30 m tiefer als der KBS-Tuff. Dieser aber steht nicht am Ort an, sondern erst in den Planquadraten 108 und 104. Die Täler sind in den KBS-Tuff eingeschnitten (HARRIS and BISHOP, 1976, 108, 109). Der KBS-Tuff gibt also den terminus post quem, nicht ante quem für den Schädel 1470, wie LEAKEY annahm. Das Alter des KBS-Tuffes wurde von LEAKEY auf Grund der Datierung an weitentfernten Entnahmestellen mit 2,61 Millionen Jahren angegeben (1973, 447). Heute gilt er als knapp 2 Millionen Jahre alt (HARRIS and BISHOP, 1976, 75). Im Planquadrat 131 wurden außer dem Schädel 1470 ebenfalls Tuffreste gefunden — aber ebenso wie dieser in sekundärer Lage.
Bei der Datierung des Oberflächenfundes KMN 1470 unterlief LEAKEY offenbar der methodische Fehler, den Fund waagerecht in ein kilometerentferntes Schichtenpaket zu projizieren, mit den dort anstehenden Schichten zu verbinden — obwohl er aus einer Erosionsrinne stammt.
Die kritiklose Verwertung einiger Kalim-Argon-Daten ließ die Sensation hohen Alters perfekt erscheinen.
Bei nüchterner Betrachtung scheinen KBS-Tuff (ca. 2 Millionen Jahre alt) und Karari-Tuff (1,2 bis 1,6 Millionen Jahre alt) die untere und obere Grenze anzugeben, zwischen denen die Fundstellen in den Flußbetten und Erosionsrinnen der Planquadrate 130 und 131 bei Karari liegen.

Literaturverzeichnis

ALTHENGER, A., 1974: Gehirn als „Pegel" des Geistes — eine neue Dreistufentheorie? In: Anthropos 69, 945—959. Freiburg.

ANDREEV, I., 1976: Dialektiko-materialističeskaja koncepcija proizchoždenija čelovečestva. In: Kommunist H. 10, 76—86. Moskva.

ARONSON, J. L., SCHMITT, T. J., WALTER, R. C. u. a., 1977: New geochronologic and palaeomagnetic data for the hominid-bearing Hadar Formation of Ethiopia. In: Nature 267, 323—327. London.

ASCHOFF, L., 1940: RUDOLF VIRCHOW. Hamburg.

BEHRENS, H. und PADBERG, W., 1976: Verhaltensforschung und Urgeschichtsforschung. In: Biologische Verhaltensforschung am Menschen, hrsg. von V. JOHST, 97—110. Berlin.

BORDES, F., 1972: The Origin of Homo sapiens. Proceedings of the Paris Symposium 2.—5. 9. 1968. Paris.

CERLING, T. E., HAY, R. L., 1977: Isotopic evidence for dramatic climatic changes in East Africa during the Pleistocene. In: Nature 267, 137—138. London.

DAY, M. H., LEAKEY, R. E. F., WALKER, A. C. and WOOD, B. A., 1975: New Hominids from East Rudolf, Kenya. In: American Journal of Physical Anthropology, 461—475. Philadelphia.

ENGELS, F., MEW 20: (Anteil der Arbeit an der Menschwerdung des Affen. In: Dialektik der Natur). Berlin 1962.

FEUSTEL, R., 1976: Abstammungsgeschichte des Menschen. Jena.

FOERSTER, I., 1976: Zu einigen philosophischen Problemen der Theorie der Anthroposoziogenese. Diss. phil. Berlin.

GRIMM, H., 1976: Zur Evolution des Menschen und der Herausbildung seiner erblichen Varietäten. In: Beiträge zur Genetik, 257—286. Berlin.

GUR'EV, D. V., 1976: K voprosu o stanovlenii pervobytnogo proizvodstva. In: Filosofskie nauki 4, 45—52. Moskau.

HARRIS, J. W. K., BISHOP, W. W., 1976: Sites and Assemblages from the Early Pleistocene Beds of Karari and Chesowanja. In: Union Internationale des Sciences Prehistoriques et Protohistoriques, IXe Congrès, Colloque V, Nice 1976, 70—117.

HEBERER, G., 1965: Über den systematischen Ort und den physisch-psychischen Status der Australopithecinen. In: Menschliche Abstammungslehre, hrsg. von G. Heberer. Stuttgart.

HEEKEREN, H. R. VAN, 1972: The Stone Age of Indonesia. Verhandelungen 61. The Hague.

HEISE, W., 1976: Der Entwicklungsgedanke als geschichtsphilosophische Programmatik. Zur Gemeinsamkeit von Herder und Goethe in der frühen Weimarer Zeit. In: Goethe-Jahrbuch 73, 116—138. Weimar, Frankfurt/M.

HERDER, J. G., 1963: Ideen zur Philosophie der Geschichte der Menschheit. In: Ausgewählte Werke, Bd. 4. Weimar.

HERRMANN, J., 1974: Die Entwicklung der Menschheit. Sitzungsberichte AdW der DDR 1973/16. Berlin.

ISAAC, G., 1976: Traces of early Hominid activities from the Lower Member of the Koobi Fora formation, Kenia. In: Union Internationale des Sciences Prehistoriques et Protochistoriques, IXe Congrès, Colloque V, Nice 1976, 7—23.

ISAAC, G. L., 1976: Stages of Cultural Elaboration in the pleistocene: possible Archaeological Indicators of the development of Language capabilities. In: Origins and Evolution of Language and Speeck, 275ff. (Ak. Bu. GZ 3927). New York.

JACOB, T., 1975: The pithecanthropines of Indonesia. In: Bulletin et Mémoire de la Societé d'Anthropologie de Paris T. 2, Série XIII, 243—256. Paris.

JAROSZEWSKI, T. M., 1976: Die Spezifik des Menschen. In: Deutsche Zeitschrift für Philosophie 12, 1431—1442.

JERISON, H. J., 1976: Diskussion zu „The Paleoneurology of language". In: Origins and Evolution of Language and Speech, 370—382. New York.

KÄLIN, J., 1952: Die ältesten Menschenreste und ihre stammesgeschichtliche Deutung. In: Historia Mundi I, 33—98. Bern.

KÄLIN, J., 1966: Das Menschenbild der neuen Anthropologie. In: Handbuch der Urgschichte Bd. I, hrsg. von K. J. NARR, 29—56. Bern.

LEAKEY, MARY D., 1976: The Early Hominids of Olduvai Gorge and the Laetolit Beds. In: Union Internationale des Sciences Prehistoriques et Protohistoriques, IXe Congrès, Colloque VI, Nice 1976, 296—313.

LEAKEY, R. E. F., 1973: Evidence for an Advanced Plio-Pleistocene Hominid from East Rudolf Kenya. In: Nature 242, 447—450. London.
LORENZ, K., 1963: Das sogenannte Böse. Wien.
LORENZ, K., 1975: Evolution des Verhaltens. In: Evolution, 271—290. Halle.
MANIA, D., GRIMM, H., VLČEK, E., 1976: Ein weiterer Hominidenfund aus dem mittelpleistozänen Travertinkomplex bei Bilzingsleben, Kr. Artern. In: Zeitschrift für Archäologie 10, 241—249. Berlin.
MANN, A., 1976: Australopithecine Demography. In: Union Internationale des Sciences Prehistoriques et Protohistoriques, IXe Congrès, Colloque VI, Nice 1976, 177—200.
MARX, K., 1953: Grundrisse der Kritik der Politischen Ökonomie. Berlin.
MARX, K., ENGELS, F., MEW 3: (Die deutsche Ideologie). Berlin 1969.
MARX, K., MEW 23: (Das Kapital I). Berlin 1962.
MAYR, E., 1975: Rundtischgespräch. In: Evolution, 411—412. Halle.
MONTAGU, A., 1976: Toolmaking, Hunting and the Origin of Language. In: Origins and Evolution of Language and Speech, 266—744. New York.
OVERHAAGE, P., 1969: Menschenformen im Eiszeitalter. Frankfurt/M.
SIMON, K.-H., 1976: Leakey und der Ursprung des Menschengeschlechts. In: Naturwiss. Rundschau 29, 431—434. Stuttgart.
TIMOFEEFF-RESSOVSKY, N. V., VORONOV, N. N., JABLOKOV, N. N., 1975: Kurzer Grundriß der Evolutionstheorie. Jena.
ULLRICH, H., 1971: Zur Interpretation der Hominidenfunde aus der subhumanen Phase und dem Tier-Mensch-Übergangsfeld. In: Zeitschrift für Archäologie 5, 165—191. Berlin.
ULLRICH, H., 1975: Zur zeitlichen Einstufung der frühen Hominidenfunde aus Ost- und Südafrika. Methoden und Ergebnisse. In: Zeitschrift für Archäologie 9, 169—206. Berlin.
ULLRICH, H., SIMON, K., 1976: Biologisch-gesellschaftliche Probleme der Menschwerdung und der frühen Menschheitsentwicklung. In: Ethnographisch-archäologische Zeitschrift 17, 33—43. Berlin.
VIRCHOW, R., 1872: Untersuchung des Neanderthal-Schädels. In: Korrespondenzblatt der Berliner Anthropologischen Gesellschaft 6, 42. — Zeitschrift für Ethnologie, Verhdl., (157)—(165). Berlin.
VIRCHOW, R., 1877: Freiheit der Wissenschaft im modernen Staat. München.
VOGEL, CH., 1975: Neue Aspekte zur Evolution des Menschen. In: Evolution, 253—269, Halle.
VOGEL, CH., 1977: Zum biologischen Selbstverständnis des Menschen. In: Naturwissenschaftliche Rundschau 30, 241—248. Stuttgart.
WIND, J., 1976: Phylogeny of the Human Vocal Tract. In: Origines and Evolution of Language and Speech, 612—630. New York.
WOLDSTEDT, P., 1969: Quartär. Stuttgart.

Fortschritte und Probleme in der Evolution der Hominiden

Von HERBERT ULLRICH, Berlin

Eine Vielzahl von neuen Fossilfunden und Forschungsergebnissen sowie die Anwendung neuartiger, vor allem naturwissenschaftlicher Untersuchungsmethoden haben in den vergangenen Jahren zu bedeutenden Erkenntnissen auf dem Gebiet der Evolution der Hominiden geführt. Sie haben dazu beigetragen, unsere Vorstellungen vom Gesamtablauf der Hominidenentwicklung weiter zu präzisieren, aber auch in manchen Punkten zu modifizieren bzw. zu revidieren. Gleichzeitig sind bestimmte Fragen offener gestaltet und zahlreiche neue Probleme aufgeworfen worden. Die Spärlichkeit und Fragmenthaftigkeit der Fossilfunde erlauben trotz des insgesamt sehr großen Materialzuwachses in den meisten Fällen jedoch mehrere Interpretationsmöglichkeiten und demzufolge lediglich die Darstellung eines Jeweilsbildes, das viele Fragen offen lassen muß.

Hominidenableitung

Die Hominiden[1] (Menschenartigen) sind durch einen eigenen Merkmalskomplex (terrestrische Lebensweise; gemäßigter Sexualdimorphismus; verlängerte Kindheits- und Jugendperiode; vergrößertes, komplexes Gehirn; reduzierte Kiefer; Zahnreduktion, besonders der Eckzähne; weniger starke Muskelmarken u. a.) charakterisiert und dadurch gegenüber ihren nächsten Verwandten, den Pongiden (Menschenaffen im engeren Sinne und deren Vorfahrenformen) abgrenzbar. Diese globale und als solche zweifellos richtige Feststellung erweist sich jedoch um so problematischer, je weiter wir in der Ahnenreihe der Hominiden zurückschreiten und anhand einiger Kiefer und Zähne versuchen, die ältesten Hominiden im Fundgut zu erfassen. Daraus resultierende Schwierigkeiten haben dazu geführt, daß auch heute noch verschiedene Ableitungshypothesen für die Hominiden diskutiert werden.

Von diesen Hypothesen können jene, die die Hominiden auf halbaffenartige oder affenartige Formen im Sinne von Protocatarrhinen und Catarrhinen (Schmalnasenaffen) zurückzuführen versuchen, ebenso außer achtgelassen werden wie die Brachiatorenhypothese, die hoch entwickelte schwinghangelkletternde Pongiden des Pliozän als Ahnenform der Hominiden postuliert. Am wahrscheinlichsten erscheint auch heute noch die Präbrachiatorenhypothese, nach der strukturell noch nicht schwinghangelkletternde Formen als Vorfahren der Hominiden betrachtet werden. Hinsichtlich des Aussehens, der Lebensweise und des Alters dieser Formen werden im wesentlichen zwei Meinungen vertreten. Nach der älteren, von zahlreichen Forschern auch heute noch akzeptierten Auffassung leiten sich die Hominiden von früh- bis mittelmiozänen (d. h. 25—15 Millionen Jahre alten) Vertretern der Pongiden aus der Gruppe der Dryopithecinen, speziell von der sich quadruped als Stemmgreifkletterer fortbewegenden Gattung *Proconsul*, ab[2]. Kiefer- und Zahnfunde der sechziger Jahre aus dem Fayum Ägyptens haben jedoch zu einer anderen, offenbar wahrscheinlicheren Ableitungsmöglichkeit geführt. Diese als *Propliopithecus*[3] bekannten Funde stammen aus dem Früh- bis Mitteloligozän, sind also 35—30 Millionen Jahre alt, und lassen in der Gebißgestaltung eine größere Ähnlichkeit mit den Hominiden als mit den Vorfahren der Menschenaffen erkennen. *Propliopithecus* könnte durchaus einer Gruppe angehört oder dieser nahe gestanden haben, aus der sich einerseits die Pongiden, andererseits die Hominiden gleichzeitig entwickelt haben. Diese postulierte gemeinsame Ausgangsgruppe für die Pongiden und Hominiden, die beide systematisch als Hominoiden (Menschenähnliche) zusammengefaßt werden, könnte als Proto-Hominoiden bezeichnet werden. Vielleicht ist der aus dem oberen Oligozän (etwa 28—26 Millionen Jahre) Ägyptens bekannte *Aegyptopithecus*[4], der als ältester Vertreter der Pongiden interpretiert wird, ein Hinweis darauf, daß zu dieser Zeit die pongide und hominide Entwicklungslinie schon weitgehend getrennt verliefen. Nach dieser hier kurz skizzierten Hypothese werden die Hominiden nicht auf pongide Vorfahren, sondern zusammen mit den Pongiden auf eine gemeinsame proto-hominoide Ursprungsgruppe zurückgeführt.

In den letzten Jahren sind von der Molekularbiologie her verstärkt Versuche unternommen worden, zur Klärung des Ursprungs der Hominiden beizutragen. Umfangreiche Unter-

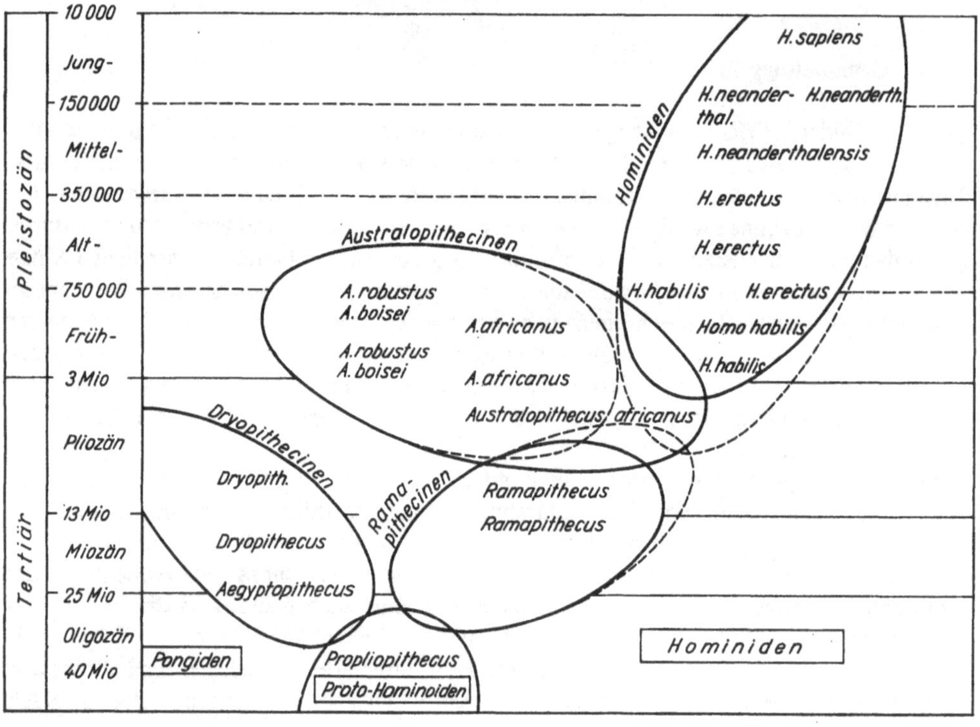

Abb. 1. Evolution der Hominiden — ein Jeweilsbild

suchungen an rezenten Primaten haben anhand von Eiweißkörpern (Proteinen) zur Aufstellung von Dendrogrammen geführt, die nicht nur die schon seit langem bekannte Verwandtschaft Mensch—Schimpanse—Gorilla bestätigen, sondern auch Aussagen über den Zeitpunkt der jeweiligen Trennung ermöglichen. Vielfach wird deshalb schon heute von einer „Proteinuhr" gesprochen. Unter der Annahme einer Evolutionsratenkonstanz für die Proteine ergeben sich für die Trennung Schimpanse—Mensch 3—4, Tieraffen—Menschenaffen 20 und für die Schmalnasenaffen—Breitnasenaffen etwa 35 Millionen Jahre. Diese Werte stimmen jedoch keineswegs mit den durch die Fossilfunde ausgewiesenen überein. Deshalb wird von einigen Forschern in Übereinstimmung damit, daß Proteinveränderungen in Relation zur absoluten Zeit bei Stammesreihen mit kürzerer Generationsdauer schneller verlaufen, eine Inkonstanz der Evolutionsraten in die Berechnungen einbezogen. Für die Hominidenentwicklung resultiert daraus bei stetiger Zunahme der Generationsdauer eine Verlangsamung der Proteinveränderungen und demzufolge ein Wert von etwa 14 Millionen Jahren für die Trennung Schimpanse—Mensch[5]. Einen ähnlichen Wert für die Aufspaltung Pongiden—Hominiden (12 Millionen Jahre) haben auch Untersuchungen über die Nukleinsäureabfolgen (DNS-Homologien) erbracht (Khone et al., 1972; Khone, 1975). Ergänzend sei erwähnt, daß sich nach den DNS-Homologien — entgegen unserer bisherigen Kenntnis über die Verwandtschaft von Mensch und Menschenaffen — eine afrikanische Gruppe (Schimpanse, Gorilla) und eine asiatische (Gibbon, Orang-Utan, Mensch) unterscheiden lassen. Daraus ist geschlußfolgert worden, daß die Entstehung und Entwicklung des Menschen in Asien erfolgt sein müßten (vgl. auch Benveniste/Todaro, 1976). Insgesamt läßt sich feststellen, daß die zur Zeit vorliegenden Ergebnisse molekularbiologischer Untersuchungen zur Frage der Pongiden-Hominiden-Aufspaltung noch nicht befriedigen (vgl. auch Uzzell/Pilbeam, 1971; Tobias, 1975).

Älteste Hominiden

Unter der Annahme einer Proto-Hominoiden-Radiation, die vor etwa 35—30 Millionen Jahren zur gleichzeitigen Herausbildung der Pongiden und Hominiden führte, bleiben die ersten 20—15 Millionen Jahre der Hominidenentwicklung zunächst noch völlig verborgen. Fossilfunde aus jener Zeit, die in die direkte Entwicklungslinie zum Menschen gestellt werden könnten, liegen nicht vor (auch aus der Pongidenreihe sind kaum welche bekannt). In gewissem Sinne können jedoch für die für jene Zeit zu postulierenden ältesten Hominiden, die vielleicht Prä-Ramapithecinen genannt werden könnten, einige miozäne Vertreter aus der Pongidenreihe mit Einschränkungen als strukturelles Modell betrachtet werden. Es handelt sich dabei um jene der Gattung *Proconsul*, die sich quadruped als Stemmgreifkletterer in den durch Waldrückgang im Miozän entstandenen Baumsavannen Ostafrikas fortbewegten[6]. Ein solches Lokomotionsstadium ist als Ausgangsform für die Herausbildung der Bipedie bei den Hominiden durchaus wahrscheinlich. Theoretische Überlegungen zur Entstehung der Bipedie haben zwar auch den Knöchelgang, wie er sich z. B. beim heutigen Schimpansen findet, als Vorform der Bipedie wahrscheinlich machen wollen (Tuttle, 1975), doch sprechen die Fossilfunde (insbesondere von *Proconsul*) entschieden gegen eine solche Annahme (Preuschoft, 1975).

Aus der Zeit von 14—9 Millionen Jahren ist aus Indien, Pakistan und Ostafrika eine fossile Fundgruppe durch Kieferreste und Zähne belegt, die heute von zahlreichen Forschern aufgrund hominidentypischer Merkmale (reduzierter Eckzahn; Rückbildung der

Abb. 2. Rekonstruktion des *Proconsul*

Gesichtsprognathie; Form und Proportionen der Prämolaren und Molaren; in der Rekonstruktion paraboloid gestalteter Zahnbogen u. a.) bereits als Hominiden angesprochen werden. Es sind die obermiozänen bis unterpliozänen Funde der Ramapithecinen aus Indien/Pakistan (*Ramapithecus punjabicus*)[7] und Ostafrika (*Kenyapithecus wickeri*)[8]. Die von L. LEAKEY (1967) ebenfalls zu dieser Gruppe gestellten, unter- bis mittelmiozänen *Kenyapithecus africanus*-Reste werden heute allgemein den Dryopithecinen zugewiesen. Neuere Untersuchungen an den Kieferbruchstücken der Ramapithecinen haben jedoch gezeigt, daß neben der Rekonstruktion einer paraboloid-hominidentypischen Zahnbogenform auch eine pongidentypische U-Form möglich erscheint (GENET-VARCIN, 1969; VOGEL, 1975b). Daraus darf jedoch nicht zwangsläufig der Schluß gezogen werden, daß die Ramapithecinen nunmehr als Pongiden eingestuft werden müßten, sondern zeigt lediglich, daß die vorliegenden Funde noch keineswegs für eine endgültige Aussage ausreichen und mahnt zugleich zu noch größerer Zurückhaltung in der Fundinterpretation.

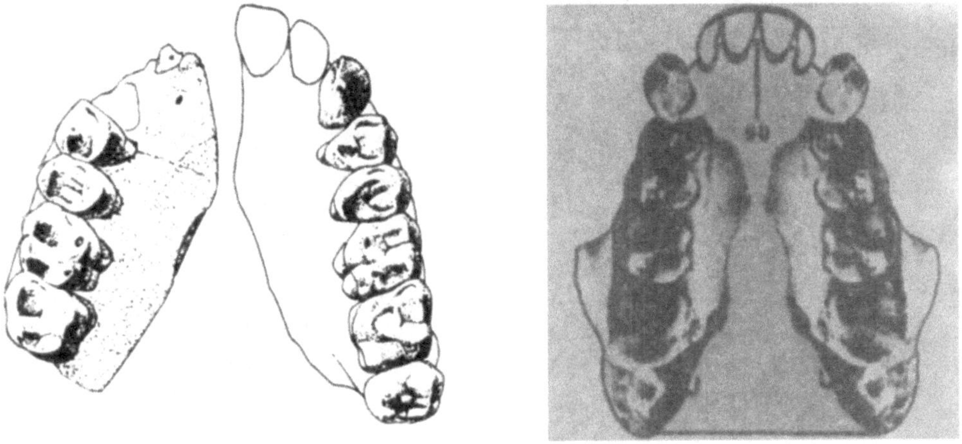

Abb. 3. *Ramapithecus* — Zahnbogenrekonstruktionen

Eine auf Faunenresten basierende Umweltrekonstruktion hat für den indisch-pakistanischen *Ramapithecus* der älteren Schichten (Chinji Zone) einen dichten Regenwald mit offenenen Stellen sowie feucht-tropisches Klima, für die jüngeren (Nagri Zone), aus der die meisten Funde stammen, einen Übergang zur Savannenlandschaft und trockenes Klima ergeben (Tattersall, 1969a, b; L. Leakey, 1969; Prasad, 1971, 1975). Für den ostafrikanischen *Kenyapithecus* wird als Biotop die Übergangszone zwischen Wald- und Savannenlandschaft als am wahrscheinlichsten erachtet (Andrews-Couvering, 1975). Da weder von *Ramapithecus* noch von *Kenyapithecus* postkraniale Reste vorliegen, kommt diesen Umweltrekonstruktionen hinsichtlich der Frage nach der Fortbewegung der Ramapithecinen große Bedeutung zu. Im Gegensatz zu den gleichzeitig lebenden waldbewohnenden Vorfahren der heutigen Menschenaffen (Dryopithecinen) könnten die Ramapithecinen vorwiegend als offene Wald- bzw. Savannenbewohner durchaus schon bipede Wesen gewesen sein. Die Annahme einer Bipedie wird ebenfalls durch die große Ähnlichkeit in der Reduktion der Frontzähne (Incisivi, Canini) zwischen den Ramapithecinen und den nachweisbar bipeden Australopithecinen wahrscheinlich gemacht. Beiden Fossilgruppen ist durch diese Reduktion die Funktion großer Frontzähne (Zerteilen und Zerreißen von Stengeln und Früchten beim Nahrungserwerb; Eckzähne außerdem zur Drohung, Verteidigung und Abwehr) verloren gegangen. Dieser durch die Gebißreduktion bedingte Funktionsverlust wird in der Hominidenentwicklung durch die Benutzung von Naturgegenständen und spätere Herstellung und Verwendung von Werkzeugen kompensiert. Befunde aus Fort Ternan/Kenia, die aus 14 Millionen Jahre alten Schichten zertrümmerte Tierknochen und ein offensichtlich dazu benutztes Basaltstück erbrachten (L. Leakey, 1968), dürften vielleicht im Sinne einer gelegentlichen Benutzung von Naturgegenständen bei den Ramapithecinen zu interpretieren sein.

Eine Vielzahl von Fragen um die Ramapithecinen ist noch völlig ungeklärt, so z. B. ob *Ramapithecus* und *Kenyapithecus* zwei verschiedene Gattungen darstellen oder in einer (*Ramapithecus*) vereinigt werden sollten, ob *Ramapithecus* sich aus *Kenyapithecus* entwickelt und damit eine Wanderung von Ostafrika auf den indischen Subkontinent stattgefunden haben könnte[9]. Neufunde aus dem asiatisch-afrikanischen Raum könnten wesentlich zu einer Klärung dieser Fragen beitragen[10].

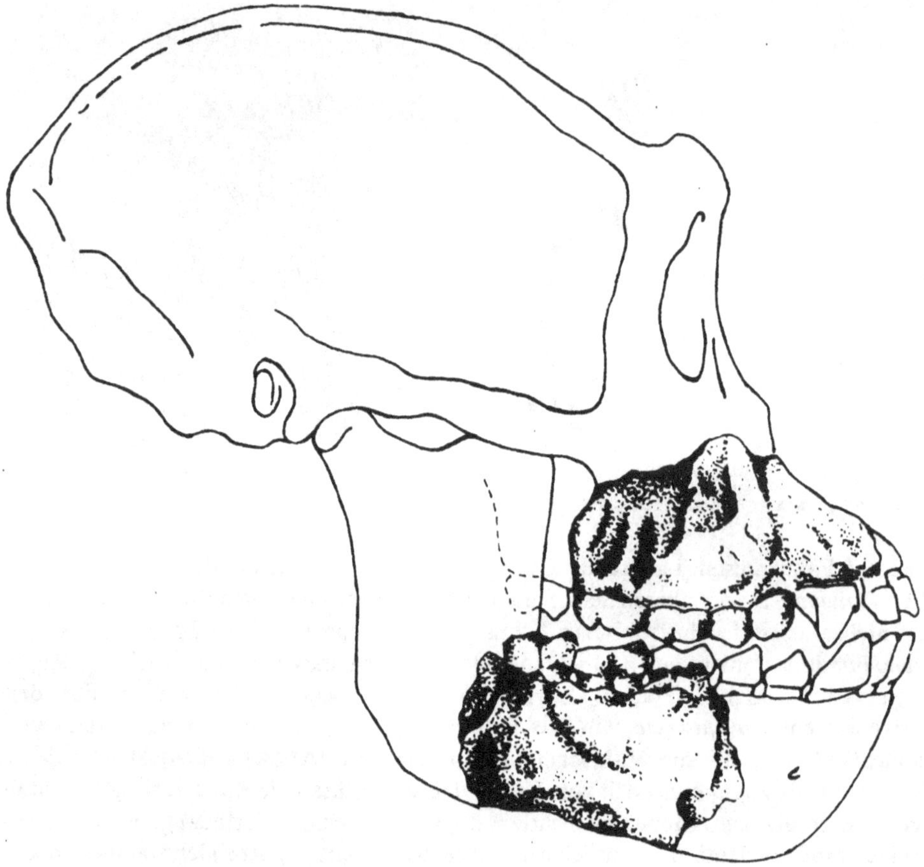

Abb. 4. *Ramapithecus* — Schädelrekonstruktion

In jüngster Zeit sind neue Fossilfunde aus Ungarn (*Rudapithecus* aus dem unteren Pliozän), der Türkei (*Sivapithecus alpani* aus dem oberen Miozän, ca. 15 Millionen Jahre alt) und Griechenland (*Helladopithecus* aus dem oberen Miozän/unteren Pliozän, ca. 10 Millionen Jahre) beschrieben worden[11], die die Frage nach der Abgrenzung der Ramapithecinen erneut zur Diskussion stellen. Für diese Funde wird aufgrund zahlreicher Ähnlichkeiten zu *Ramapithecus* und vor allem zu *Kenyapithecus* eine Zugehörigkeit zu den Ramapithecinen für durchaus möglich erachtet. Sollte sich diese nach eingehenden Fundbearbeitungen und umfangreichen Vergleichen bestätigen lassen, wären die Ramapithecinen auch in Europa und Vorderasien beheimatet gewesen. Daraus würde sich zugleich ein geographisch wesentlich größeres und ökologisch vielgestaltiges Evolutionsfeld für die weitere Entwicklung der Hominiden und damit auch für die Entstehung des Menschen herleiten. Von besonderem Interesse scheint dabei zu sein, daß Untersuchungen am Femurbruchstück von *Helladopithecus* aus der Pikermi-Steppenfauna Griechenlands bereits für den Zeitraum vor etwa 10 Millionen Jahren eine größtenteils aufgerichtete Körperhaltung wahrscheinlich machen konnten (Poulianos, 1976). Im Zusammenhang mit den Neufunden in Europa und Asien ist ebenfalls die Möglichkeit einer Entstehung des Menschen im europäisch-asiatischen Raum diskutiert worden (Kretzoi, 1976; Andrews/Tobien, 1977 u. a.).

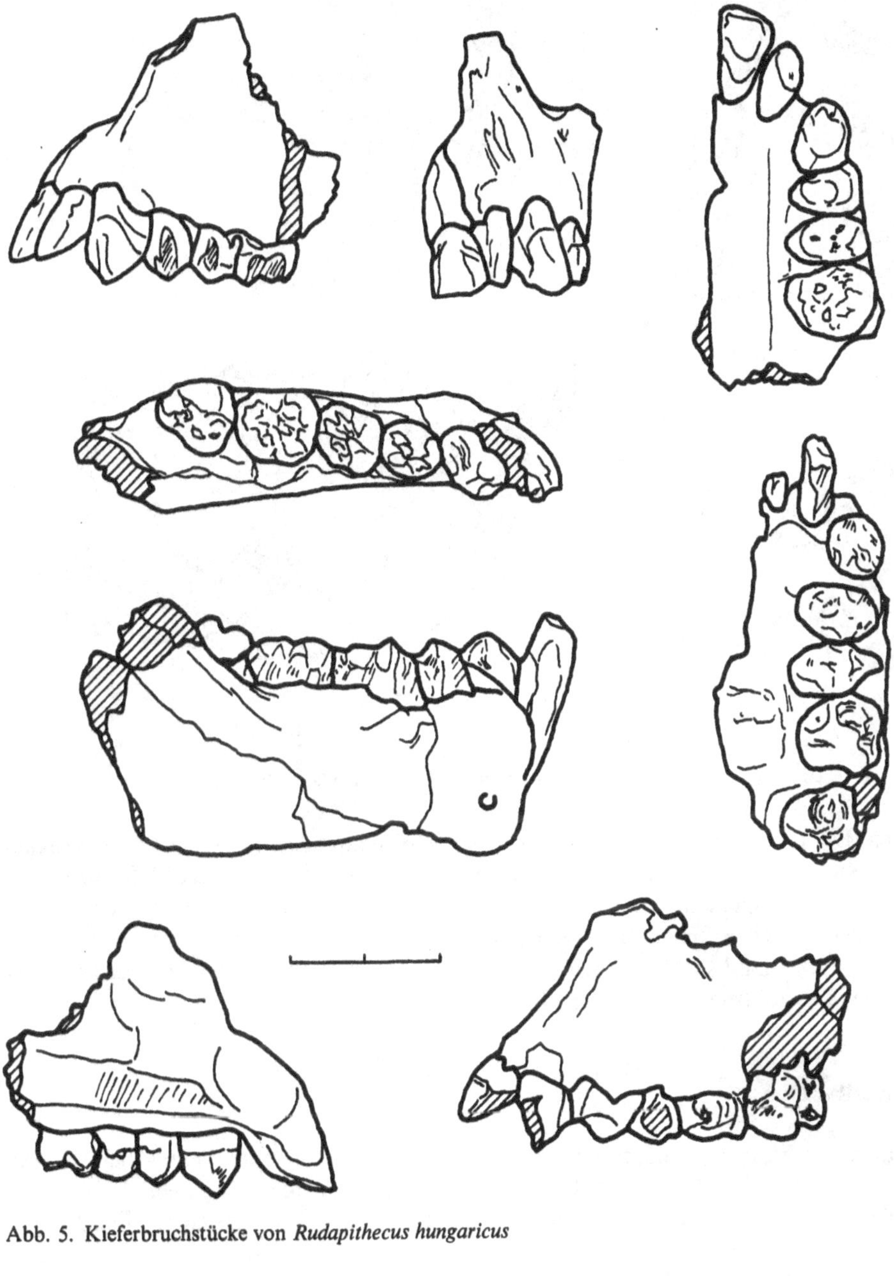

Abb. 5. Kieferbruchstücke von *Rudapithecus hungaricus*

Die Diskussion, ob *Gigantopithecus*[12] ein Hominide sein könnte, hat ebenfalls wieder breitere Formen angenommen (u. a. ECKHARDT, 1973, 1975). Hominidenähnliche Merkmale sind zweifellos vorhanden (PILBEAM, 1970; FRAYER, 1973), doch hat vor allem die enorme, in der Hominidenlinie bisher unbekannte Kiefergröße zur Einstufung in die Pongiden geführt. Während *Gigantopithecus* im Mittelpliozän Indiens mit einer Savannenfauna vergesellschaftet war, tritt er in China zusammen mit einer warmen, semitropischen Waldfauna auf. Für die Funde aus China wird eine ältere Zeitansetzung als Mittelpleistozän nicht ausge-

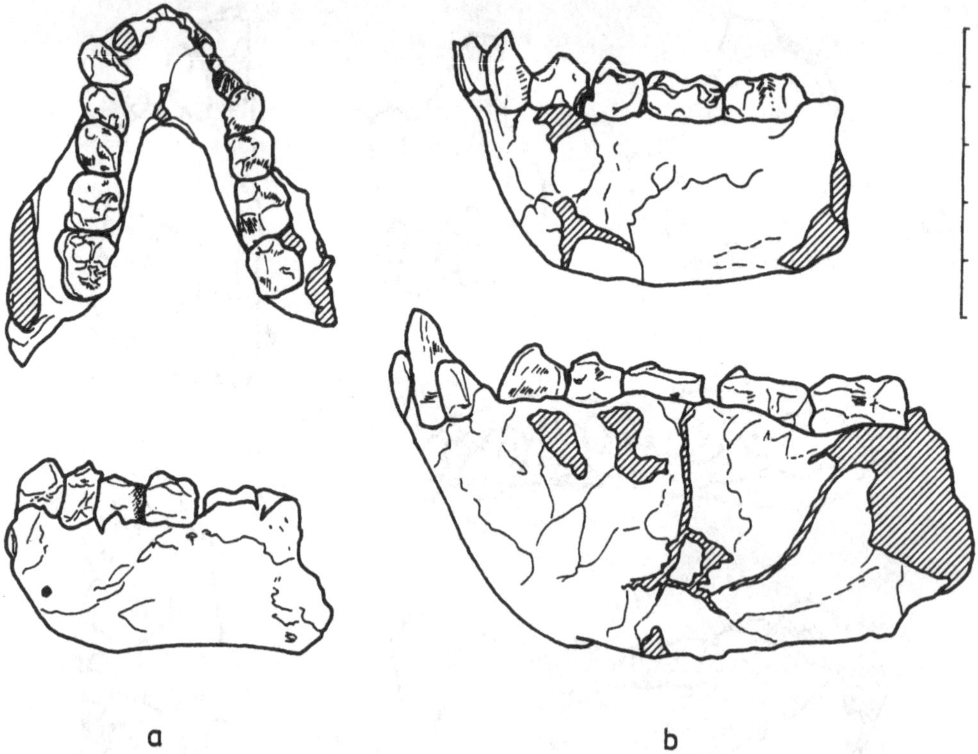

Abb. 6. Unterkiefer aus Candir/Türkei (a) und Thessaloniki/Griechenland (b) — Ramapithecinen?

schlossen (ECKHARDT, 1974) und ebenfalls eine Einmischung des *Gigantopithecus* in savannenartige Biotope innerhalb des Waldhabitats für möglich erachtet (WHITE, 1975). So könnte es durchaus nicht spekulativ erscheinen, in *Gigantopithecus* einen ausgestorbenen Nachkommen des indisch-pakistanischen *Ramapithecus* erblicken zu wollen. Nach dem derzeitigen Forschungsstand dürfte jedoch eine mögliche Herleitung von *Sivapithecus* aus der Gruppe der Dryopithecinen immer noch wahrscheinlicher sein.

Australopithecinen

Die Australopithecinen repräsentieren eine Fundgruppe, die durch eine Vielzahl von Schädeln, Schädelteilen, Kiefern, Zähnen und Resten aus fast allen Regionen des postkranialen Skeletts — insgesamt von weit über 200 Individuen — von zahlreichen Fundstätten Süd- und Ostafrikas bekannt geworden ist. Ob auch in Asien Australopithecinen gelebt haben — einige Kieferreste des *Meganthropus* von Java und Zahnfunde aus China (*Hemanthropus*) werden zuweilen als solche interpretiert[13] — muß zunächst noch offen bleiben. Die Australopithecinen waren bipede Savannen- bzw. Steppenbewohner in tropischen und subtropischen Gebieten, die vor allem im Schädelbau eine eigenartige Kombination von affenartigen und menschlichen Merkmalen erkennen lassen. Eine Vielzahl von Einzeluntersuchungen[14] hat dazu beigetragen, unsere Kenntnis vom Aussehen und von der Lebensweise jener Fundgruppe wesentlich zu vergrößern und zu vertiefen. Innerhalb der Australopithe-

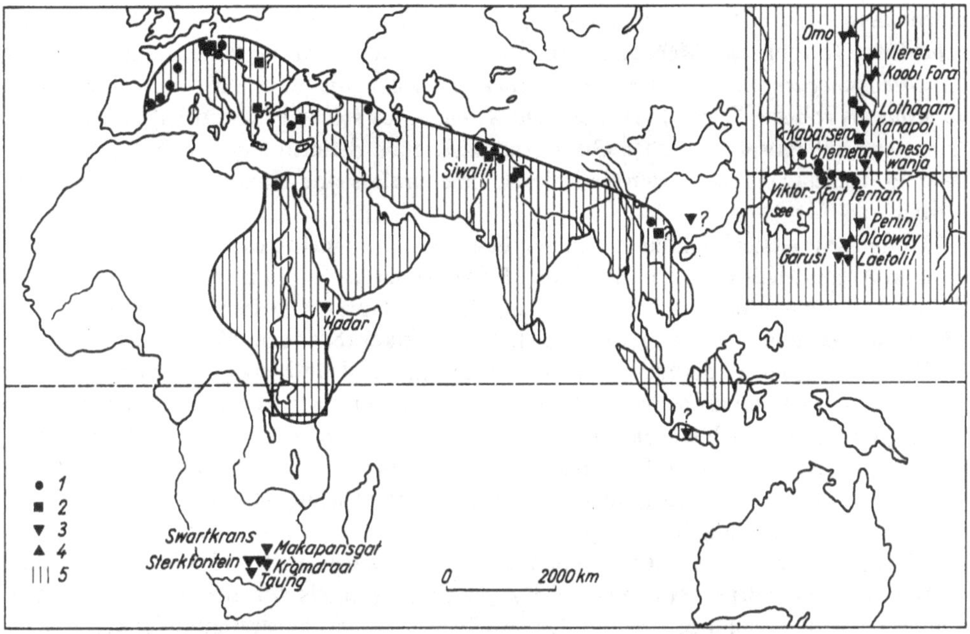

Abb. 7. Fundpunkte von Dryopithecinen (1), Ramapithecinen (2), Australopithecinen (3) und Habilinen (4) und Ausbreitung des miozänen Waldbiotops (5)

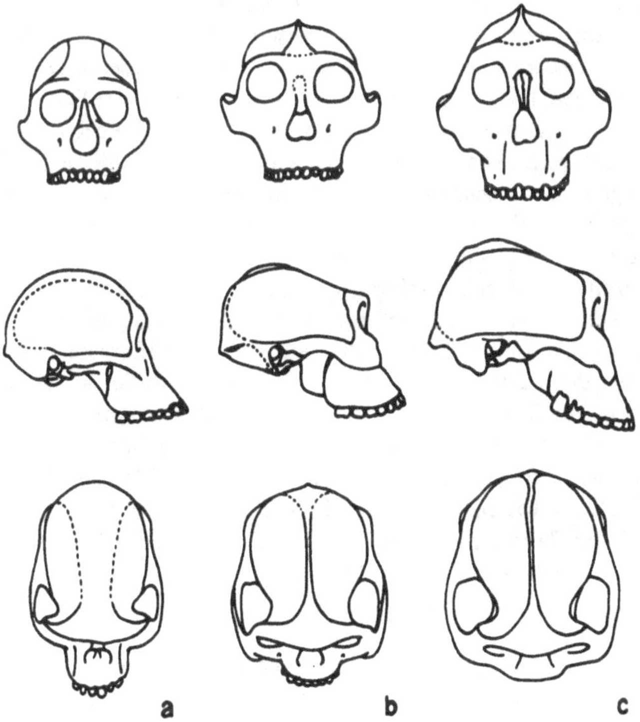

Abb. 8. Schädelrekonstruktion von *Australopithecus africanus* (a), *A. robustus* (b) und *A. boisei* (c)

cinen lassen sich in Süd- und Ostafrika jeweils ein graziler und robuster Typus unterscheiden. Obwohl die Mehrzahl der Forscher heute dazu neigt, nur eine Gattung (*Australopithecus*) mit drei Arten (*A. africanus* als grazile Form in Süd- und Ostafrika, *A. robustus* als robuste Form Südafrikas und *A. boisei* als solche in Ostafrika) anzunehmen, kann eine auf morphologischer Grundlage basierende definitive systematische Unterteilung in Gattungen und Arten erst durch eine umfassende Fundbearbeitung erbracht werden.

Die in den letzten Jahren durch Verbesserung der methodischen Grundlagen der Kalium/Argon-Methode und durch die Entwicklung neuer radiometrischer ($Argon^{40}$/ $Argon^{39}$, Fission track) und paläomagnetischer Verfahren erzielten Fortschritte in der Datierung der hominidenführenden Schichten Ostafrikas (See- bzw. Flußablagerungen mit Tuffhorizonten) lassen die für die Australopithecinenfundstätten beigebrachten absoluten Altersdaten insgesamt als recht zuverlässig erscheinen, vor allem dann, wenn nach verschiedenen Methoden erreichte Werte untereinander und mit den jeweiligen geo- und biostratigraphischen (faunistischen) Ergebnissen übereinstimmen. Die ursprünglich gegenüber radiometrischen Altersdaten geäußerte Skepsis erscheint heute keineswegs mehr gerechtfertigt. Diese Feststellung bedeutet jedoch keine Verkennung der trotz der zuverlässigen Ergebnisse nach wie vor bestehenden methodischen Schwierigkeiten und möglichen Fehldatierungen. Auch dürfen radiometrische Altersdaten niemals für sich allein betrachtet, sondern nur im Zusammenhang mit den jeweiligen geo- und biostratigraphischen Verhältnissen sowie paläomagnetischen Erkenntnissen interpretiert werden. Da mit Hilfe der genannten Altersbestimmungsmethoden lediglich die fossilienführenden Schichten, nicht aber die Funde absolut datiert werden können, resultieren für die Vielzahl der Oberflächenfunde auf den ostafrikanischen Fundstätten, die sich zum Teil nur bedingt stratigraphisch zuordnen lassen, noch zusätzliche Unsicherheiten in der Altersbestimmung.

Für die Datierung der Australopithecinen[15] am bedeutungsvollsten sind jene Fundstätten, die auf vielen Einzelwerten basierende Altersspektren über einen größeren geologischen Zeitraum hinweg geliefert haben. Die Hominidenfunde aus Oldoway (andere Schreibweise Olduvai) Bed I sowie unterer Teil von Bed II dürften nach über 70 radiometrischen Daten ein Alter von 1,85—1,7 Millionen Jahren besitzen. Im Omo-Tal (Südäthiopien) — etwa 30 Altersbestimmungen liegen vor — scheinen die jüngsten Funde nur etwa 1,1, die ältesten dagegen fast 3 Millionen Jahre alt zu sein. Im Gebiet von Koobi Fora/Ileret am Ostufer des Turkana-Sees (ehemals Rudolf-Sees) zeichnen sich besonders komplizierte, noch keineswegs bis in alle Einzelheiten durchforschte geo- und biostratigraphische Verhältnisse ab. Sie lassen im wesentlichen drei hominidenführende Komplexe erkennen, wobei noch nicht eindeutig geklärt ist, ob der älteste, ursprünglich auf 2,6—3,0 Millionen Jahre datierte Komplex diskordant unter den beiden jüngeren (1,2—1,6 bzw. 1,8 Millionen Jahre) lagert oder sich zeitlich direkt anzuschließen scheint, worauf neuere der über 70 vorliegenden radiometrischen Daten hindeuten könnten. Eine besondere Rolle spielt dabei immer wieder der Markierungstuff KBS, nicht zuletzt wegen der aus ihm geborgenen Geröllgeräte. Ar^{40}/ Ar^{39}-Werte und Fission track-Daten sowie paläomagnetische Untersuchungen weisen auf ein Alter von 2,6 bzw. 2,4 Millionen Jahren hin, K/Ar-Werte auf 1,8 bzw. 1,6 Millionen Jahre. Für eine endgültige Klärung sind unbedingt weitere Untersuchungen abzuwarten, zumal sich herausgestellt hat, daß als jünger zu datierende Proben aus dem gleichen Horizont nachträglich thermisch überprägt sein können.

Für die Australopithecinenreste auf den ostafrikanischen Fundstätten Oldoway, Omo, Koobi Fora/Ileret, Peninj (ca. 2 Millionen Jahre), Garusi (2,5—2 Millionen Jahre),

Chemeron (mindestens gleichaltrig mit Garusi), Chesowanja (älter als 1 Million Jahre) zeichnet sich ein Alter zwischen 3 und 1 Million Jahren ab. In dieses Altersspektrum fügen sich auch die erst in jüngster Zeit in Hadar/Äthiopien[16] entdeckten Funde ein. Älter scheinen lediglich jene aus Laetolil (Tansania)[17] mit 3,6—3,7 Millionen sowie aus Kanapoi und Lothagam (Kenia) mit etwa 4 bzw. 5 Millionen Jahren zu sein.

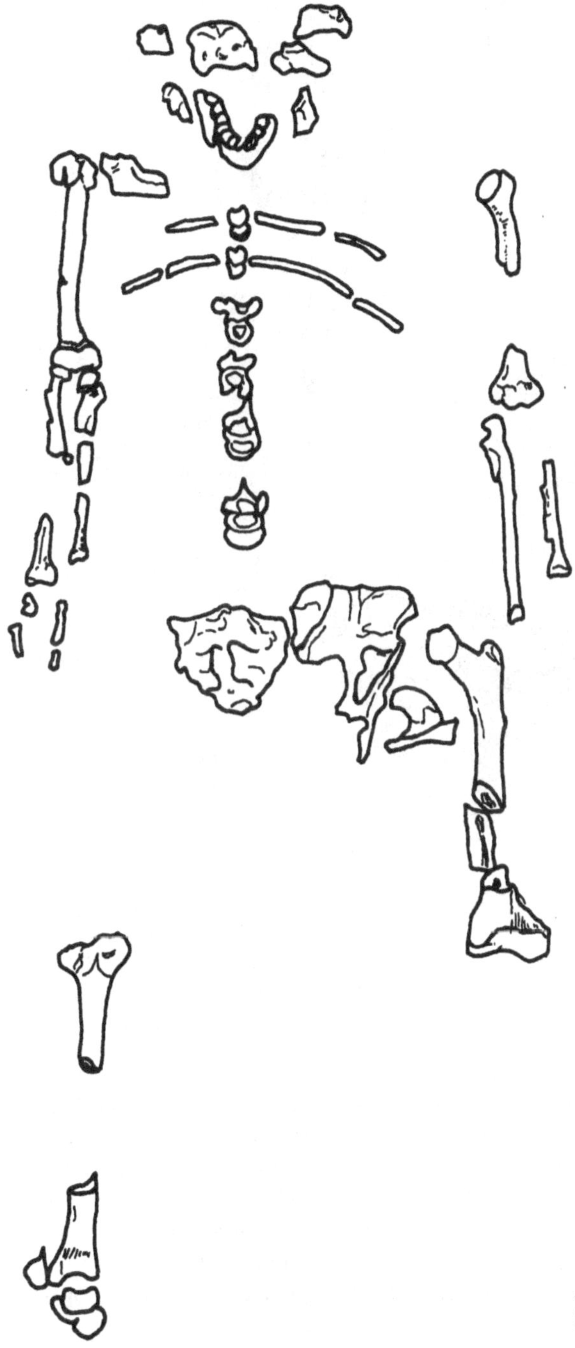

Abb. 9. Skelettreste eines Individuums aus Hadar/Äthiopien

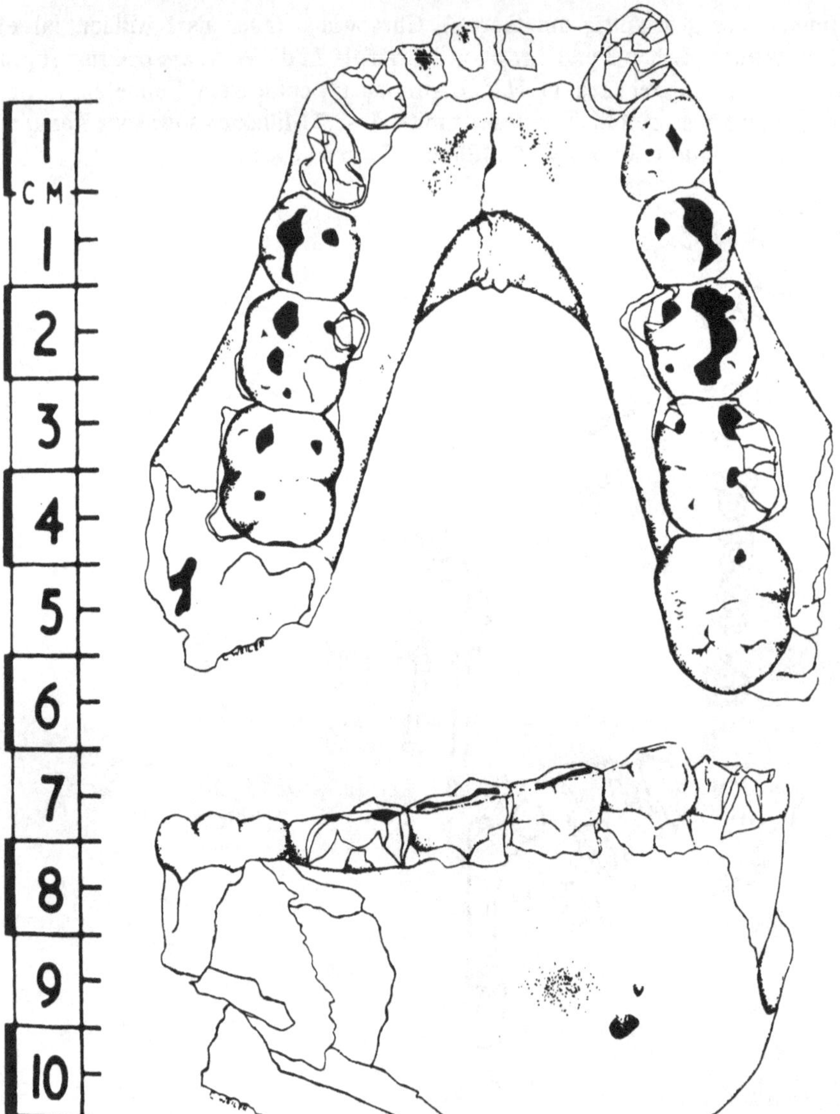

Abb. 10. Kieferreste aus Laetolil/Tansania

Lange umstritten und weitgehend ungeklärt war bisher das Alter der südafrikanischen Australopithecinen von Taung, Sterkfontein, Swartkrans, Kromdraai und Makapansgat, die meist für wesentlich jünger als die ostafrikanischen erachtet wurden. Im Gegensatz zu den ostafrikanischen Fundschichten sind die südafrikanischen ausschließlich Höhlensedimente, in denen vulkanische Ablagerungen fehlen. Radiometrische Altersbestimmungsmethoden sind deshalb nicht anwendbar. Biostratigraphische Vergleiche haben jedoch immer dringlicher darauf hingewiesen, daß ein den ostafrikanischen Funden vergleichbares Alter durchaus im Bereich des Möglichen zu erachten sei. 1973 durchgeführte geomorphologische

Untersuchungen (PARTRIDGE, 1973; weitere Literatur siehe bei ULLRICH, 1975), die auf eine Schätzung des Zeitpunktes der Öffnung der ehemaligen Höhlen abzielt, haben zu ähnlichen Ergebnissen, die jedoch nicht unwidersprochen geblieben sind, geführt. Danach dürften die Hominidenreste von Makapansgat und Sterkfontein ein Alter von etwa 3—2,5, Swartkrans von ca. 2, Kromdraai 2—1,5 und Taung lediglich von 0,8 Millionen Jahren besitzen (vgl. auch TOBIAS, 1973). Der für Taung erzielte Wert muß dabei umsomehr überraschen, als diese Fundstätte einstmals als die älteste in Südafrika betrachtet wurde und Formähnlichkeiten des Taung-Schädels durchaus engere Beziehungen zu den Funden von Sterkfontein nahe legen[18].

Die Diskussion um die phylogenetische Einstufung der Australopithecinen dürfte endgültig zugunsten der Hominiden entschieden worden sein. Wahrscheinlich ist zugleich, daß die Australopithecinen sich aus den Ramapithecinen herausgebildet haben. Ungeklärt erscheint jedoch noch, wann und wo dieses erfolgte, insbesondere im Hinblick auf das sich möglicherweise stark vergrößernde Verbreitungsgebiet der Ramapithecinen. Für Ostafrika sind zwar Ramapithecinen (12,5—14 Millionen Jahre) und Australopithecinen (1—3,5 Millionen Jahre) nachgewiesen, doch besteht zwischen beiden Gruppen eine Fundlücke von etwa 9 Millionen Jahren! Die Hominidenentwicklung jenes Zeitraumes liegt noch völlig im dunkeln. Wir wissen nicht, wie weit die Ramapithecinen in diesen Zeitraum hineinreichten und wann die Australopithecinen erstmals in Erscheinung traten. Die beiden einzigen Fundstücke von Lothagam (Unterkieferbruchstück) und Kanapoi (Gliedmaßenrest) sind zu spärlich, um entscheiden zu können, ob diese schon den Australopithecinen zuzurechnen sind oder möglicherweise einem prä-australopithecinem Hominidentypus angehören, der in dem bisher fundleeren Zeitraum zwischen 12,5 und 3,5 Millionen Jahren gelebt haben könnte. Eine für die Hominiden jenes Zeitraumes zu vermutende Formenradiation dürfte die Grundlage für die gleichzeitig zu dem grazilen und robusten Australopithecinentypus wie auch möglicherweise zu den Habilinen führende Entwicklung gewesen sein. Das derzeitige Fundmaterial spricht jedoch dafür, daß der grazile Australopithecinentypus sowohl in Ost- als auch in Südafrika die ältere Form sein dürfte. Der robuste Typus tritt in Ostafrika etwa vor 3 Millionen und in Südafrika vor etwa 2 Millionen Jahren in Erscheinung. Eine mögliche Herleitung des robusten vom grazilen Australopithecinentypus wurde lange Zeit für diskutabel erachtet, gewinnt aber vor allem angesichts des aus dem Gebiet von Koobi Fora/Ileret zutage geförderten Fundmaterials nur noch wenig an Wahrscheinlichkeit. Beide Typen zeigen nach dem derzeitigen Fundmaterial eine extrem große morphologische Divergenz, die sich nur in einem langen, getrennt verlaufenden Entwicklungsprozeß herausgebildet haben kann. Die Frage der phylogenetischen Stellung des robusten Typus in Ostafrika zu jenem in Südafrika muß zunächst ebenfalls noch unbeantwortet bleiben.

Habilinen-Problematik

Die Problematik um die Hominidenfunde von den ostafrikanischen Australopithecinenfundstätten wird dadurch noch sehr wesentlich erhöht und verkompliziert, daß von einigen Lokalitäten nicht nur Reste des grazilen und robusten Typus, sondern auch solche einer offenbar progressiven Hominidenform aus gleichen Schichtenverbänden vorliegen. Erstmals sind sie 1964 für die Oldoway-Schlucht beschrieben und mit der Bezeichnung *Homo habilis* belegt worden (L. LEAKEY et al., 1964). *Homo habilis* soll dort gleichzeitig mit dem robusten und offenbar auch mit dem grazilen Australopithecinentypus[19] vor etwa 1,85—1,7 Millionen Jahren gelebt haben und im Gegensatz zu jenen als ältester Vertreter der Gattung *Homo*, d. h. des Menschen einzustufen sein. Um diese Funde gibt es in der fachwissenschaftlichen Literatur bis auf den heutigen Tag eine sehr lebhafte Diskussion darüber, ob die feststellbaren morphologischen Unterschiede zu einer solchen systematischen Einstufung berechtigen oder noch im Rahmen der normalen Variationsbreite für die Australopithecinen liegen. Während einige Forscher ersteres bejahen und die Bezeichnung *Homo habilis* — oder auch *Homo africanus* — für gerechtfertigt halten, neigt die Mehrzahl zu der Annahme, daß diese Funde der Gattung *Australopithecus* zuzuweisen sind und dort entweder mit denen von *A. africanus* vereinigt werden können oder eine selbständige Art, *A. habilis*, darstellen dürften. Es wird auch die Ansicht vertreten, daß die Funde (oder zumindest einige von diesen) eine Frühform des *Homo erectus* repräsentieren.

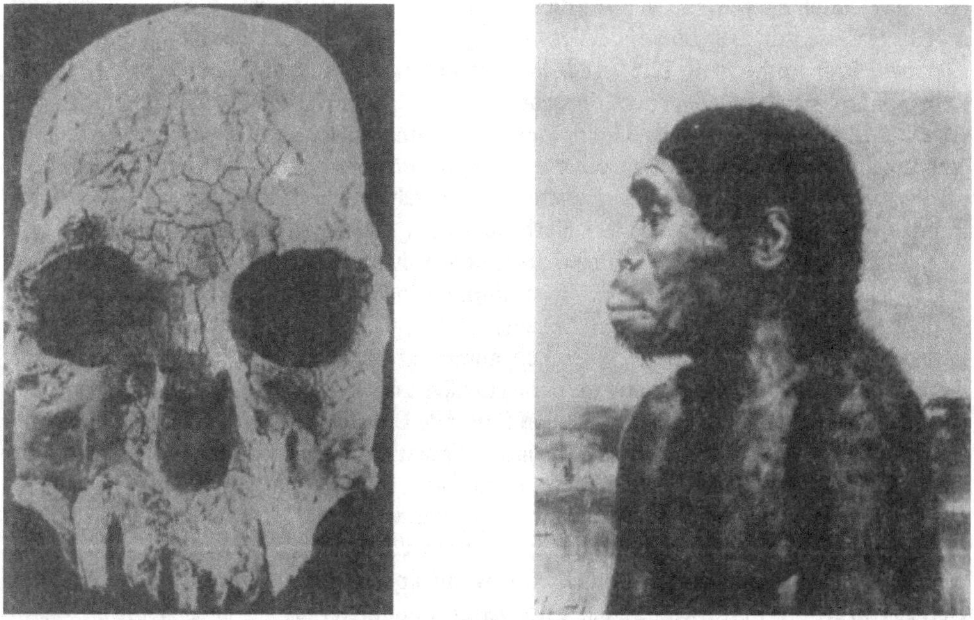

Abb. 11. Schädel 1470 aus Koobi Fora/Ileret und Rekonstruktion des vermutlichen Aussehens eines Habilinen (Rekonstruktion Z. Burian)

In den letzten Jahren sind aus dem Gebiet von Koobi Fora/Ileret am Ostufer des Turkana-Sees außer Australopithecinenresten auch zahlreiche Funde bekannt geworden, die der Gattung *Homo* angehören sollen. Sie stammen aus fast allen australopithecinenführenden Schichten und wären demnach etwa 3 bzw. 2 (je nach zeitlicher Einstufung des KBS-Tuffes) bis 1 Million Jahre alt. Zu ihnen zählt nicht nur der fast vollständige Schädel 1470 (ohne Unterkiefer) mit einem Gehirnvolumen von ca. 775 cm^3, sondern auch eine Vielzahl von Schädelteilen, Kiefern, Zähnen und Gliedmaßenresten[20]. Auch unter dem Fundmaterial aus dem Omo-Tal[21] befinden sich einige Stücke (u. a. Teile eines sehr unvollständigen Schädels von etwa 1,85 Millionen Jahren), die nach den bei den Funden aus Oldoway und Koobi Fora/Ileret zugrunde gelegten Kriterien als *Homo* bezeichnet werden können.

Südafrika hat schon vor Jahrzehnten außer Australopithecinen- auch progressive Hominidenreste geliefert (Sterkfontein, Swartkrans)[22], die heute im allgemeinen noch zum Formenkreis des *Homo erectus* gestellt werden. Neufunde von beiden Lokalitäten (u. a. ein 1976 aus Schichten mit Geröllgeräten in Sterkfontein entdeckter Gesichtsschädel mit einem vermutlichen Alter von 2—1,5 Millionen Jahren) sind zum Teil *Homo habilis* aus Oldoway recht ähnlich und legen eine Überprüfung der systematischen Zuordnung der früher geborgenen Reste nahe.

Ohne auf die Problematik der als älteste Funde der Gattung *Homo* beschriebenen Reste näher eingehen zu können, sei lediglich vermerkt, daß nach dem derzeitigen Forschungs- und Bearbeitungsstand eine endgültige Entscheidung auf morphologisch-systematischer Grundlage weder zugunsten einer Einstufung in die Gattung *Australopithecus* noch eine solche zugunsten der Gattung *Homo* möglich erscheint. Ostafrika hat in den vergangenen Jahren eine Fülle von Hominidenfunden erbracht, die alle nur provisorisch beschrieben bzw. kurz bekannt gegeben worden sind. Eine sich zwingend ergebende eingehende Gesamtbearbeitung und Analyse aller von diesen Fundstätten vorliegenden Hominidenreste steht

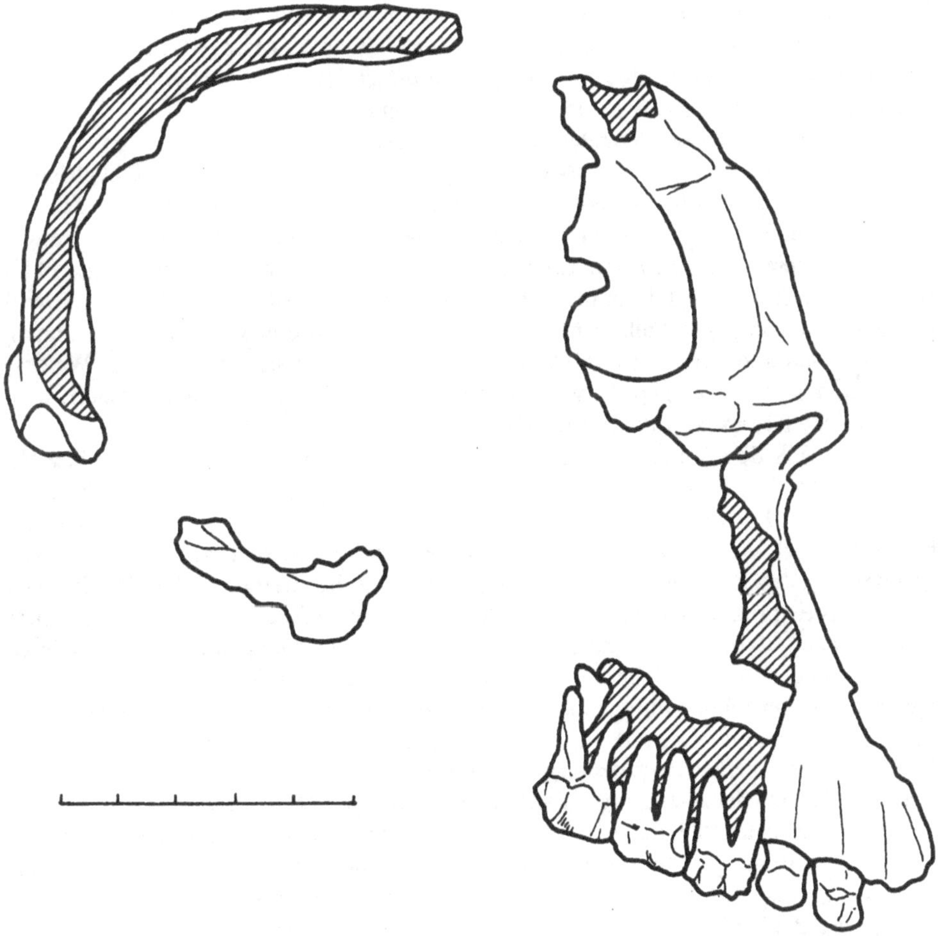

Abb. 12. Habilinen-Schädel aus Sterkfontein

nach wie vor noch aus. So läßt sich nach dem derzeitigen Bearbeitungsstand auch wohl kaum entscheiden, ob die progressiven Formen aus Oldoway, Koobi Fora/Ileret und Omo einerseits sowie Sterkfontein und Swartkrans andererseits alle zu derselben morphologisch-systematischen Gruppe gehören oder möglicherweise verschiedene Species repräsentieren.

Kriterien der Gattung Homo

Die Diskussion um die morphologisch-systematische Einstufung der als progressiv ausgewiesenen Hominidenfunde Ost- und Südafrikas läßt deutlich werden, daß eine Abgrenzung der ältesten Vertreter der Gattung *Homo* gegenüber gleichzeitig lebenden anderen Hominidengruppen anhand morphologisch-funktioneller Kriterien offenbar nicht möglich erscheint. Leakey, Tobias und Napier (1964) haben zwar bei der Beschreibung der *Homo habilis*-Reste aus Oldoway eine Neudefinition der Gattung *Homo* anhand eines biologischen Merkmalskomplexes (u. a. Bipedie; Arme kürzer als Beine; Gehirnvolumen 600—1600 cm^3; Molaren kleiner, Incisivi und Canini im Vergleich zu den Prämolaren und Molaren größer als bei den Australopithecinen; 1. Milchmolar von unterschiedlichem Molarisationsgrad; Gesichtsskelett prognath bis orthognath, doch nicht konkav oder abgeflacht wie bei den Australopithecinen) gegeben, doch werden einige dieser Kriterien, vor allem die untere Grenze des Hirnvolumens, von vielen Forschern anders beurteilt.

Das Erkennen der ältesten Vertreter der Gattung *Homo*, d. h. der ältesten Menschen, ist zweifellos aufs engste mit der Wesensbestimmung des Menschen verbunden und in gleichem Maße eine Frage der Kriterienauswahl. Es besteht wohl kein Zweifel darüber, daß der Mensch nicht nur durch einen biologischen Merkmalskomplex charakterisiert werden kann, sondern sein Wesen in erster Linie durch soziale Kriterien bestimmt werden muß. Diese für die Wesensbestimmung des Menschen im allgemeinen gültige Erkenntnis muß jedoch auch im konkreten Fall, d. h. bei der Fundinterpretation volle Berücksichtigung finden. Eine Definition der Gattung *Homo* wird deshalb, wenn sie der gegebenen Wesensbestimmung des Menschen gerecht werden soll, sowohl biologische als auch soziale, d. h. gesellschaftliche Kriterien zu umfassen haben.

Die Frage nach dem wesentlichsten sozialen Kriterium für das Erkennen der ältesten Menschen im fossilen Fundgut kann nur im Zusammenhang mit der Widerspiegelung der frühesten sozialen Entwicklung des Menschen im Fundmaterial selbst beantwortet werden. Der Arbeitsprozeß mit den jeweiligen Produktionsverhältnissen stellt zweifellos eines der wichtigsten sozialen Kriterien in der Wesensbestimmung des Menschen dar. Die früheste Form des Arbeitsprozesses spiegelt sich in den materiellen Hinterlassenschaften in Form von Werkzeugen, d. h. einer Bearbeitung eines Naturgegenstandes mittels eines anderen Naturgegenstandes, wider. Dabei ist kaum anzunehmen, daß schon eine einmalige, zufällige Werkzeugherstellung durch einzelne Individuen die früheste Form des menschlichen Arbeitsprozesses charakterisiert. Kennzeichnend dafür dürfte vielmehr erst eine absichtliche und systematische Werkzeugherstellung als gruppenspezifisches Merkmal ganzer Populationen sein, das auf dem Wege der sozialen Vererbung weiter tradiert wird. Eine solche Form der Werkzeugherstellung stellt gegenüber der Verwendung von Naturgegenständen und deren Umgestaltung mit körpereigenen Mitteln (Händen, Zähnen) in bezug auf die Natureinwirkung zweifellos einen qualitativen Sprung in der technologischen Abfolge dar. Dieser Sprung erfolgte in unmittelbarem Zusammenhang mit der Herausbildung des Arbeitsprozesses als neuer, das Wesen des Menschen charakterisierender Grundqualität.

Alle weiteren qualitativ-sprunghaften Veränderungen in der Werkzeugherstellung, wie z. B. die Herausbildung bestimmter Werkzeugtypen und die Herstellung von Werkzeugen zur Werkzeugherstellung, sind niederen Bezugebenen zuzuordnen (andere, neue oder höhere Qualitäten), die zu keiner Veränderung der Grundqualität des Menschen führen[23].

Älteste Werkzeuge des Menschen

Älteste Werkzeuge des Menschen liegen in Form von Geröllgeräten sehr zahlreich aus Oldoway, Koobi Fora/Ileret, Omo und neuerdings auch aus Chesowanja in Ostafrika sowie Sterkfontein und Swartkrans in Südafrika vor[24]. Sie besitzen ein Alter von etwa 2 (Omo) bis 1 Million Jahren; möglicherweise sind die ältesten auch fast 3 Millionen Jahre alt (Koobi Fora/Ileret unter Annahme eines wahrscheinlichen KBS-Tuff-Alters von 2,6 Millionen Jahren). Diese Geräte entsprechen der als kennzeichnend für die ältesten Menschen herausgestellten Form der absichtlichen und systematischen Werkzeugherstellung als gruppenspezifisches Merkmal.

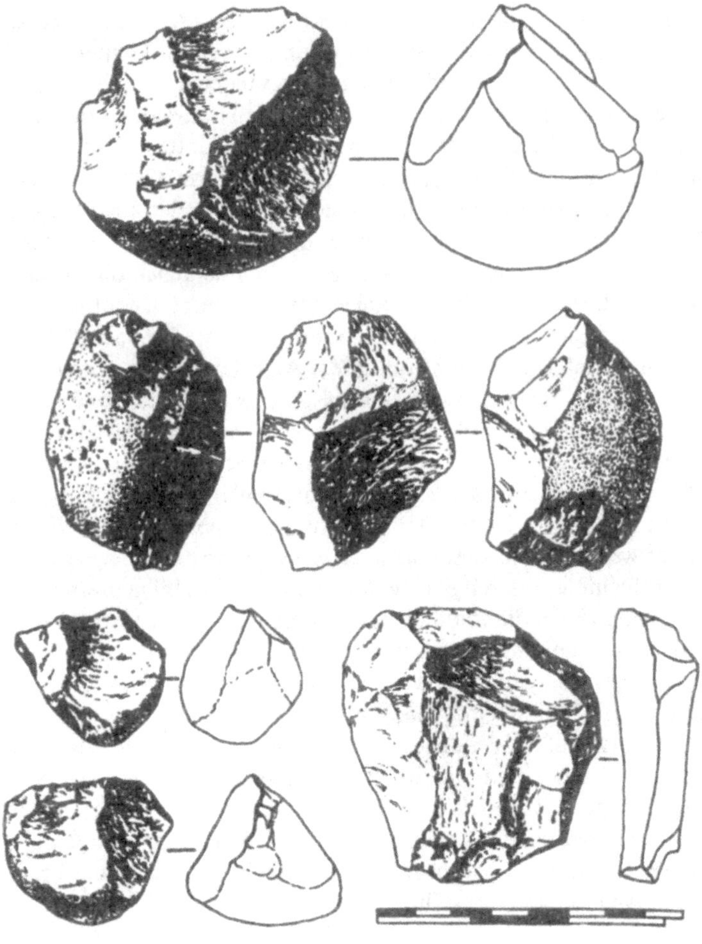

Abb. 13. Geröllgeräte des Oldowan aus Koobi Fora/Ileret

Die auf den ostafrikanischen Fundstätten Oldoway, Koobi Fora/Ileret und Omo bestehende komplizierte Fundsituation ermöglicht es nicht, die Geröllgeräte mit einer der dort entdeckten Hominidenform direkt und stratigraphisch einwandfrei in Verbindung zu bringen. Da von diesen Fundplätzen sowohl Australopithecinenreste des grazilen und robusten Typus als auch Funde vorliegen, die zu *Homo* gestellt werden, könnten theoretisch alle drei Hominidenformen als Werkzeughersteller zu vermuten sein. Viele Forscher halten eine solche Annahme für wahrscheinlich und betrachten demzufolge die Australopithecinen insgesamt (einschließlich der progressiven Habilinenform) als älteste Menschen. Vieles spricht jedoch dafür, daß der in seinem Körperbau und auch in seiner Ernährungsweise weitgehend spezialisierte, herbivore robuste Australopithecinentypus als Werkzeughersteller mit großer Wahrscheinlichkeit ausgeschlossen werden kann. Für den omnivoren grazilen Australopithecinentypus ist dieses dagegen nicht ohne weiteres möglich. Die Tatsache, daß progressive Hominiden nur an Fundstellen in Erscheinung treten, die Geröllgeräte geliefert haben, und die Befunde von Sterkfontein (älteste Fundschicht ausschließlich mit grazilen Australopithecinenresten, keine Geröllgeräte; jüngere mit Funden progressiver Hominiden — keine Australopithecinenreste! — und Geröllgeräten) machen es aber doch wahrscheinlicher, lediglich die progressive Hominidenform als Werkzeughersteller anzusprechen. Die Befunde von Chesowanja stehen dazu nur scheinbar im Widerspruch, denn wir müssen davon ausgehen, daß auch auf den bisher nicht intensiv erforschten Fundstätten Ostafrikas Reste der progressiven Hominidenform gefunden werden können.

Aus der nach dem derzeitigen Forschungsstand durchaus begründeten Annahme einer Herstellung der Geröllgeräte ausschließlich durch die progressive Hominidenform leitet sich unter der zu fordernden biosozialen Kriterieneinheit für die Gattung *Homo* der Schluß ab, daß die Habilinen, wie wir die progressive Hominidenform Ost- und Südafrikas im weitesten Sinn bezeichnen wollen, unter dem sozialen Aspekt der absichtlichen und systematischen Werkzeugherstellung — und nur unter diesem Aspekt — als älteste Vertreter der Gattung *Homo* einzustufen sind. Die Habilinen wären demnach die ältesten Menschen, und die Menschheit dürfte nach dem heutigen Stand unserer Kenntnis mindestens 2 Millionen, vermutlich sogar fast 3 Millionen Jahre alt sein. Es bedarf dabei keiner besonderen Hervorhebung, daß die Habilinen in ihrem Aussehen und in ihrem Verhalten lediglich erste, aber entscheidende Anfänge des Menschseins erkennen ließen.

Die große morphologische Ähnlichkeit zwischen Habilinen und grazilem Australopithecinentypus hat bisher größtenteils zu der Annahme geführt, daß erstere sich aus letzterem herausgebildet haben. Dafür scheint auch zu sprechen, daß in Ostafrika die überwiegende Mehrzahl der vorliegenden Funde dem robusten Australopithecinentypus und den Habilinen zuzuordnen sind und nur wenige Reste vom grazilen *Australopithecus* vorliegen. Letztere sind in Ostafrika zwar größtenteils aus zeitgleichen Schichten mit Habilinenresten bekannt — die Funde von Hadar und Laetolil erlauben hinsichtlich einer Formenzuordnung noch keine definitiven Aussagen —, die südafrikanischen grazilen Australopithecinenfunde von Sterkfontein und Makapansgat sind jedoch eindeutig älter als die Habilinen von Sterkfontein und Swartkrans. Seit einigen Jahren wird jedoch auch eine andere Hypothese diskutiert (L. Leakey, R. Leakey, Kretzoi u. a.), die die gesamten Australopithecinen außerhalb der direkten Entwicklung zum Menschen stellt und die Habilinen auf eine mit den Australopithecinen gemeinsame Ursprungsgruppe zurückführt. Diese Ursprungsgruppe kann in den Ramapithecinen oder wahrscheinlich in einer prä-australopithecinen Formengruppe gesehen werden. Weitere Funde und Forschungen sind unbedingt erforderlich, um auch in der Frage der direkten phylogenetischen Ableitung der Habilinen klarer zu sehen[25].

Evolutionsstadien des Menschen

Über den Evolutionsablauf innerhalb der Gattung *Homo* werden ebenso wie über deren Herleitung verschiedene Auffassungen vertreten. Nach dem derzeitigen Forschungsstand erscheint eine Abfolge der Evolutionsstadien Habilinen — Archanthropinen — Paläanthropinen — Neanthropinen am wahrscheinlichsten. Diese Stadien können zugleich als Hominisationsstadien charakterisiert werden[26]. Die Höherentwicklung innerhalb der Gattung *Homo* erfolgt jedoch nicht einfach stufenförmig, d. h. ausschließlich diskontinuierlich. Die menschliche Entwicklung gleicht vielmehr einem Netzwerk, in dem alle Populationen miteinander verbunden sind. Einige gehen kontinuierlich ineinander über, andere unterscheiden sich deutlich voneinander. Gleichzeitig und nacheinander können Populationen mit archaischen und progressiven Merkmalskomplexen entstehen. Nicht alle Populationen sind an der sich gesetzmäßig vollziehenden aufsteigenden Entwicklung des Men-

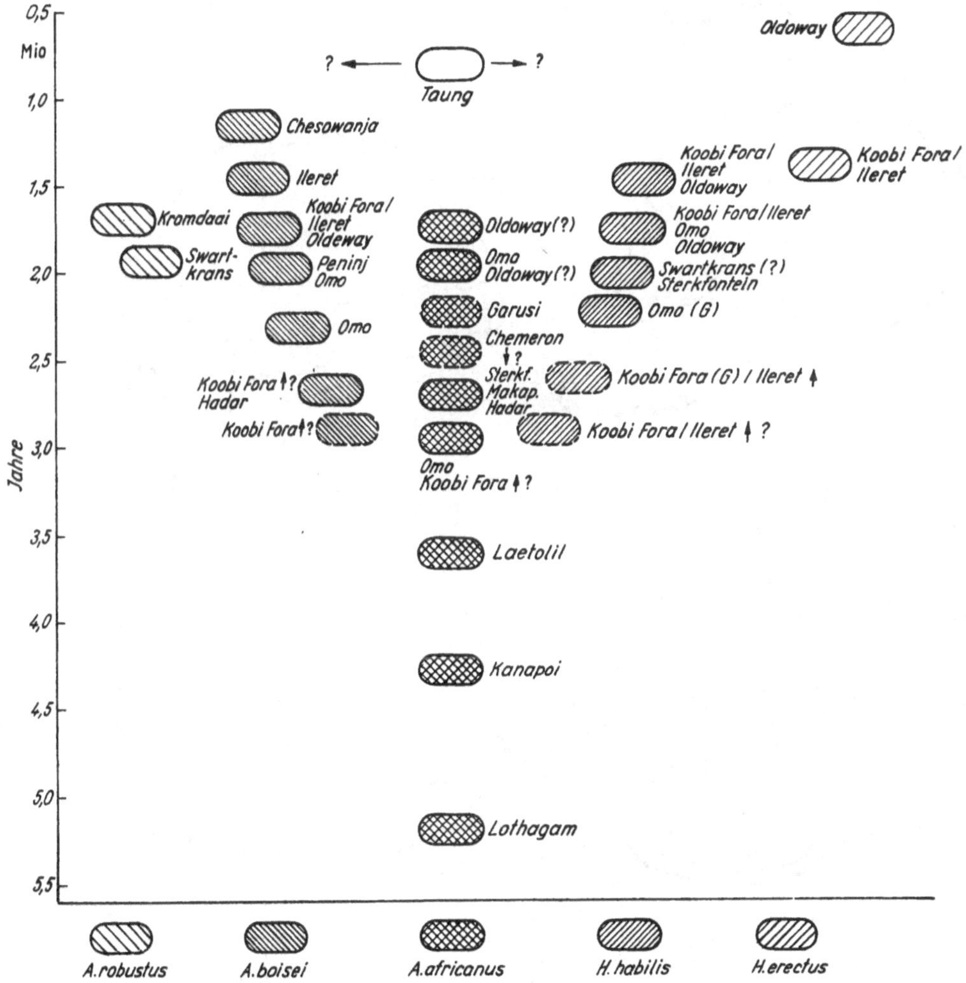

Abb. 14. Zeitliche und systematische Stellung der fossilen Hominidenfunde auf den süd- und ostafrikanischen Australopithecinenfundstätten

schen als biosoziales Wesen in gleicher Weise beteiligt, einige stagnieren, andere sterben aus. Auch ist mit erheblichen regionalen und zeitlichen Unterschieden in der Menschheitsentwicklung zu rechnen. Insgesamt vollzieht sich der Fortschritt kontinuierlich-diskontinuierlich, und in jedem Hominisationsstadium spiegelt sich ein bestimmtes biologisches und sozia-

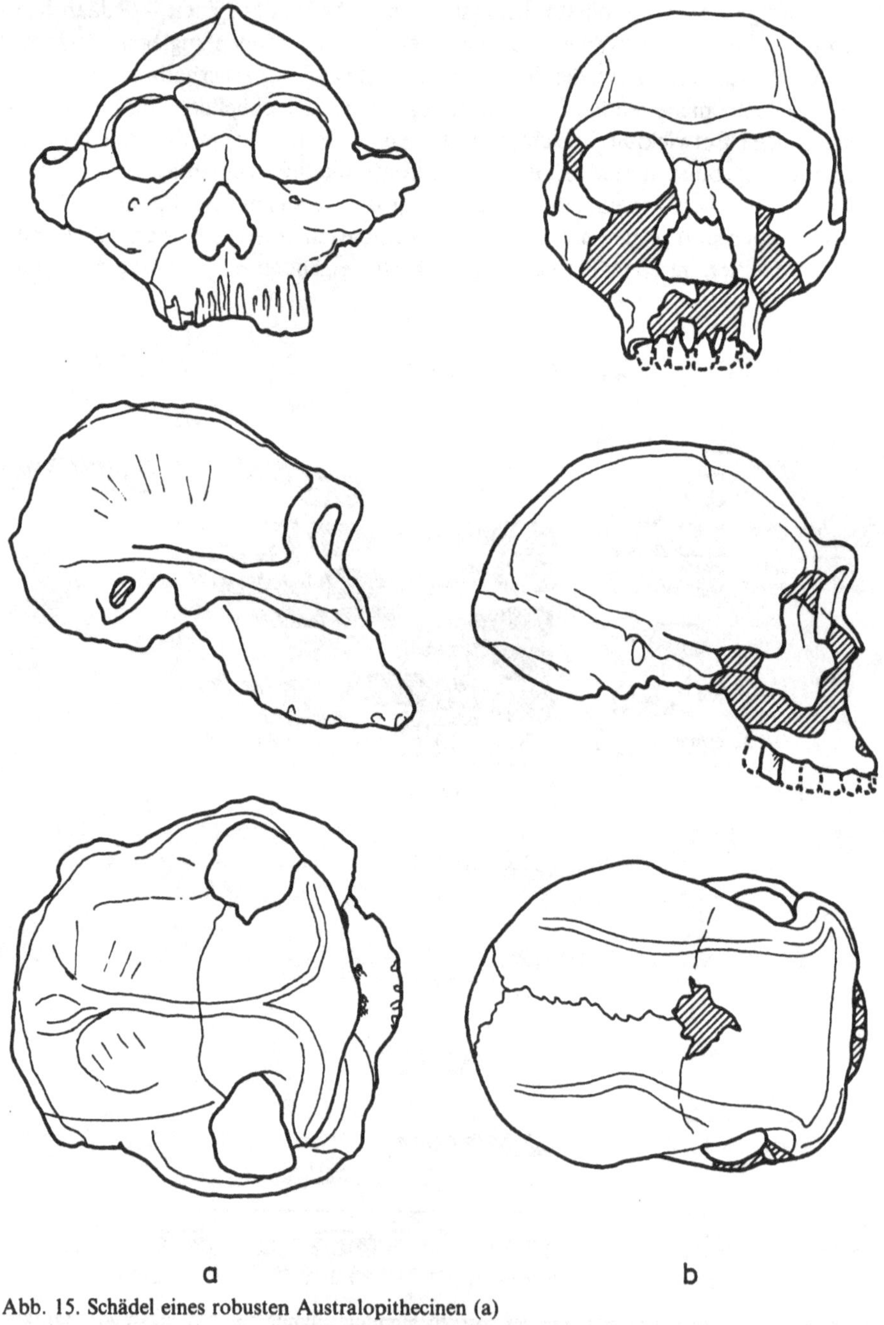

Abb. 15. Schädel eines robusten Australopithecinen (a) und vermutlichen *Homo erectus* (b) aus Koobi Fora/Ileret

les (gesellschaftliches) Organisationsstadium, eine neue Qualität in der Auseinandersetzung des Menschen mit der Natur wider.

Kennzeichnend für die Frühphase der Gattung *Homo*, d. h. die Zeit vor 2 (bzw. 3) bis etwa 1,3 Millionen Jahren, dürfte zweifellos das zeitliche Nebeneinanderbestehen verschiedener Hominidenformen sein: Habilinen — graziler Australopithecinentypus — robuster Australopithecinentypus in Ostafrika; Habilinen — robuster Australopithecinentypus — (graziler Australopithecinentypus) in Südafrika. Dieses trifft offenbar in Ostafrika für den sich anschließenden Zeitraum von etwa 1,3 (1,5) bis 1 Million Jahren ebenfalls noch zu, gleichzeitig dürften jedoch auch Vertreter unterschiedlicher Hominisationsstadien des Menschen, wenn auch nicht sympatrisch, so doch wohl in verschiedenen ökologischen Bereichen nebeneinander existiert haben: Archanthropinen (*Homo erectus*-Funde aus Koobi Fora/Ileret) — Habilinen — robuster Australopithecinentypus. Mit der Ausbreitung der Archanthropinen über große Teile Afrikas, Asiens und Europas nimmt zugleich die regionale Differenzierung zu, und es bilden sich innerhalb dieses Hominisationsstadiums erste Lokalformen heraus. Diese regionale/lokale Differenzierung verstärkt sich vor allem in dem folgenden paläanthropinen Hominisationsstadium. Gleichzeitig ist jedoch in der gesamten Entwicklung des Menschen mit einem Nachleben archaischer Formen und einem frühen Auftreten progressiver Formen in bestimmten Gebieten zu rechnen.

Weitere Funde und vor allem verbesserte absolute Datierungsmethoden werden dazu beitragen, die Vielschichtigkeit und Kompliziertheit des Evolutionsprozesses der Hominiden in seinen einzelnen Phasen und für die einzelnen Evolutionsstadien des Menschen, auch unter regionalen Aspekten, aufzuzeigen. Sie werden zugleich die für die jeweiligen Zeithorizonte der Menschheitsentwicklung charakteristische Mosaikstruktur im Evolutionsablauf deutlich sichtbar werden lassen.

Periodisierung der Hominidenentwicklung

Die fortschreitende Entwicklung der Hominiden von biologisch zu gesellschaftlich determinierten Wesen ermöglicht in Übereinstimmung mit dem jeweiligen Grad der Wechselwirkung zwischen den Gesetzen der biologischen Evolution und der gesellschaftlichen Entwicklung sowie der jeweiligen vorherrschenden Wirkungsweise dieser Entwicklungsgesetzmäßigkeiten eine Unterteilung der Hominidenentwicklung in eine biologische Phase, biologisch-gesellschaftliche Übergangsphase und gesellschaftliche Phase.

1. Biologische Phase:
   - Herausdifferenzierung der Hominiden als selbständige zoologische Familie bis zur Entstehung der ältesten Menschen, d. h. von etwa 35—30 bis etwa 3 Millionen Jahren
   - Hominidenentwicklung wird durch biologische Evolutionsfaktoren bestimmt

a) vormenschlicher (subhumaner) Abschnitt
   - Entstehung der biologischen Voraussetzungen zur Menschwerdung
   - zeitlicher Rahmen: etwa 35—30 bis etwa 9 bzw. 6 Millionen Jahre
   - Hominidenformen: Vormenschen — Prä-Ramapithecinen (bisher nicht durch Funde belegt) und Ramapithecinen (15—9 Millionen Jahre)

b) vormenschlich-menschlicher (subhuman-humaner) Abschnitt (Tier-Mensch-Übergangsfeld)

Phasen	biologische Phase		biologisch - gesellschaftliche Übergangsphase							gesellschaftliche Phase
Abschnitte	vormenschlich	vormenschlich-menschlich	m e n s c h l i c h							
Entwicklungsstadien	Ramapithecinen	Australopithecinen	H o m i n i n e n							
			Habilinen	Archanthropinen		P a l ä a n t h r o p i n e n				Neanthropinen
				Pithecanthropus	Sinanthropus	Vorneandertaler	frühe Neandertaler	„klassische" Neandertaler	undifferenzierte Neandertal.	Cro-Magnon
Geologisches Alter	14-9 Mio	5-1,5 (0,8) Mio	3-1 Mio	1 Mio (2 Mio) - 300 000		250 000-200 000	150 000-100 000	75 000-40 000	70 000-40 000	40 000 (60 000)-10 000
Kulturen			Früh-Paläolithikum	A l t - P a l ä o l i t h i k u m			M i t t e l - P a l ä o l i t h i k u m			Jung-Paläolithikum
			Oldowan	Abberillien	A c h e u l é e n C l a c t o n i e n		Tayasien Micoquien	M o u s t é r i e n		Aurig-nacien Magda-lénien
Geräte	(Gebrauch von Naturgegenständ)	(zufällige Werkzeugherstellung)	Geröllgeräte	einfache Faustkeile einfache Abschlaggeräte	entwickelte Faustkeile	bearbeitete Abschlaggeräte Stoßlanze	gezielte Abschlagtechnik		Wurfspeer	zusammengesetzte Spezialgeräte, Knochen- u. Klingentechnik, Pfeil und Bogen
Gehirngröße (cm^3)	(300) geschätzt	435-540 (600)	630-680 (800)	750-975	915-1225	1200-1300	1200-1450	1400-1700	1200-1550	1450-1700
			anschaulich-handelndes Denken und Sprache Beginn ... Ausbildung				prälogisch-abstraktes Denken und artikulierte Sprache Beginn ... Ausbildung			
Denken	konkrete Vorstellungen	allgemeine Vorstellungen	keimhafte Begriffe			diffuse Begriffe		detaillierte Begriffe		syntagmische Begriffe
Sprache	Stimmsignale	Lautkombinationen	einfache Worte			differenzierte Worte		detaillierte, phonetisch vielfältige Worte		Sprachsyntagmen
Gesellschaft			H o r d e n g e s e l l s c h a f t							Gentilgesellschaft
			U r h o r d e			H o r d e				Gens

Abb. 16. Übersichtsschema zur Periodisierung der Evolution der Hominiden und Entwicklung von Arbeit—Denken—Sprache

- Entstehungsphase des Menschen (Menschwerdung des Affen) und erster gesellschaftlicher Verhältnisse
- Hominidenentwicklung wird vorherrschend durch biologische Evolutionsfaktoren bestimmt; gleichzeitiges Wirken der sich auf den Anfängen der Arbeit herausbildenden ersten gesellschaftlichen Verhältnisse im Entwicklungsprozeß
- „erste tierartig instinktmäßigen Formen der Arbeit“ (MARX); gelegentliche und zufällige Werkzeugherstellung durch einzelne Individuen
- zeitlicher Rahmen: 9 bzw. 6 bis 3 bzw. 2 Millionen Jahre
- Hominidenformen: Affenmenschen — Prä-Australopithecinen und Australopithecinen (graziler und robuster Typus)

2. Biologisch-gesellschaftliche (biosoziale) Übergangsphase:
   - Werdephase des Menschen (Menschwerdung des Menschen) und der menschlichen Gesellschaft
   - Wirken biologischer und sozialer Entwicklungsgesetzmäßigkeiten im Rahmen der Anthropogenese und Soziogenese als dialektisch einheitlichen Prozeß (Anthroposoziogenese)[27]; in der Entwicklung des Menschen dominieren zunächst noch lange Zeit die biologischen gegenüber den sozialen Entwicklungsgesetzmäßigkeiten, bevor der Gesamtprozeß der Menschheitsentwicklung gegen Ende dieser Übergangsphase sehr wesentlich durch die gesellschaftlichen Verhältnisse bestimmt wird
   - von der Entstehung der ältesten Menschen, d. h. der Gattung *Homo*, und der ersten Form der menschlichen Gesellschaft (Hordengesellschaft) bis zur Herausbildung des neanthropinen Hominisationsstadiums und der Gentilgesellschaft
   - die Arbeit ist zum wesentlichsten Kriterium der Gattung *Homo*, des Menschen, geworden; absichtliche und systematische Werkzeugherstellung als gruppenspezifisches Verhaltensmuster der gesamten Menschheit, das auf dem Wege der sozialen Vererbung weiter tradiert wird; Arbeitsprozeß, „worin die menschliche Arbeit ihre erste instinktmäßige Form noch nicht abgestreift hatte“ (MARX)
   - zeitlicher Rahmen: 3 bzw. 2 Millionen bis 40000 (60000) Jahre
   - Hominisationsstadien: Habilinen (Frühmenschen) — Archanthropinen (Urmenschen) — Paläanthropinen (Altmenschen)

3. Gesellschaftliche Phase:
   - Entwicklung der Menschheit vollzieht sich in erster Linie auf sozialem Gebiet und wird im Gesamtprozeß vorherrschend durch gesellschaftliche Entwicklungsgesetzmäßigkeiten bestimmt; Arbeitsprozeß erreicht eine Form, die „dem Menschen ausschließlich angehört“ (MARX)
   - seit der Entstehung der Neanthropinen und der Gentilgesellschaft im Rahmen der Urgesellschaft als 1. Gesellschaftsformation
   - zeitlicher Rahmen: seit etwa 40000 (60000) Jahren
   - Hominisationsstadium: Neanthropinen (fossile und rezente Menschen heutigen Typus; Jetztmenschen)
   - biologische Evolution des Menschen führt in Wechselwirkung mit sozialen Faktoren zur Herausbildung der Menschenrassen und ist auch heute in ihrer Wirkung keineswegs vollständig aufgehoben

Die biologisch-gesellschaftliche Übergangsphase stellt in diesem Periodisierungsvorschlag zugleich den Übergang von der biologischen zur sozialen Bewegungsform der Materie im Sinne eines qualitativen Sprunges dar.

Anmerkungen

1 In der Familie der Hominiden (Menschenartigen) werden im allgemeinen die heutige Menschheit und ihre Entwicklungsstadien seit der Entstehung des Menschen sowie die unmittelbaren tierischen Vorfahrenformen des Menschen seit Bestehen einer eigenen, zum Menschen führenden Entwicklungslinie zusammengefaßt. Außer den Hominінen (Menschen) werden zumeist die Australopithecinen und vielfach auch die Ramapithecinen zu den Hominiden gestellt.

2 Als Dryopithecinen wird eine seit 1856 bekannte, vorwiegend miozäne, jedoch bis ins Pliozän reichende (etwa 26 bis 6 Millionen Jahre alte) Menschenaffengruppe aus Afrika, Europa und Asien bezeichnet. Im wesentlichen werden drei Untergruppen (*Dryopithecus*, *Sivapithecus*, *Proconsul*) unterschieden. *Proconsul*-Funde (Schädel, Kiefer, Zähne, Gliedmaßenreste) liegen ausschließlich aus Ostafrika vor und besitzen unter- bis mittelmiozänes Alter (etwa 26 bis 15 Millionen Jahre).

3 *Propliopithecus* (Erstfund 1908, weitere nach 1961) wurde lange Zeit als Vorläufer des 8—10 Millionen Jahre jüngeren *Pliopithecus* aus Europa betrachtet und in die Vorfahrenreihe des Gibbon gestellt (SIMONS, 1965).

4 *Aegyptopithecus* wird vielfach bereits zu den Dryopithecinen gestellt. Es liegt ein fast vollständiger Schädel mit kräftig entwickelter, stark vorspringender Kieferregion, gorillaähnlichen Zähnen und sehr kleinem Gehirnvolumen vor. *Aegyptopithecus* lebte in einem Galeriewald und war offenbar Baumbewohner (SIMONS, 1967).

5 Zu den molekularanthropologischen Untersuchungen vgl. AYALA (1975), GOODMAN (1973, 1975), GOODMAN et al. (1976, 1977).

6 Bisher wurden die gesamten *Proconsul*-Funde (vom gorillagroßen *P. major* über *P. nyanzae* bis zum zwergschimpansengroßen *P. africanus*) als Baumsavannenbewohner betrachtet. Neuere ökologische Untersuchungen an den zahlreichen Fundplätzen (ANDREWS/COUVERING, 1975) haben jedoch wahrscheinlich machen können, daß *P. major* ein Waldbewohner gewesen ist und lediglich *P. nyanzae* und *P. africanus* in den Savannen gelebt haben. Unterschiede in der Ernährungsweise, wie sie sich für *P. major* (ausschließlich Früchtefresser) sowie *P. nyanzae* und *P. africanus* (Früchte- und Blätterfresser) andeuten (KAY, 1977), scheinen ebenfalls auf eine ökologische Differenzierung der *Proconsul*-Vertreter hinzuweisen.

7 Nach SIMONS/PILBEAM (1965) sind aus den Siwalik Hills Nordindiens 2 Ober- und 1 Unterkieferbruchstück sowie Zähne aus Haritalyangar (Nagri Zone, ca. 9—12 Millionen Jahre) und 5 Unterkieferbruchstücke aus Chinji, Kanati, Attock und Hasnot (Chinji Zone, ca. 12—14 Millionen Jahre) zu *Ramapithecus* zu stellen. Ein weiteres Unterkieferbruchstück aus Domeli (Nagri Zone) stammt aus den Siwaliks von Pakistan (PILBEAM, 1969).

8 Zu *Kenyapithecus wickeri* gehören einige Ober- und Unterkieferbruchstücke sowie Zähne aus obermiozänen (ca. 12,5—14 Millionen Jahre K/Ar datiert) Schichten von Fort Ternan/Kenia und Maboko Island/Uganda (L. LEAKEY, 1967; ANDREWS, 1971) sowie möglicherweise auch ein Zahn aus Kabarsero/Kenia frühpliozänen Alters (ca. 9 Millionen Jahre; BISHOP/CHAPMAN, 1970).

9 Diskutiert wird ebenfalls, ob *Ramapithecus* nur eine Art repräsentiert oder in zwei (*R. punjabicus* und *R. brevirostris*) unterteilt werden sollte. Der Annahme einer strikten Trennung von *R. punjabicus* und *Kenyapithecus wickeri* steht jene einer Gleichsetzung gegenüber. Hinsichtlich der Vorfahrenstellung der Ramapithecinen für die Australopithecinen werden ebenfalls sehr unterschiedliche Meinungen vertreten. Zur Ramapithecinen-Problematik vgl. AGUIRRE (1973, 1975), CONROY/PILBEAM (1975), GREENFIELD (1974), KHATRI (1975), PILBEAM (1976), PILBEAM et al. (1977b), SIMONS (1976, 1977), TATTERSALL (1975), ULLRICH (1971), WEGNER (1972).

10 Seit 1973 auf dem Potwar Plateau südwestlich von Rawalpindi, Provinz Punjab in Pakistan, durchgeführte US-amerikanisch-pakistanische Expeditionen haben an zahlreichen Lokalitäten etwa 90 Hominoidenreste (Kiefer, Zähne, einige Schädel- und postkraniale Reste) von mehr als 60 Individuen erbracht. Diese gehören zu *Sivapithecus* und *Ramapithecus* und umfassen die Zeitspanne von ca. 14 bis 8,5 Millionen Jahren (Chinji, Nagri und offenbar Dhok Pathan Zone). Vorläufige Untersuchungen lassen eine große Ähnlichkeit zwischen dem Fundmaterial von *Ramapithecus* und *Sivapithecus* erkennen. Beide werden deshalb von PILBEAM in einer gemeinsamen Familie (*Ramapithecidae*) zusammen-

gefaßt, die zwischen den *Dryopithecidae* und *Hominidae* (Australopithecinen, Homininen) morphologisch vermittelt. SIMONS hält jedoch aufgrund der Neufunde in Europa und Asien den taxonomischen Status *Ramapithecinae* (innerhalb der Familie der *Hominidae*) nach wie vor gerechtfertigt. Vgl. u. a. v. KOENIGSWALD (1978), PICKFORD (1977), PILBEAM (1976), PILBEAM et al. (1977a, b), SIMONS (1977).

11 Von *Rudapithecus hungaricus* liegen aus altpliozänen Schichten (Pannonian) von Rudabánya in Nordungarn Unter- und Oberkieferbruchstücke sowie Zähne und möglicherweise auch postkraniale Skelettreste der Grabungen 1967—1975 vor. Florenrekonstruktionen ergeben ein mediterran-subtropisches Klima mit Zonen von Wasser, feuchtem Wald und Grasland in bergiger Gegend (KRETZOI, 1975, 1976). Aus der obermiozänen/unterpliozänen Pikermi-Steppenfauna Griechenlands sind drei Unterkiefer als *Dryopithecus macedoniensis* (2 Unterkiefer aus obermiozänen Schichten bei Thessaloniki 1972) und *Graecopithecus* (bei Attica, frühpliozän, ca. 8,5 Millionen Jahre) beschrieben worden, die von POULIANOS (1976) mit einem oberen linken Femurbruchstück aus Euboea (1974, ca. 10 Millionen Jahre) als *Helladopithecus semierectus* zusammengefaßt werden. Vgl. auch v. KOENIGSWALD (1972), BONIS/MELENTIS (1976).
Aus Candir nahe Ankara (Türkei) ist seit 1973 ein Unterkiefer aus obermiozänen Schichten bekannt (*Sivapithecus alpani*), der zunächst ebenfalls wie die Funde aus Ungarn und Griechenland als Dryopithecine eingestuft wurde. Nach der Fauna zu urteilen handelt es sich um einen Wald-Savannen-Biotop. Eine weitere Lokalität (Pasalar in NW-Anatolien) erbrachte 1969 aus frühen mittelmiozänen Ablagerungen (ca. 15—16 Millionen Jahre) eine Vielzahl von Zähnen von *Ramapithecus* und *Sivapithecus* (ANDREWS/TEKKAYA, 1976; ANDREWS/TOBIEN, 1977; TEKKAYA, 1974).

12 *Gigantopithecus* ist zunächst nur durch Zahnfunde (1935—39) aus chinesischen Apotheken bekannt geworden. 1956—58 sind in Höhlen der Provinz Kwangsi (Südchina) drei unvollständige Unterkiefer und über 1000 Zähne von *Gigantopithecus blacki*, zusammen mit Resten der mittelpleistozänen *Stegodon-Ailuropoda*-Fauna, ausgegraben worden (KAHLKE, 1961; WOO, 1962). Ein 1968 in mittelpliozänen Schichten (etwa 8,5 Millionen Jahre) der Siwalik Hills in Nordindien entdeckter Unterkiefer wird als *Gigantopithecus bilaspurensis* bezeichnet und als Vorläufer der chinesischen Form betrachtet (SIMONS, 1974; SIMONS/CHOPRA, 1969). Ein *Gigantopithecus*-Zahn ist ebenfalls aus der SR Vietnam beschrieben worden (KHA/LONG, 1976).

13 Die beiden großzähnigen, massigen Unterkieferbruchstücke von *Meganthropus palaeojavanicus* liegen aus den Djetis-Schichten von Trinil (Java) vor, die ebenfalls Reste von *Homo erectus modjokertensis* geliefert haben. Eine Zugehörigkeit zu letzterem ist durchaus wahrscheinlich. Die Zahnfunde von *Hemanthropus* dürften dagegen eher zu *Gigantopithecus* zu stellen sein.

14 So haben z. B. Bestimmungen des Gehirnvolumens sowie Schätzungen der Körperhöhe und des Körpergewichtes deutliche Unterschiede zwischen den beiden Australopithecinentypen ergeben: graziler Typus — 440 cm^3 Gehirnvolumen durchschnittlich, 145 cm Körperhöhe, 30—35 kg Körpergewicht; robuster Typus — 530 cm^3, 153 cm (Südafrika) bzw. 163 cm (Ostafrika), etwa 45 kg (*Homo habilis* ca. 700 cm^3, 52 kg). Einige Befunde deuten darauf hin, daß bei den Australopithecinen Wachstum und Entwicklung der Bezahnung und des Skeletts ähnlich dem heutigen Menschen verliefen und bereits eine verlängerte Kindheits- und Jugendperiode bestanden haben dürfte. Deutliche Unterschiede im Sexualdimorphismus zeichnen sich sowohl für den grazilen als auch für den robusten Typus ab, insbesondere in der Bezahnung (Canini).

15 Zur Datierung der süd- und ostafrikanischen Australopithecinenfundstätten hat der Verfasser (ULLRICH, 1975) einen zusammenfassenden Bericht mit ausführlichem Literaturverzeichnis vorgelegt. An neueren Arbeiten, vor allem für Koobi Fora/Ileret, sind dazu u. a. erschienen: BROWN/NASH (1976), BROCK/ISAAC (1976), CURTIS et al. (1975), FITCH/MILLER (1976), FITCH et al. (1976), HARRIS/HILLHOUSE (1977), HILLHOUSE et al. (1977), HURFORD et al. (1976), WAGNER (1977).

16 Aus den plio-pleistozänen Seeablagerungen im Awash-Tal, Zentral-Afar (Äthiopien), liegen unter der Fundortbezeichnung Hadar seit 1973 von mehreren Stellen Hominidenfunde (Kiefer, Zähne, Teile von Gliedmaßenknochen und ein sehr stark unvollständiges Skelett!) vor. Diese zeigen Ähnlichkeiten mit dem grazilen und robusten Australopithecinentypus wie auch mit der Frühform von *Homo*, so daß mit der gleichzeitigen Existenz mehrerer Hominidenformen gerechnet werden muß, und stammen aus Schichten, die auf etwa 2,6—2,3 Millionen Jahre radiometrisch und paläomagnetisch datiert

worden sind. Geröllgeräte liegen aus Hadar bis jetzt nicht vor; die entdeckten Acheuléen-Geräte sind wesentlich jünger als die Hominidenreste (ARONSON et al., 1977; CORVINUS, 1976; JOHANSON/COPPENS, 1976; JOHANSON/TAIEB, 1976; JOHANSON et al., 1976; Taieb et al., 1976).

17 In Laetolil (Tansania), etwa 45 km südlich der Oldoway-Schlucht, sind seit 1974 Hominidenreste (Kiefer, Zähne) ans Tageslicht gefördert worden, denen nach K/Ar-Datierungen ein Alter von 3,7 bis 3,6 Millionen Jahren zugeschrieben wird. Diese Funde werden von M. LEAKEY aufgrund großer Ähnlichkeiten zu den *Homo habilis*-Resten aus Oldoway bereits zur Gattung *Homo* gestellt. Kulturelle Hinterlassenschaften in Form von Geröllgeräten sind aus Laetolil bisher nicht bekannt. Mehrere Fußabdrücke werden den Hominiden zugeschrieben (M. LEAKEY, 1976b; M. LEAKEY et al., 1976; WHITE, 1977).

18 Die Diskussion um die zeitliche und systematische Stellung des Taung-Schädels ist noch keineswegs abgeschlossen. Sicher scheint lediglich zu sein, daß der Hominidenfund jünger als die Faunenreste in Taung ist (BUTZER, 1974). TOBIAS (1973) hält aufgrund der sehr späten Einordnung von Taung eine Zuweisung zum robusten Australopithecinentypus für wahrscheinlicher als den bisherigen Status als Typusexemplar für *Australopithecus africanus*. Möglich erschiene ebenfalls, daß der Taung-Schädel einen relativ späten Vertreter der Habilinen repräsentiert.

19 Die Oldoway-Schlucht hat bisher Hominidenreste von 47 Individuen (überwiegende Mehrzahl aus Bed I und II) erbracht. Die meisten Funde sind *Homo habilis* zugeordnet worden, einige repräsentieren *Australopithecus boisei*, und nur wenige Reste sind als graziler Australopithecine (*A.* cf. *africanus*) anzusprechen. *Homo erectus* ist durch 4 Individuen aus Bed II—IV vertreten. Nachweisbar sind in den *Homo habilis*-Schichten etwa 10 Lagerplätze am ehemaligen See- bzw. Flußrand, ein als Windschutz/Behausung gedeuteter runder Steinkreis sowie 2 Plätze, an denen offenbar die Jagdbeute (Kleintiere, Kleinsäuger, gelegentlich wohl auch Großsäuger) zerteilt wurde (M. LEAKEY, 1976b; SPETH/DAVIS, 1976).

20 Im Gebiet von Koobi Fora/Ileret sind bisher weit über 150 Hominidenreste gefunden worden, die *Australopithecus* (robuster Typ *A. boisei*, ca. 55% des Materials) und *Homo* (ca. 33% der Funde) zugeschrieben werden. Die Trennung in beide Gruppen ist z. T. mit größeren Schwierigkeiten verbunden; zahlreiche Funde lassen sich infolge ihrer Fragmenthaftigkeit nicht zuordnen. Innerhalb *A. boisei* sind deutliche Sexualunterschiede erkennbar. Einige Funde können möglicherweise als Reste des grazilen *Australopithecus* aff. *africanus* interpretiert werden. Die aus den gleichen Schichten wie die Australopithecinenreste vorliegenden *Homo*-Funde sind bisher zwar ohne nähere Artspezifizierung beschrieben, doch ist ihre Ähnlichkeit mit *Homo habilis* stets betont worden. Aus den auf 1,6—1,3 Millionen Jahren datierten Ablagerungen sind Schädel und Kiefer geborgen worden, die offenbar bereits in den Formenkreis von *Homo erectus* zu stellen sind (DAY, 1976; DAY et al., 1976; R. LEAKEY, 1976a, b; R. LEAKEY/WALKER, 1976; WALKER, 1976; WOOD, 1976; ältere Literaturhinweise bei ULLRICH, 1975).

21 Die Hominidenfunde aus dem Omo-Tal zeigen ebenso wie jene aus Oldoway und Koobi Fora/Ileret eine morphologische Vielgestaltigkeit. Die Mehrzahl der Reste ist als *Australopithecus* aff. *africanus* dem grazilen Typus zugeschrieben worden, einige repräsentieren mit größerer Wahrscheinlichkeit den robusten Australopithecinentypus (*A. boisei*). Von einigen Fundstellen liegen Zähne und Schädelreste (Alter etwa 1,8 Millionen Jahre) vor, die *Homo habilis* sehr ähnlich sind. Hierzu zählt ebenfalls der 1974 entdeckte, stark fragmentarische Schädel (Alter 1,84 Millionen Jahre) mit großen Ähnlichkeiten in der Gebißgestaltung sowohl zum grazilen *Australopithecus* als auch zu den progressiven Hominidenfunden aus Oldoway und Koobi Fora/Ileret sowie zum frühen *Homo erectus* aus Java (BOAZ/HOWELL, 1977; HOWELL/COPPENS, 1976; ältere Literaturhinweise bei ULLRICH, 1975).

22 Aus der mittleren Breccie von Sterkfontein (Australopithecinenreste aus der ca. 3—2,5 Millionen Jahre alten unteren Breccie) lagen bisher ein Kiefer, Zähne und Wirbel sowie Geröllgereäte vor, die *Homo erectus capensis* zugeschrieben wurden. Aus dem gleichen Schichtenverband (2—1,5 Millionen Jahre) wurden 1976 große Teile eines Schädels geborgen, die sich deutlich von den zeitlich älteren grazilen Australopithecinenfunden unterscheiden und *Homo habilis* auffallend ähnlich sind (HUGHES/TOBIAS, 1977).

Aus einer Nischenfüllung in Swartkrans (Alter etwa 2 Millionen Jahre) stammen ein Obergesichtsteil,

Kieferbruchstücke und ein Gliedmaßenrest, als *Homo erectus capensis* bezeichnet. Weitere *Homo*-Reste (Schädel, Zähne) wurden bei der Säuberung des Australopithecinenmaterials entdeckt (CLARKE et al., 1970; CLARKE, 1977).

23 Zum Verhältnis Quantität/Qualität in der Hominidenentwicklung vgl. FOERSTER (1976).

24 In Oldoway ist als älteste Geröllgeräteindustrie das Oldowan in Bed I und im unteren Teil von Bed II (ca. 1,85—1,6 Millionen Jahre) nachgewiesen worden. Das entwickelte Oldowan aus dem unteren Teil von Bed II bis Bed IV umfaßt den Zeitraum von ca. 1,7—0,5 Millionen Jahre. Aus zeitgleichen Horizonten liegen ebenfalls zahlreiche Acheuléen-Geräte, zuweilen im Zusammenhang mit Funden des *Homo erectus*, vor (M. LEAKEY, 1971, 1976a).
Im Gebiet von Koobi Fora/Ileret liegen Steingeräte vom Oldowantypus (insgesamt kleiner als diejenigen aus Oldoway) von ca. 20 Fundstellen aus dem KBS-Tuff und darunter gelegenen Schichten vor, z. T. sind es Oberflächenfunde, z. T. konnten sie in situ geborgen werden. Wesentlich jünger und entwickelter ist die Karari-Industrie (ca. 1,2—1,6 Millionen Jahre), die man vielleicht mit den Funden des *Homo errectus* aus diesem Gebiet wird in Verbindung bringen können (HARRIS/ISAAC, 1976; ISAAC, 1976a, b; ISAAC et al., 1976).
Die im Omo-Tal gefundenen Steingeräte (ausschließlich kleine Werkzeuge, meist aus Quarz; Choppers fehlen!) stammen größtenteils aus Member F und sind ca. 2 Millionen Jahre alt; einige sind auch aus jüngeren Schichten bekannt (CHAVAILLON, 1976; MERRICK/MERRICK, 1976).
In Chesowanja (Kenia) sind als Oberflächenfunde und in situ aus über 1 Million Jahre alten Ablagerungen Geröllgeräte vom Oldowan-/entwickelten Oldowan-Typus gefunden worden. Von dieser Lokalität liegen bisher lediglich zwei Reste eines robusten *Australopithecus* vor (HARRIS/BISHOP, 1976).
Von den südafrikanischen Australopithecinenfundstätten haben lediglich Sterkfontein (mittlere Breccie, 2—1,5 Millionen Jahre) und Swartkrans (ca. 2 Millionen Jahre) Geröllgeräte geliefert. Sie sind größer als jene aus Oldoway, entsprechen insgesamt jedoch dem entwickelten Oldowan (MASON, 1976).

25 Der weiteren Erforschung des Ursprungs und der Entwicklung der Menschheit sowie ihrer Umwelt wird sich das am 3. 9. 1977 in Nairobi (Kenia) eröffnete International Louis Leakey Memorial Institute for African Prehistory widmen. Ein kleiner Mitarbeiterstab aus Archäologen, Paläanthropologen, Geologen und Paläontologen wird auch weiterhin Ausgrabungen in Ostafrika durchführen. Ein wesentliches Anliegen dieses Instituts besteht ebenfalls darin, zu einem Treffpunkt für internationale Fachvertreter auf diesen Gebieten zu werden und die bisher größte Sammlung fossiler Hominidenfunde zugänglich zu machen (LEWIN, 1977).

26 Unter Hominisation (Menschwerdung) wird der Prozeß der unmittelbaren Herausbildung des Menschen (*Homo*) und seine weitere Entwicklung als biosoziales Wesen verstanden. Dieser Prozeß läßt sich in zwei große Abschnitte unterteilen: 1. Menschwerdung der affenartigen Vorfahren im Tier-Mensch-Übergangsfeld, 2. Menschwerdung des Menschen in der biologisch-gesellschaftlichen Übergangsphase.

27 Die Anthropogenese, Stammesentwicklung des Menschen, umfaßt die Abstammung des Menschen aus dem Tierreich und die biologische Entwicklung der Menschheit. Sie beginnt mit der Herausdifferenzierung der Hominiden und ist mit der Herausbildung der Neanthropinen im wesentlichen abgeschlossen. Es lassen sich ein subhumanes (vormenschliches), subhuman-humanes (vormenschlich-menschliches) und humanes (menschliches) Stadium untergliedern. Unter Soziogenese wird der immer weiter und schneller fortschreitende Prozeß der sozialen (gesellschaftlichen) Entwicklung der Menschheit seit der Herausbildung erster keimhafter Formen der Arbeit und auf diesen basierenden Anfängen gesellschaftlicher Verhältnisse im Tier-Mensch-Übergangsfeld verstanden. Anthropogenese und Soziogenese bilden während eines sehr langen Zeitraums der Menschheitsgeschichte eine dialektische Einheit (Anthroposoziogenese). Der Prozeß der Anthroposoziogenese bewirkt die Entwicklung des Menschen seit seiner Entstehung bis zur Herausbildung der Neanthropinen und der Gentilgesellschaft. Während dieser Zeit vollzieht sich der Übergang von der biologischen zur sozialen Bewegungsform der Materie.

28 In das Literaturverzeichnis wurden im wesentlichen nur in den letzten Jahren erschienene Arbeiten aufgenommen. Mit einem (*) versehene Publikationen stellen eine Auswahl von Übersichtsreferaten zur Gesamtproblematik der Hominidenentwicklung dar.

Literaturverzeichnis[28]

Aguirre, E., 1973: Les rapports phylétiques de Ramapithecus et de Kenyapithecus et l'origine des hominides. In: L'Anthropologie 76, 501—523. Paris.

— 1975: *Kenyapithecus* and *Ramapithecus*. In: R. H. Tuttle (ed.), Paleoanthropology. Morphology and Paleoecology, 99—104. The Hague.

*Andrejew, I., 1977: Der Ursprung des Menschen und der Gesellschaft. In: Gesellschafts-Wissenschaften 11/3, 113—126. Moskau.

Andrews, P., 1971: *Ramapithecus wickeri* mandible from Fort Ternan, Kenya. In: Nature 231, 192—194. London.

Andrews, P., Couvering, J. A. H. van, 1975: Palaeoenvironment in the East African Miocene. In: F. S. Szalay (ed.), Approaches to primate paleobiology, 62—103. Basel.

Andrews, P., Tekkaya, I., 1976: *Ramapithecus* in Kenya and Turkey. In: Les plus anciens hominidés (dir.: P. V. Tobias, Y. Coppens), UISPP, IXe Congrès, Colloque VI, 7—25. Nice.

Andrews, P., Tobien, H., 1977: New Miocene locality in Turkey with evidence on the origin of *Ramapithecus* and *Sivapithecus*. In: Nature 268, 699—701. London.

Aronson, J. L., Schmitt, T. J., Walter, R. C., Taieb, M., Tiercelin, J. J., Johanson, D. C., Naeser, C. W., Nairn, A. E. M., 1977: New geochronologic and palaeomagnetic data for the hominid-bearing Hadar Formation of Ethiopia. In: Nature 267, 323—327. London.

Ayala, F. J., 1975: Scientific hypotheses, natural selection and the neutrality theory of protein evolution. In: F. M. Salzano (ed.), The role of natural selection in human evolution, 19—42. Amsterdam/New York.

*Batenin, S. S., 1976: Čelovek i ego istorii. Leningrad.

Benveniste, R. E., Todaro, G. J., 1976: Evolution of type C viral genes: evidence for an Asian origin of man. In: Nature 261, 101—108. London.

Bishop, W. W., Chapman, G. R., 1970: Early Pliocene sediments and fossils from the Northern Kenya Rift Valley. In: Nature 226, 914—918. London.

Boaz, N. T., Howell, F. C., 1977: A gracile hominid cranium from Upper Member G of the Shungura Formation, Ethiopia. In: American Journal of Physical Anthropology 46, 93—108. Philadelphia.

Bonis, L. de, Melentis, J., 1976: Les dryopithécinés de Macédoine (Grèce). Leur place dans l'évolution des primates hominoides du Miocène. In: Les plus anciens hominidés (dir.: P. V. Tobias, Y. Coppens), UISPP, IXe Congrès, Colloque VI, 26—38. Nice.

Brock, A., Isaac, G. L., 1976: Reversal stratigraphy and its application at East Rudolf. In: Y. Coppens et al. (eds.), Earliest man and environments in the Lake Rudolf Basin, 148—162. Chicago/London.

Brown, F. H., Nash, W. P., 1976: Radiometric dating and tuff mineralogy of Omo group deposits. In: Y. Coppens et al. (eds.), Earliest man and environments in the Lake Rudolf Basin, 50—63. Chicago/London.

*Bunak, V. V., 1976: Rannie stadii èvoljucii gominid i načalo prjamochoždenija. In: Voprosy antropologii 53, 3—24. Moskva.

Butzer, K. W., 1974: Paleoecology of South African australopithecines: Taung revisited. In: Current Anthropology 15, 367—382. Chicago.

*Butzer, K. W., Isaac, G. L. (eds.), 1975: After the australopithecines. Stratigraphy, ecology, and culture change in the Middle Pleistocene. The Hague/Paris.

*Campbell, B. G., 1972: Entwicklung zum Menschen. Stuttgart.

*— 1976: Humankind emerging. Bosten/Toronto.

Chavaillon, J., 1976: Evidence for the technical practices of early Pleistocene hominids, Shungura Formation, Lower Omo Valley, Ethiopia. In: Y. Coppens et al. (eds.), Eearliest man and environments in the Lake Rudolf Basin, 565—573. Chicago/London.

*Chiarelli, A. B., 1973: Evolution of the primates. An introduction to the biology of man. London/New York.

Clarke, R. J., 1977: A juvenile cranium and some adult teeth of early *Homo* from Swartkrans, Transvaal. In: South African Journal of Science 73, 46—49. Johannesburg.

CLARKE, R. J., HOWELL, F. C., BRAIN, C. K., 1970: More evidence of an advanced hominid at Swartkrans. In: Nature 225, 1219—1222. London.

CONROY, G. C., PILBEAM, D., 1975: *Ramapithecus*: a review of its hominid status. In: R. H. TUTTLE (ed.), Paleoanthropology. Morphology and Paleoecology, 59—86. The Hague.

COPPENS, Y., HOWELL, F. C., ISAAC, G. L., LEAKEY, R. E. F. (eds.), 1976: Earliest man and environments in the Lake Rudolf Basin. Stratigraphy, Paleoecology, and Evolution. Chicago/London.

CORVINUS, G., 1976: Prehistoric exploration at Hadar, Ethiopia. In: Nature 261, 571—572. London.

CURTIS, G. H., DRAKE, X., CERLING, T., HAMPEL, X., 1975: Age of KBS Tuff in Koobi Fora Formation, East Rudolf, Kenya. In: Nature 258, 395—398. London.

DAY, M. H., 1976: Hominid postcranial remains from the East Rudolf succession. A review, In: Y. COPPENS et al. (eds.), Earliest man and environments in the Lake Rudolf Basin, 507—521. Chicago/ London.

DAY, M. H., LEAKEY, R. E. F., WALKER, A. C., WOOD, B. A., 1976: New hominids from East Turkana, Kenya. In: American Journal of Physical Anthropology 45, 369—435. Philadelphia.

ECKHARDT, R. B., 1973: *Gigantopithecus* as a hominid ancestor. In: Anthropologischer Anzeiger 34, 1—8. Stuttgart.

— 1974: The dating of *Gigantopithecus*. A critical reappraisal. In: Anthropologischer Anzeiger 34, 129 bis 139. Stuttgart.

— 1975: *Gigantopithecus* as a hominid. In: R. H. TUTTLE (ed.), Paleoanthropology. Morphology and Paleoecology, 105—129. The Hague.

*FEUSTEL, R., 1975: Urgesellschaft. Entstehung und Entwicklung sozialer Verhältnisse. Weimar. 2. Aufl.

*— 1976: Abstammungsgeschichte des Menschen. Jena.

FITCH, F. J., HOOKER, P. J., MILLER, J. A., 1976: $^{40}Ar/^{39}Ar$ dating of the KBS Tuff in Koobi Fora Formation, East Rudolf, Kenya. In: Nature 263, 740—741. London.

FITCH, F. J., MILLER, J. A., 1976: Conventional potassium-argon and argon-40/argon-39 dating of volcanic rocks from East Rudolf. In: Y. COPPENS et al. (eds.), Earliest man and environments in the Lake Rudolf Basin, 123—147. Chicago/London.

*FOERSTER, I., 1976: Zu einigen philosophischen Problemen der Theorie der Anthroposoziogenese. Phil. Diss. Humboldt-Universität Berlin. Unveröffentlicht.

FRAYER, D. W., 1973: *Gigantopithecus* and its relationship to *Australopithecus*. In: American Journal of Physical Anthropology 39, 413—426. Philadelphia.

*GENET-VARCIN, E., 1969: À la recherche du primate ancêstre de l'homme. Paris.

*GIESELER, W., 1974: Die Fossilgeschichte des Menschen. In: G. HEBERER (Hrsg.), Die Evolution der Organismen. Bd. 3, 171—517. Stuttgart.

*GOODALL, V., BENDER, B., DOBZHANSKY, T., EIBL-EIBESFELDT, I., HAMBURG, D. A., LAWICK-GOODALL, J. v., NAPIER, J. (eds.), 1975: The quest of man. London/Oxford/New York.

GOODMAN, M., 1973: The cronicle of primate phylogeny contained in proteins. In: S. ZUCKERMAN (ed.), The concepts of human evolution, 339—375. London.

— 1975: Proteine sequence and immunological specificity. Their role in phylogenetic studies of primates. In: W. P. LUCKETT, F. S. SZALAY (eds.), Phylogeny of the primates, 219—248. New York/London.

GOODMAN, M., TASHIAN, R. E., TASHIAN, J. H., 1976: Progress in molecular anthropology. In: Current Anthropology 17, 491—494. Chicago.

*— (eds.), 1977: Molecular anthropology. Genes and proteins in the evolutionary ascent of the primates. New York.

GREENFIELD, L. O., 1974: Taxonomic reassessment of two *Ramapithecus* specimens. In: Folia Primatologica 22, 97—115. Basel.

*GRIMM, H., 1976: Zur Evolution des Menschen und der Herausbildung seiner erblichen Varietäten. In: H. BÖHME, R. HAGEMANN, R. LÖTHER (Hrsg.), Beiträge zur Genetik und Abstammungslehre, 257—286. Berlin.

*GUR'EV, D. V., 1973: Stanovlenie obščestvennogo proizvodstva. Moskva.

HARRIS, J. M., HILLHOUSE, J., 1977: Palaeomagnetic stratigraphy of the Koobi Fora Formation, east of Lake Turkana (Lake Rudolf), Kenya. In: Nature 268, 669—670. London.

HARRIS, J. W. K., BISHOP, W. W., 1976: Sites and assemblages from the early Pleistocene Beds of Karari and Chesowanja. In: Les plus anciennes industries en Afrique (dir.: J. D. CLARK, G. ISAAC), UISPP, IXe Congrès, Colloque V. 70—117. Nice.
HARRIS, J. W. K., ISAAC, G., 1976: The Karari industry: early Pleistocene archaeological evidence from the terrain east of Lake Turkana, Kenya. In: Nature 262, 102—107. London.
*HEBERER, G., (Hrsg.), 1974: Die Evolution der Organismen. Ergebnisse und Probleme der Abstammungslehre. Bd. 3. Phylogenie der Hominiden. Stuttgart.
*HEBERER, G., HENKE, W., ROTHE, H., 1975: Der Ursprung des Menschen. Unser gegenwärtiger Wissensstand. Stuttgart.
*HERRMANN, J., 1974: Die Entstehung der Menschheit. Die Menschheit zwischen naturgeschichtlicher Evolution und den Gesetzmäßigkeiten der Geschichte. Sitzungsberichte der Akademie der Wissenschaften der DDR 1973/Nr. 16. Berlin.
HILLHOUSE, J. W., NDOMBI, J. W. M., COX, A., BROCK, A., 1977: Additional results on palaeomagnetic stratigraphy of the Koobi Fora Formation, east of Lake Turkana (Lake Rudolf), Kenya. In: Nature 265, 411—415. London.
HOWELL, F. C., COPPENS, Y., 1976: An overview of hominidae from the Omo succession, Ethiopia. In: Y. COPPENS et al. (eds.), Earliest man and environments in the Lake Rudolf Basin, 522—532. Chicago/London.
HUGHES, A. R., TOBIAS, P. V., 1977: A fossil skull probably of the genus *Homo* from Sterkfontein, Transvaal. In: Nature 265, 310—312. London.
HURFORD, A. J., GLEADOW, A. J. W., NAESER, C. W., 1976: Fission-track dating of pumice from the KBS Tuff, East Rudolf, Kenya. In: Nature 263, 738—740. London.
ISAAC, G. L., 1976a: Plio-Pleistocene artifact assemblages from East Rudolf, Kenya. In: Y. COPPENS et al. (eds.), Earliest man and environments in the Lake Rudolf Basin, 552—564. Chicago/London.
— 1976b: Traces of early hominid activities from the Lower Member of the Koobi Fora Formation, Kenya. In: Les plus anciennes industries en Afrique (dir.: J. D. CLARK, G. ISAAC), UISPP, IXe Congrès, Colloque V, 7—23. Nice.
ISAAC, G. L., HARRIS, J. W. K., CRADER, D., 1976: Archeological evidence from the Koobi Fora Formation. In: Y. COPPENS et al. (eds.), Earliest man and environments in the Lake Rudolf Basin, 533—551. Chicago/London.
*JELÍNEK, J., 1972: Das große Bilderlexikon des Menschen in der Vorzeit. Gütersloh.
JOHANSON, D. C., COPPENS, Y., 1976: A preliminary anatomical diagnosis of the first Plio/Pleistocene hominid discoveries in the Central Afar, Ethiopia. In: American Journal of Physical Anthropology 45, 217—233. Philadelphia.
JOHANSON, D. C., COPPENS, Y., TAIEB, M., 1976: Pliocene hominid remains from Hadar, Central Afar, Ethiopia. In: Les plus anciens hominidés (dir.: P. V. TOBIAS, Y. COPPENS), UISPP, IXe Congrès, Colloque VI, 120—137. Nice.
JOHANSON, D. C., TAIEB, M., 1976: Plio/Pleistocene hominid discoveries in Hadar, Ethiopia. In: Nature 260, 293—297. London.
KAHLKE, H. D., 1961: Zur chronologischen Stellung der südchinesischen *Gigantopithecus*-Funde. In: Zeitschrift für wissenschaftliche Zoologie 165, 47—80.
KAY, R. F., 1977: Diets of early Miocene African hominoids. In: Nature 268, 628—630. London.
KHA, L. T., LONG, V. T., 1976: La canine gauche inférieure de Gigantopithecus trouvée à Thâm Khuyen (Lang Son). In: Archéologie 17, 24—26. (vietnamesisch). Hanoi.
KHATRI, A. P., 1975: The early fossil hominids and related apes of the Siwalik Foothills of the Himalayas: recent discoveries and new interpretations. In: R. H. TUTTLE (ed.), Paleoanthropology. Morphology and Paleoecology, 31—58. The Hague.
KHONE, D. E., 1975: DNA evolution data and its relevance to mammalian phylogeny. In: W. P. LUCKETT, F. S. SZALAY (eds.), Phylogeny of the primates, 249—261. New York/London.
KHONE, D. E., CHISCON, J. A., HOYER, B. H., 1972: Evolution of primate DNA: a summary. In: S. L. WASHBURN, P. DOLHINOW (eds.), Perspectives on human evolution 2, 166—168. New York.
KOENIGSWALD, G. H. R. VON, 1972: Ein Unterkiefer eines fossilen Hominoiden aus dem Unterpliozän

Griechenlands. In: Koninklijke Nederlandse Akademie van Wetenschappen, ser. B, 75, 5, 385—394. Amsterdam.
— 1978: Neue vormenschliche Fossilien. In: Naturwissenschaften 65, 104. Berlin (West).
KRETZOI, M., 1975: New remapithecines and *Pliopithecus* from the Lower Pliocene of Rudabánya in north-eastern Hungary. In: Nature 257, 578—581. London.
— 1976: Emberré válás és az Australopithecinak (Die Hominisation und die Australopithecinen). In: Anthropologiai Közlemények 20, 3—11. Budapest.
*KURTH, G., 1977a: Die paläo- und eupleistozänen Hominidenfunde. In: Ethnographisch-Archäologische Zeitschrift 18, 25—37. Berlin.
*— 1977b: Aussagewert und Aussagegrenzen unserer — humanen — Fossilbelege. Ein Jeweilsbild aus dem Jahre 1975. In: Mitteilungen der Anthropologischen Gesellschaft Wien 107, 94—108. Wien.
LEAKEY, L. S. B., 1967: An early Miocene member of hominidae. In: Nature 213, 155—163. London.
— 1968: Bone smashing by Late Miocene hominidae. In: Nature 218, 528—530. London.
— 1969: Ecology of North Indian *Ramapithecus*. In: Nature 223, 1075—1076. London.
LEAKEY, L. S. B., TOBIAS, P. V., NAPIER, J. R., 1964: A new species of the genus *Homo* from Olduvai Gorge. In: Nature 202, 7—9. London.
LEAKEY, M. D., 1971: Olduvai Gorge. Vol. 3. Excavations in Beds I and II, 1960—1963. Cambridge.
— 1976a: The early stone industries of Olduvai Gorge. In: Les plus anciennes industries en Afrique (dir.: J. D. CLARK, G. ISAAC), UISPP, IXe Congrès, Colloque V, 24—41. Nice.
— 1976b: The early hominids of Olduvai Gorge and the Laetolil Beds. In: Les plus anciens hominidés (dir.: P. V. TOBIAS, Y. COPPENS), UISPP, IXe Congrès, Colloque VI, 298—313. Nice.
LEAKEY, M. D., HAY, R. L., CURTIS, G. H., DRAKE, R. E., JACKES, M. K., WHITE, T. D., 1976: Fossil hominids from the Laetolil Beds. In: Nature 262, 460—466. London.
LEAKEY, R. E. F., 1976a: New hominid fossils from the Koobi Fora Formation in northern Kenya. In: Nature 261, 574—576. London.
— 1976b: An overview of the hominidae from East Rudolf, Kenya. In: Y. COPPENS et al. (eds.), Earliest man and environments in the Lake Rudolf Basin, 476—483. Chicago/London.
*LEAKEY, R. E., LEWIN, R., 1977: Origins. What new discoveries reveal about the emergence of our species and its possible future. London.
LEAKEY, R. E. F., WALKER, A. C., 1976: *Australopithecus, Homo erectus* and the single species hypothesis. In: Nature 261, 572—574. London.
LEWIN, R., 1977: A new focus for African prehistory. In: New Scientist 75, 792—794. London.
*LUCKETT, W. P., SZALAY, F. S. (eds.): Phylogeny of the primates. A multidisciplinary approach. New York/London.
MASON, R. J., 1976: The earliest artefact assemblages in South Africa. In: Les plus anciennes industries en Afrique (dir.: J. D. CLARK, G. ISAAC), UISPP, IXe Congrès, Colloque V, 140—156. Nice.
MERRICK, H. V., MERRICK, J. P. S., 1976: Archeological occurrences of earlier Pleistocene age from the Shungura Formation. In: Y. COPPENS et al. (eds.), Earliest man and environments in the Lake Rudolf Basin, 574—584. Chicago/London.
*N. N., 1975: Pervobytnoe obščestvo. Osnovnye problemy razvitija. Moskva.
N. N., 1977: Biologičeskoe i social'noe v razvitii čeloveka. Moskva.
PARTRIDGE, T. C., 1973: Geomorphological dating of cave openings at Makapansgat, Sterkfontein, Swartkrans and Taung. In: Nature 246, 75—79. London.
PICKFORD, M., 1977: Pre-human fossils from Pakistan. In: New Scientist 76, 578—580. London.
PILBEAM, D., 1969: Newly recognized mandible of *Ramapithecus*. In: Nature 222, 1093—1094. London.
— 1970: *Gigantopithecus* and the origins of hominidae. In: Nature 225, 516—519. London.
— 1976: Neogene hominoids of South Asia and the origins of hominidae. In: Les plus anciens hominidés (dir.: P. V. TOBIAS, Y. COPPENS), UISPP, IXe Congrès, Colloque VI, 39—59. Nice.
PILBEAM, D., BARRY, J., MEYER, G. E., SHAH, S. M. I., PICKFORD, M. H. L., BISHOP, W. W., THOMAS, H., JACOBS, L. L., 1977: Geology and palaeontology of Neogene strata of Pakistan. In: Nature 270, 684—689. London.
PILBEAM, D., MEYER, G. E., ROSE, M. D., PICKFORD, M. H. L., BEHRENSMEYER, A. K., SHAH, S. M. I., 1977:

New hominoid primates from the Siwaliks of Pakistan and their bearing on hominoid evolution. In: Nature 270, 689—695. London.

POULIANOS, A. N., 1976: HELLADOPITHECUS SEMIERECTUS. Is Africa the only continent of origin of hominidae? In: Anthropos 3, 3—29. Athen. (griechisch).

PRASAD, K. N., 1971: Ecology of the fossil hominoidea from the Siwaliks of India. In: Nature 232, 413—414. London.

— 1975: Observations on the paleoecology of South Asian Tertiary primates. In: R. H. TUTTLE (ed.), Paleoanthropology. Morphology and Paleoecology, 21—30. The Hague.

*PREUSCHOFT, H., 1975: Neuere Beiträge der Verhaltensforschung zur Kenntnis des Hominisationsprozesses. In: Zeitschrift für Morphologie und Anthropologie 66, 241—267. Stuttgart.

*ROGINSKIJ, J. J., 1977: Problemy antropogeneze. Moskva.

*SEMJONOW, S. A., PETROW, W. S., RYBAKOW, R. B., 1978: Über die älteste Periode der Menschheitsgeschichte. In: Sowjetwissenschaft, Gesellschaftswissenschaftliche Beiträge 31, 424—433. Berlin.

SIMONS, E. L., 1965: New fossil apes from Egypt and the initial differentiation of hominoidea. In: Nature 205, 135—139. London.

— 1967: The earliest apes. In: Scientific American 217, 28—35. New York.

— 1974: On the discovery of Gigantopithecus in North India. In: A. K. GHOSH (ed.), Perspektives in Palaeoanthropology. Professor D SEN Festschrift, 1—7. Calcutta.

— 1976: Relationships between *Dryopithecus*, *Sivapithecus* and *Ramapithecus* and their bearing on hominid origins. In: Les plus anciens hominidés (dir.: P. V. TOBIAS, Y. COPPENS), UISPP, IXe Congrès, Colloque VI, 60—67. Nice.

— 1977: *Ramapithecus*. Scientific America 236, 28—35. New York.

SIMONS, E. L., CHOPRA, S. R. K., 1969: A preliminary announcement of a new *Gigantopithecus* species from India. In: Proceedings of the Second International Congress of Primatology, Atlanta 1968, vol. 2, 135—142. Basel.

SIMONS, E. L., PILBEAM, D. R., 1965: Preliminary revision of the dryopithecinae (pongidae, anthropoidea). In: Folia Primatologica 3, 81—152. Basel.

SPETH, J. D., DAVIS, D. D., 1976: Seasonal variability in early hominid predation. Most archeological sites in Olduvai Gorge beds I and II may be dry season occupations. In: Science 192, 441—445. Washington.

TAIEB, M., JOHANSON, D. C., COPPENS, Y., ARONSON, J. L., 1976: Geological and palaeontological background of Hadar hominid site, Afar, Ethiopia. In: Nature 260, 289—293. London.

TATTERSALL, I., 1969a: Ecology of North Indian *Ramapithecus*. In: Nature 221, 451—452. London.

— 1969b: More on the ecology of North Indian *Ramapithecus*. In: Nature 224, 821—822. London.

— 1975: The evolutionary significance of *Ramapithecus*. Minneapolis.

TEKKAYA, I., 1974: A new species of Tortonian anthropoid (primates, mammalia) from Anatolia. In: Bull. Mus. Res. Exp. 83, 148—165. Ankara.

TOBIAS, P. V., 1973: Implications of the new age estimates of the early South African hominids. In: Nature 246, 79—83. London.

— 1975: Long or short hominid phylogenies? Paleontological and molecular evidences. In: F. M. SALZANO (ed.), The role of natural selection in human evolution, 89—118. Amsterdam/Oxford/New York.

*TUTTLE, R. H. (ed.), 1975: Primate functional morphology and evolution. Chicago.

*ULLRICH, H., 1971: Zur Interpretation der Hominidenfunde aus der subhumanen Phase und dem Tier-Mensch-Übergangsfeld. In: Zeitschrift für Archäologie 5, 165—191. Berlin.

*— 1974: An der Schwelle der Menschheit. Leipzig/Jena.

*— 1975: Zur zeitlichen Einstufung der frühen Hominidenfunde aus Ost- und Südafrika. Methoden und Ergebnisse. In: Zeitschrift für Archäologie 9, 169—206. Berlin.

*URYSSON, M., 1977: Die Anfänge des Menschengeschlechts im Lichte der neuesten Forschungsergebnisse. In: Gesellschafts-Wissenschaften 1977/1, 145—158. Moskau.

UZZELL, T., PILBEAM, D., 1971: Phylogenetic divergence dates of hominoid primates: a comparison of fossil and molecular data. In: Evolution 25, 615—635. Lancaster.

*VOGEL, CH., 1974: Humanbiologie. Menschliche Stammesgeschichte, Populationsdifferenzierung. Kiel.

*— 1975a: Neue Aspekte zur Evolution des Menschen. In: H.-J. SCHARF (Hrsg.), Evolution. Nova Acta Leopoldina 42, 253—269. Halle.
— 1975b: Remarks on the reconstruction of the dental arcade of *Ramapithecus*. In: R. H. TUTTLE (ed.), Paleoanthropology. Morphology and Paleoecology, 87—98. The Hague.
WAGNER, G. A., 1977: Fission-track dating of pumice from the KBS Tuff, East Rudolf, Kenya. In: Nature 267, 649. London.
WALKER, A., 1976: Remains attributable to *Australopithecus* in the East Rudolf succession. In: Y. COPPENS et al. (eds.), Earliest man and environments in the Lake Rudolf Basin, 484—489. Chicago/London.
WEGNER, J., 1972: Untersuchungen zur phylogenetischen Stellung von *Ramapithecus brevirostris* anhand von Zahnbögen rezenter Hominoidea. Diss. Kiel. (ungedruckt).
*WEINER, J. S., 1972: Entstehungsgeschichte des Menschen. Lousanne.
WHITE, T. D., 1975: Geomorphology to paleoecology: *Gigantopithecus* reappraised. In: Journal of Human Evolution 4, 219—233. London.
— 1977: New fossil hominids from Laetolil, Tanzania. In: American Journal of Physical Anthropology 46, 197—229. Philadelphia.
WOOD, B., 1976: Remains attributable to *Homo* in the East Rudolf succession. In: Y. COPPENS et al. (eds.), Earliest man and environments in the Lake Rudolf Basin, 490—506. Chicago/London.
WOO, J.-K., 1962: The mandibles and dentition of *Gigantopithecus*. In: Palaeontologia Sinica 11, 1—94. Peking.

Johann Carl Fuhlrott — eine wissenschaftsgeschichtliche Betrachtung aus Anlaß der 100. Wiederkehr seines Todestages (17. Oktober 1877)

Von LOTHAR SCHOTT, Berlin

Am 17. Oktober 1977 waren es 100 Jahre her, daß JOHANN CARL FUHLROTT seine Augen für immer schloß. Wer war dieser Mann, dem unser Gedenken gilt? FUHLROTT war der weitblickende Laienforscher, der die im August 1856 in der kleinen Feldhofer Grotte im

Abb. 1. JOHANN CARL FUHLROTT

Neandertal entdeckten fossilen Knochenfunde als menschliche Skelettreste erkannte (FUHLROTT, 1857; SCHOTT, 1964). Zugleich vertrat er die Auffassung (1859; 1865; 1869), daß die Fossilien zusammen mit dem Lehm, in dem sie eingeschlossen waren, in die genannte Höhle eingeschwemmt worden seien. Seiner Ansicht nach waren die fossilen Knochen antediluvial, wurden aber erst in der Diluvialzeit in die Höhle eingelagert. Der urtümliche Charakter der Knochen war FUHLROTT von Anfang an ins Auge gefallen. Es ist sein unauslöschliches Verdienst, daß er im Gegensatz zu DUBOIS (1935; 1940) an seiner für richtig erkannten wissenschaftlichen Aussage auch dann festhielt, als anerkannte Repräsentanten der einschlägigen Fachdisziplinen ihm ihre Mißbilligung aussprachen, ja ihn geradezu der Lächerlichkeit preisgaben. Wie war es möglich, daß ein relativ unbedeutender Elberfelder Gymnasialprofessor in der anstehenden Streitfrage Recht behielt, eine Weltkapazität auf dem Gebiet der Pathologie und Anthropologie dagegen von den sich ständig deutlicher herauskristallisierenden Tatsachen und Entwicklungen ins historische Unrecht gesetzt wurde?

Die Erklärung muß darin gesucht werden, daß FUHLROTT mehr war als der etatmäßig festgelegte Vertreter bestimmter Unterrichtsfächer an einem preußischen Realgymnasium in der Mitte des 19. Jahrhunderts. FUHLROTT war, weit über seine lokale pädagogische Bedeutung hinaus, ein mit subtilen Kenntnissen ausgestatteter anerkannter Naturwissenschaftler und zugleich eine echte Forschernatur. Es lohnt sich, der Frage nachzugehen, welche Voraussetzungen zusammentreffen mußten, damit eine Persönlichkeit seines Formats heranreifen konnte.

FUHLROTT wurde am 31. Dezember 1803 in Leinefelde im Eichsfeld geboren. Die alte Streitfrage, ob er nicht doch erst am 1. Januar 1804 zur Welt gekommen sei, da die standesamtlichen Papiere eine derartige Aussage machen, darf heute als geklärt gelten. Aus den entsprechenden Registern der zuständigen kirchlichen Behörden geht eindeutig hervor, daß er am 31. Dezember 1803 geboren und getauft worden ist (BÜRGER, 1956). Es ist eine demographische Erfahrung, daß in Gegenden mit betont kirchlicher Grundhaltung der Bevölkerung Ereignisse im Rahmen der natürlichen Bevölkerungsbewegung (Geburten, Eheschließungen, Todesfälle) zumal vor Inkrafttreten einschlägiger Zivilstandsbestimmungen zunächst der kirchlichen Behörde und dann erst der weltlichen angezeigt wurden. Dazu ist der vom Standesamt registrierte Tag der Geburt in vielen Fällen nicht mit dem wirklichen Geburtstag eines Neugeborenen identisch. Es wurden bewußt falsche Angaben gemacht, um „Sonntagskinder" vorzutäuschen, auch wenn die Niederkunft bereits am Sonnabend oder erst am Montag beendet war (MARBE, 1944; v. UNGERN-STERNBERG und SCHUBNELL, 1950). Im Falle FUHLROTTS fiel der 31. Dezember 1803 auf einen Sonnabend, der 1. Januar 1804 auf einen Sonntag. Er galt daher nach der amtlichen Personenstandseintragung als Sonntagskind, d. h. als „hellsichtiges" Glückskind, da der Sonntag in der Planetenwoche als Tag der Sonne rechnet (BÄCHTOLD-STÄUBLI, 1927—42; SCHOTT, 1977). Beispiele ähnlicher Art sind in hinlänglicher Zahl belegt.

FUHLROTT besuchte das Gymnasium in Heiligenstadt und bestand dort 1824 die Reifeprüfung mit sehr gutem Erfolg. Er nahm in Bonn zunächst das Studium der katholischen Theologie auf, wandte sich jedoch bereits nach einem Jahr der Mathematik und den Naturwissenschaften zu. Seine Lehrer waren insbesondere der Paläontologe und Zoologe GOLDFUSS, der Mineraloge und Cuvier-Kommentator NÖGGERATH, der Chemiker und Geologe BISCHOF und der Botaniker NEES VON ESENBECK, der sich auch als Naturphilosoph einen Namen gemacht hatte. Es lohnt den Hinweis, daß sich in jenen Jahren eine Entwicklung anbahnte, die zu dem für die Mitte des 19. Jahrhunderts charakteristischen Aufblühen der verschiedenen naturwissenschaftlichen Disziplinen führte. Das spekulative Denken der romantischen Naturphilosophie hatte sich für die Wissenschaftsentwicklung als Hemmschuh erwiesen. Das Chaos des verstreuten empirischen Wissens wurde, wie KIESER (1836) formulierte, „zu einem organischen Ganzen gestaltet“. Die Wissenschaft von der Natur wurde Ausgangs- und Endpunkt allen wahren Wissens, „an welchen fortan sich jede particulare Wissenschaft anschließen muß, wenn sie fürder Wissenschaft bleiben will“ (KIESER, 1836, zit. nach USCHMANN, 1960, 2). Die Bedeutung der Naturwissenschaft „für das Leben der Zeit“ wurde erkannt und drang ins Bewußtsein des Bürgers. Die Naturphilosophie wurde zurückgedrängt, sie lieferte nur noch Rückzugsgefechte.

Fuhlrott zeigte sich den neuen Entwicklungen gegenüber aufgeschlossen. Seine Interessengebiete bzw. sein Arbeitsfeld reichten von der Zoologie und Botanik, dabei insbesondere der Pflanzensystematik, über die Meteorologie bis zur Geologie und Paläontologie. Er begnügte sich nicht mit der Anhäufung von Wissen um des Wissens willen. Sein Anliegen war, breite Kreise der Öffentlichkeit wissenschaftlichen Fragestellungen gegenüber aufzuschließen und damit den Boden für die Lösung anstehender naturwissenschaftlicher Probleme aufzubereiten. So gründete er 1846 den Naturwissenschaftlichen Verein für Elberfeld und Barmen. 31 Jahre lang entfaltete er in dieser Vereinigung eine umfassende, fruchtbare Bildungsarbeit. Dabei kam ihm seine große pädagogische Befähigung zustatten. Er benutzte die Arbeit in der Vereinigung nicht nur zur Mitteilung und Erörterung eigener Meinungen und Forschungsergebnisse. Es gelang ihm, die Mitglieder zu selbständiger schöpferischer Arbeit anzuregen und anzuleiten. Leider sind die Quellen, die ermöglichen würden, über diesen Komplex der von FUHLROTT geleisteten Bildungs- und Öffentlichkeitsarbeit detailliert zu berichten, durch die anglo-amerikanischen Terrorangriffe auf Wuppertal im Jahre 1943 unwiederbringlich zerstört worden. Von den handschriftlichen Sitzungsberichten der Vereinigung ist nichts erhalten geblieben. Die fotomechanischen Reproduktionsverfahren waren bis in die Zeit des zweiten Weltkriegs hinein recht begrenzt, dazu wurde nur in unzulänglicher Weise von ihnen Gebrauch gemacht. Es muß somit bei der Wiedergabe dessen sein Bewenden haben, was der Forschung bereits bekannt ist. Bereits das ist bemerkenswert genug. Es zeigt Fuhlrott als Vorläufer moderner ökologischer Betrachtungsweisen. Sein Eintreten für die Erhaltung der Natur, für den Schutz der Umwelt geht weit über die sentimental-romantischen naturschützerischen Bemühungen hinaus, die jahrzehntelang dem gezielten Vordringen auf die Erforschung von Ökosystemen hemmend im Wege standen.

Gerade in den Jahrzehnten nach der ersten industriellen Revolution begann die Versündigung an der Umwelt (ILLIES und KLAUSEWITZ, 1973). Gegenüber den Interessen der Allgemeinheit, gegenüber dem gesamtgesellschaftlichen Interesse, setzten sich die Wünsche von Industrie, Handel und Bauwesen durch. Teilweise waren es Gedankenlosigkeiten, die Umweltschäden verursachten. Länder und Kommunen waren recht gut imstande, die Folgen der eingeleiteten Entwicklung zu übersehen. Sie enthielten sich jedoch jeden Eingriffs, um die Investitionstätigkeit anzuregen und damit neue Steuerquellen ausschöpfen zu können. Man raffte sich allenfalls zu gewissen technologischen Schutzmaßnahmen auf und begriff nicht, daß der Naturhaushalt in seiner dialektischen Verwobenheit letztlich doch ein einheitliches Ganzes ist. FUHLROTT gehört zu den Persönlichkeiten, die hundert Jahre vor dem Aufschrei der Öffentlichkeit über die Gefährdung und Zerstörung des menschlichen Lebensraumes durch eine hemmungslose, ungesteuerte Konsum-Ideologie mahnend und beratend als sachkundiger Naturforscher, der den Nutzungswandel der Landschaft erkannt hatte, als Ökologe im heutigen Sinn also, tätig war. Er übte eine ausgedehnte Gutachtertätigkeit für die Regierungs- bzw. Verwaltungsbehörden in Düsseldorf und Elberfeld aus. So wurde er aufgefordert, über die klimatischen Verhältnisse des Kreises Elberfeld, über den Charakter der dortigen Tier- und Pflanzenwelt sowie über registrierte Erderschütterungen Auskunft zu erteilen. FUHLROTT entsprach diesen gesellschaftlichen Verpflichtungen. Er wurde aufgefordert, sein Urteil darüber abzugeben, ob es in der genannten Gegend Giftschlangen gäbe. Fuhlrott konnte Behörden und Öffentlichkeit beruhigen. 1866 forderten die Regierungsbehörden in Düsseldorf Auskunft darüber, ob die verlassenen Sandgruben in Sonnborn und in der Lüntenbeck zur Ablagerung schädlicher arsenikhaltiger Anilinabfälle genutzt werden dürften. Wahrscheinlich handelte es sich dabei um Rückstände der Farbenfabrik Bayer, die gerade damals von Barmen nach dem Westen von Elberfeld verlagert worden war. Fuhlrott konnte auf Grund der geographischen Lage der Sandgruben über der Wupper und dem Meeresspiegel wie auch bei Berücksichtigung der gesamten geologischen Verhältnisse seine Zustimmung zu dem geplanten Vorhaben erteilen (BÜRGER, 1956). Aber FUHLROTT war nicht nur ein Vorkämpfer des Umweltschutzes im modernen Sinne. Er betätigte sich auch im Sinne des Naturschutzgedankens, des Schutzes der Tier- und Pflanzenwelt, die für den Menschen lebensnotwendig ist. So ist ihm 1862 die Gründung des Tierschutzvereins in Elberfeld zu verdanken, einer Vereinigung, die heute noch in Wuppertal tätig ist. Veranlaßt wurde diese Gründung durch einen Warnruf FUHLROTTS, den er unter der Überschrift „Das Wuppertal in seiner Armut an Singvögeln“ im „Täglichen Anzeiger für Berg und Mark“ (ELBERFELD) 1860 veröffentlicht hatte. Er hatte darin nachdrücklich gegen das sinnlose Abfangen von Singvögeln protestiert. Es würde sich lohnen, in sachkundiger Weise FUHLROTTS ornithologische Bemühungen zu würdigen! Nicht übergangen werden soll die Mitteilung, daß der Naturwissenschaftliche Verein für Elberfeld und Barmen auf FUHLROTTS Anregung hin Sammlungen anlegte, die später ein stattliches Museum füllten. Auch sie wurden 1943 ein Opfer des Bombenkriegs.

Wenn im vorangehenden Abschnitt FUHLROTT in einer Eigenschaft gewürdigt worden ist, die in den zurückliegenden Jahrzehnten nur beiläufig Erwähnung fand, so soll damit nicht gesagt sein, daß bei zeitgerechter Beurteilung die ökologischen Verdienste Fuhlrotts im Vordergrund der Betrachtung zu stehen hätten. Nach wie vor zählt FUHLROTT in der Wissenschaftsgeschichte in erster Linie als Erstbeschreiber des Neandertalers. Aber es geht nicht an, diese epochemachende Leistung von FUHLROTTS Gesamttätigkeit, die in erheblichem Maße als produktive gesellschaftliche Tätigkeit angesprochen werden muß, zu abstrahieren. Der Mensch und Wissenschaftler FUHLROTT läßt sich nur als Einheit verstehen, freilich als dialektische Einheit: als Einheit in Widersprüchen. Es war daher unumgänglich, seine Einstellung zu bestimmten gesellschaftlichen Vorgängen und Forderungen seiner Zeit zu erörtern.

FUHLROTTS paläontologische Leistungen müssen in ähnlicher Weise gewürdigt werden. In welchen Gesamtzusammenhang sind sie zu stellen? Fuhlrotts Gedankengänge auf diesem Gebiet waren von den gleichen Unklarheiten belastet, wie sie in den Schriften der führenden Geologen und Paläontologen seiner Zeit zum Ausdruck kommen. Wie können fossile Tier- und Menschenknochen in Höhlen gelangen? Zwei Anschauungen standen sich gegenüber. Die Knochen können einmal als Reste von Tieren gedeutet werden, die in den Höhlen lebten und starben. Allenfalls können sie von fleischfressenden Tieren (beispielsweise Hyänen) eingeschleppt worden sein. Zum anderen können sie mit dem Lehm oder Geröll, worin sie eingebettet sind, durch Wasserfluten eingeschwemmt worden sein (CUVIER und NÖGGERATH, 1830; SCHMERLING, 1833). Bei Annahme der zweiten Hypothese lägen sie an sekundärer Fundstelle. Damit erhebt sich die Frage, ob die Verschwemmungen erdgeschichtlich alt oder jung sind, ob sie als Zeugen des Diluviums im Sinne BUCKLANDS (1824; 1838) gelten müssen oder erst in neuerer Zeit stattgefunden haben. SCHLOTHEIM (1822) vertrat die zuletzt genannte Meinung für die Ablagerungen von Köstritz. Wird dagegen angenommen, daß die Abschwemmungen während des Diluviums stattgefunden haben, so leitet sich daraus ab, daß die in ihnen gefundenen Tier- und Menschenknochen aus antediluvialer Zeit stammen müssen. Dieser Schlußfolgerung sprach KEFERSTEIN (1831) das Wort, wobei er offen ließ, ob es eine einzige umfassende Flutkatastrophe oder mehrere partielle gegeben habe. Die meisten Autoren in der Mitte des vergangenen Jahrhunderts waren jedoch in ihren Definitionen weniger eindeutig. Zu ihnen gehörte auch FUHLROTT. Er schreibt 1859, daß der Neandertalfund aus einer Anzahl zusammengehöriger menschlicher Gebeine bestehe, die durch die Eigentümlichkeit ihres osteologischen Charakters und die lokalen Bedingungen ihres Vorkommens zu der Ansicht verleiten, daß sie aus vorhistorischer Zeit, wahrscheinlich aus der Diluvialperiode stammen. Neun Seiten später ist dagegen die Rede davon, „daß — mit einem Worte — in diesen Knochen antediluviane, also fossile Menschenreste vorliegen müßten" (1859, 145). 1865 bekennt er sich zu der Auffassung, daß die Lehmablagerungen in der Diluvialzeit erfolgt seien, und er bekräftigt: „diese Thatsache ist bei der Altersbestimmung des Neanderthaler Fundes entweder ganz übersehen oder wenigstens nicht in ihrer vollen Bedeutung gewürdigt worden" (S. 48). Unklarheiten dieser Art sind bemerkenswert. Sie zeugen davon, daß FUHLROTT den Schwierigkeiten der Einordnung der fossilen Tier- und Menschenfunde nicht gerecht werden konnte. Obgleich er einer der führenden Höhlenforscher seiner Zeit war, wie u. a. seine Abhandlung „Die Höhlen und Grotten in Rheinland-Westphalen" (1869) ausweist, gehörte er in Hinsicht auf die Bewältigung der Glazialstratigraphie nicht zu den Schrittmachern. Offenbar kam der Terminus „Glazialzeit" nie bei ihm zur Anwendung. Er begnügte sich mit dem unscharf gewordenen Begriff „Diluvialzeit". Immerhin schreibt er in der erwähnten Abhandlung von 1869, daß die großen Schuttmassen, die in den Höhlen angetroffen werden, früher als Beweis für die Sintflut gegolten hätten. Man habe daher für diese Schuttmassen die Bezeichnung „Diluvium" beibehalten, auch wenn man nicht mehr zur ursprünglichen Bedeutung des Wortes stehe. Das sei schon dadurch unmöglich geworden, weil in einigen Höhlen drei bis vier ganz ungleichartige Schichten übereinander lägen.

Wurde bisher die Vielschichtigkeit und Differenziertheit der Forscherpersönlichkeit FUHLROTTS dadurch zu beleuchten versucht, daß auf positive und indifferente wissenschaftliche Einstellungen verwiesen wurde, so kann nicht übersehen werden, daß FUHLROTT in manchen Meinungen und Schlußfolgerungen regelrecht irrte. Einer von diesen Irrtümern hatte tragische Folgen. Die Annahme darf für berechtigt gelten, daß FUHLROTT sich nie zur Fehlerhaftigkeit der darin vertretenen Auffassung bekannt hat. Die FUHLROTT zukommende Verehrung und die Anerkennung seiner bahnbrechenden Leistungen erleiden dadurch keine Schmälerung, daß diese Irrtümer nicht unterschlagen werden. Im speziellen Falle muß an seine Behauptung gedacht werden, daß „in denselben diluvialen Schichten", in denen die Skelettreste des Neandertalers zutage getreten seien, zwei geschliffene Steinbeile geborgen werden konnten. VIRCHOW hätte nicht VIRCHOW sein müssen, wenn er sich nicht bei der Betrachtung der beiden Fundstücke Gedanken über das Alter des angeblich einheitlichen Fundverbandes gemacht hätte. Es darf angenommen werden, daß bei der z. T. hämischen Kritik, die jahrzehntelang an seiner ablehnenden Haltung der Fuhlrottschen Altersansetzung des Neandertalers gegenüber geübt wurde, dieser Aspekt der VIRCHOWschen Entscheidungsfindung nicht genügend berücksichtigt worden ist. NARR und v. USLAR (1956) kann nicht verdacht werden, daß sie aus Lokalpatriotismus gelegentlich der FUHLROTT-Ehrung aus Anlaß der 100. Wiederkehr der Entdeckung der Skelettreste im Neandertal davon sprechen, „Fuhlrott wird man nicht verübeln können, wenn er sich über das Alter solcher neolithischer Steinbeile . . . nicht klar war“ (S. 28). Zur Entschuldigung und Rechtfertigung wird auf ähnliche Irrtümer LYELLS (1863; 1864) aufmerksam gemacht. Den Dialektiker kann eine solche Handlungsweise nicht befriedigen. In der Frage der zeitlichen Ansetzung der beiden Steinbeile lag ein echtes Versagen FUHLROTTS vor. Daran ist nichts zu beschönigen. Mit derselben Deutlichkeit muß gesagt werden, daß VIRCHOWS Zweifel am angeblich diluvialen Alter der Knochenfunde aus seiner prähistorischen Sachkenntnis heraus völlig berechtigt waren. VIRCHOW muß sogar zugebilligt werden, daß er die ihn überkommenden Zweifel an der angeblichen Einheit des Fundverbandes am Fundort überprüfen wollte. Da diese Einsicht in Prähistorikerkreisen wenig Verbreitung gefunden hat, sollen die entsprechenden Sätze der VIRCHOWschen Stellungnahme im Wortlaut zitiert werden. Virchow schreibt: „Beide Stücke haben sehr scharfe Schneiden und sehr gute Politur, aber beide sind hinter der Mitte durchgebrochen und am stumpfen Ende vielfach ausgesprungen, so daß sie den Eindruck machen, als wären sie bei der Benutzung zersprungen. Gäbe es nur diesen Fund, wäre gar kein Schädel vorhanden und nur festgestellt, daß diese zwei polirten Hornsteinbeile in ursprünglicher Lage in wirklich diluvialen Schichten sich gefunden hätten, so genügte dies, um uns in das äußerste Erstaunen zu versetzen. Denn bis jetzt hat noch Niemand geglaubt, daß polirte Steinäxte in so weit zurückgelegenen Zeiten gearbeitet worden seien. Das sind Bedenken, welche ich nur andeuten möchte. Ich will jedoch hervorheben, daß auf der Höhe, welche sich über dem Neanderthal erhebt, an mehreren Stellen alte Lagerstellen gefunden worden sind, über die nun auch der Streit entbrannt ist, ob sie römisch sind oder ob sie einer früheren Zeit angehören. Ich wurde durch anhaltenden Regen und Mangel an Zeit gehindert, sie zu besuchen“ (1872, (163)). Es muß als Tragik gelten, daß der erfahrene Feldforscher VIRCHOW keine Gelegenheit zu einer eingehenden Besichtigung des Fundplatzes fand. Möglicherweise hätte sich bereits 1872 die FUHLROTTsche Behauptung von der Gleichzeitigkeit der anthropologischen Funde und der archäologischen Artefakte als Irrtum erwiesen. Das ist unglücklicher Umstände halber nicht geschehen. VIRCHOW und seine Zeitgenossen mußten zunächst mit FUHLROTTS Irrtum leben.

Es wurde versucht, die Forscherpersönlichkeit FUHLROTTS in ihrer Zeitgebundenheit, ihren progressiven und indifferenten Zügen zu umreißen. Dabei war nicht beabsichtigt, einem wie immer gearteten FUHLROTT-Kult das Wort zu reden! FUHLROTT war ein Kind seiner Zeit. Seine Lebensgeschichte wie seine vielseitigen wissenschaftlichen Leistungen können nur im Rahmen der für das 19. Jahrhundert charakteristischen gesamtgesellschaftlichen Zusammenhänge verstanden werden. Die vorliegenden Ausführungen verfolgen das Ziel, hierzu einen Beitrag zu leisten.

Literaturverzeichnis

BÄCHTOLD-STÄUBLI, H. (Hsgb.), 1927—42: Handwörterbuch des deutschen Aberglaubens. Berlin—Leipzig.

BUCKLAND, W., 1824: Reliquiae diluvianae or observations on the organic remains contained in caves, fissures and diluvial gravel. 2. Ed. London.

— 1838: Die Urwelt und ihre Wunder oder allgemeine Darstellung der Geschichte des Erdkörpers. Stuttgart.

BÜRGER, W., 1956: Johann Carl Fuhlrott, der Entdecker des Neandertalmenschen. 3. Aufl. Wuppertal.

CUVIER, G., und J. NÖGGERATH, 1830: Die Umwälzungen der Erdrinde in naturwissenschaftlicher und geschichtlicher Beziehung. Nach der 5. Original-Ausgabe übersetzt und mit besonderen Ausführungen und Beilagen begleitet von J. NÖGGERATH. 2 Bde. Bonn.

Dubois, E., 1935: On the gibbon-like appearance of Pithecanthropus erectus. In: Proceedings. Nederl. Akademie van Wetenschappen Amsterdam 38, 378—585. Amsterdam.
— 1940: The fossil human remains discovered in Java by Dr. G. H. R. von Koenigswald and attributed by him to Pithecanthropus erectus, in reality remains of Homo wadjakensis (syn. Homo soloensis). In: Proceedings Nederl. Akademie van Wetenschappen Amsterdam 43, 842—851. Amsterdam.
Fuhlrott, J. C., 1857: Erster Bericht über den Fund von Menschenknochen im Neandertal. In: Korrespondenzblatt des Naturhistorischen Vereins der preußischen Rheinlande und Westfalens 14, 50. Bonn.
— 1859: Menschliche Überreste aus einer Felsengrotte des Düsseltales, ein Beitrag zur Frage der Existenz fossiler Menschen. In: Verhandlungen des Naturhistorischen Vereins der preußischen Rheinlande und Westfalens 16, 131—153. Bonn.
— 1860: Das Wuppertal in seiner Armut an Singvögeln. In: Täglicher Anzeiger für Berg u. Mark 35, 119—122. Elberfeld.
— 1865: Der fossile Mensch aus dem Neandertal und sein Verhältnis zum Alter des Menschengeschlechts. Duisburg.
— 1869: Die Höhlen und Grotten in Rheinland und Westfalen, nebst Beschreibung und Plan der neu entdeckten prachtvollen Dechenhöhe. Iserlohn.
Illies, J., und W. Klausewitz (Hsgb.), 1973: Unsere Umwelt als Lebensraum. Zürich.
Keferstein, Ch., 1831: Über fossile Menschenknochen. In: Jb. f. Mineralogie, Geognosie, Geologie u. Petrefaktenkd. 2, 40—50. Stuttgart.
Lyell, Ch., 1863: The antiquity of man. London.
— 1864: Das Alter des Menschengeschlechts auf der Erde. Leipzig.
Marbe, K., 1944: Über Geburtstage, Lebensalter und Langlebigkeit. In: Zeitschrift für Altersforschung 4, 340—353. Leipzig.
Narr, K. J., und Uslar, R. v., 1956: J. C. Fuhlrott und der Neandertaler. In: K. Tackenberg (Hsgb.): Der Neandertaler und seine Umwelt, 9—31. Bonn.
Schlotheim, E. F. v., 1822: Nachträge zur Petrefaktenkunde. Gotha.
Schmerling, P. C., 1833: Recherches sur les ossements fossiles découverts dans les cavernes de la province de Liège. Vol. 1. Liège.
Schott, L., 1964: Johann Carl Fuhlrott zum Gedenken. In: Mitteilungen der Sektion Anthropologie 12, 1—3. Berlin.
— 1977: Zur Deutung der Häufigkeitsverteilung der Geburtenfrequenz im Wochenablauf. In: Biologische Rundschau 15, 301—303. Jena.
Tackenberg, K. (Hsgb.), 1956: Der Neandertaler und seine Umwelt. Bonn.
Ungern-Sternberg, R. v., und H. Schubnell, 1950: Grundriß der Bevölkerungswissenschaft. Stuttgart.
Uschmann, G., 1960: Ernst Haeckel. In: Arbeitstagung zu Fragen der Evolution zum Gedenken an Lamarck, Darwin, Haeckel, 1—13. Jena.
Virchow, R., 1872: Untersuchung des Neanderthal-Schädels. In: Verhandlungen der Berliner Gesellschaft für Anthropologie, Ethnologie und Urgeschichte Okt. 1871—Nov. 1872, (157)—(165). Berlin.

Zu einigen anthropologischen Aspekten der Menschwerdung

Von Valerij P. Alekseev, Moskau

Das Thema Menschwerdung ist zu umfassend und läßt sich im Rahmen eines Vortrages auch nicht annähernd vollständig darlegen. Auf einige biologische, d. h. anthropologische Aspekte der Herausbildung des Menschen soll im folgenden näher eingegangen werden. Eine Gleichsetzung von biologischen und anthropologischen Aspekten erscheint zumindest bezüglich des Menschwerdungsprozesses und des urgeschichtlichen Menschen gerechtfertigt (Alekseev, 1971).

Eine für den gesamten Prozeß der Menschwerdung sehr wesentliche Frage, die sich jedoch nur schwer beantworten läßt, ist die nach dem Erscheinen der ältesten Vertreter der Familie der Hominiden. Noch vor zwei Jahrzehnten wurden die Funde von *Pithecanthropus* aus Java als die ältesten Hominiden betrachtet und die Australopithecinen einem ausgestorbenen Seitenzweig zugewiesen. In der Zwischenzeit haben zahlreiche Expeditionen insbesondere aus Ostafrika eine Vielzahl von neuen Funden erbracht,[1] unter denen jene aus der Oldoway-Schlucht, dem Omo-Tal und aus dem Gebiet östlich des Turkana-Sees (ehemals Rudolfsee) besondere Bedeutung erlangen. Diese Funde erlauben folgende prinzipielle Schlußfolgerungen:

1. Die Herausbildung der ersten Hominiden erfolgte wesentlich früher als noch vor zwei Jahrzehnten angenommen werden konnte.
2. Die Herausbildung des Menschen hat sich wahrscheinlich in Ost- und Südafrika vollzogen.
3. Die ersten Hominiden zeigen bereits eine große morphologische Variabilität, die als Beweis für die Existenz einiger Lokalformen innerhalb der ersten Hominisationsphase gewertet werden kann.

Die mit Hilfe radiometrischer Methoden für die ältesten Hominiden gewonnenen absoluten Alterswerte liegen zwischen 3 und 5 Millionen Jahren. Sie beziehen sich auf einige Skeletteile mit progressiven Merkmalen aus dem Omo-Tal und auch aus dem Gebiet des Turkana-Sees. Die ältesten Steinwerkzeuge sind aus Schichten mit einem Alter von etwa 3 Millionen Jahren bekannt. Man darf annehmen, daß solche archaischen Steingeräte von den ältesten Hominiden hergestellt worden sind. Für die *Homo habilis* genannte Hominidenform verfügen wir über eindeutige Hinweise auf eine zeitliche Übereinstimmung der Skelettreste und primitiven Steingeräte. In jüngster Zeit hat Jacob (1975) darauf hingewiesen, daß alle Funde aus Java älter eingestuft werden müssen und die stratigraphisch ältesten nicht weniger als zwei Millionen Jahre alt sein dürften. Alle diese Befunde zeigen eindeutig, daß die genannten Funde der ersten Stufe der Herausbildung des Menschen einzureihen sind, wenn wir den Anfang dieser Entwicklungsstufe nach der Arbeitstheorie der Menschwerdung von F. ENGELS zu bestimmen versuchen und die Herstellung von primitiven Werkzeugen als Hauptkriterium der humanen Phase der Evolution des Menschen werten. Diese erste Stufe der Herausbildung des Menschen dürfte nicht später als mit 3 Millionen Jahren anzusetzen sein.

Die wichtigsten paläanthropologischen Entdeckungen der letzten Jahrzehnte lenken unsere Aufmerksamkeit wieder auf Afrika als die Urheimat des Menschengeschlechts, worüber schon DARWIN im vorigen Jahrhundert geschrieben hat. Paläogeographische und paläoökologische Befunde zeigen, daß die meisten süd- und ostafrikanischen Regionen an der Grenze vom Pliozän zum Pleistozän Hügelsteppen waren. Diese Befunde stimmen mit theoretischen Überlegungen hinsichtlich der günstigsten geographischen Voraussetzungen für den Menschwerdungsprozeß überein, in denen die große Bedeutung der Hügellandschaft für die Herausbildung des Menschen immer wieder herausgestellt worden ist. Aus der Vielzahl der Autoren, die sich mit diesen Fragen befaßt haben, seien lediglich zwei genannt, der Paläontologe SUŽKIN (1928) und der Primatenökologe und -psychologe WASHBURN (1960; vgl. auch WASHBURN und AVIS, 1958). Ihre Ergebnisse spiegeln sich bereits auf einigen Karten zur Urheimat der Menschheit wider (z. B. ALEKSEEV, 1974).

Das Problem des morphologischen Polymorphismus der ältesten Menschen erfordert eine spezielle Betrachtung. Nach unserer heutigen Kenntnis der *Pithecanthropus-* und ähnlicher Hominidenfunde aus Asien, Afrika und Europa lassen sich bei diesen typologische Lokalkomplexe erkennen, die für jede Form charakteristisch sind. Insgesamt können fünf Formen unterschieden werden:

Die erste Form wird durch die klassischen javanischen *Pithecanthropus*-Funde repräsentiert, die im Vergleich zu den übrigen Formen eine deutliche Tendenz zur Brachykranie aufweisen. Der Mittelwert des Längen-Breiten-Index beträgt für diese Gruppe 77,2 mit einer Variationsbreite von 73,2 bis 80,7.

Die zweite Gruppe bilden die *Sinanthropus*-Funde, in die auch die Funde aus Lantian mit eingeschlossen werden können. Im allgemeinen werden innerhalb dieser Gruppe drei Arten unterschieden: *Sinanthropus pekinensis* BLACK 1927, *Sinanthropus officinalis* KOENIGSWALD 1952 und *Sinanthropus lantianensis* WOO 1965. Eine Anerkennung dieser drei Arten ergibt sich zwangsläufig nur unter der Annahme, daß der gesamten Gruppe ein Gattungsstatus zugebilligt werden kann.

Die dritte Gruppe stellen die Hominidenfunde aus Ngandong dar. Diese weisen besonders große Schädeldimensionen und einen groben Schädelbau auf. Ihre zeitliche Stellung ist nicht genau geklärt, doch dürften sie recht spät anzusetzen sein. Andererseits sind ihre morphologischen Merkmale als ausgesprochen primitiv zu bezeichnen, wie WEIDENREICH (1943), BUNAK (1959), GIESELER (1957) und andere Autoren gezeigt haben. Taxonomisch werden sie vielfach der *Archanthropus*-Gruppe im weitesten Sinne zugeordnet.

Durch dieselben primitiven Merkmale wird der einzige Vertreter der vierten geographischen Gruppe, der sogenannte *Pithecanthropus* aus Oldoway charakterisiert, dem HEBERER (1963) einen Artstatus zuschrieb und die taxonomische Bestimmung *Homo leakeyi* gegeben hat.

Die fossilen Unterkiefer aus Ternifine, deren phylogenetische Stellung meines Erachtens nach JAKIMOV (1956) zu recht nicht höher als die einer Art einzuschätzen ist und die er *Pithecanthropus mauritanicus* ARAMBOURG 1955 nannte, lassen sich wegen ihres fragmentarischen Zustandes nur sehr schwer mit anderen Formen vergleichen. Dieses betrifft auch die europäischen Funde, die wahrscheinlich derselben Stufe der Anthropogenese zuzuweisen sind. Es sind der Unterkiefer aus Mauer und das Hinterhauptsbruchstück aus Vértesszöllős. Für diese Gruppe sollte jedoch die taxonomische Bezeichnung nach der ersten Entdeckung, dem *Pithecanthropus heidelbergensis* SCHOETENSACK 1908, beibehalten werden. Bereits nach den vorliegenden Funden zeichnet sich ein spezifischer Charakter dieser Gruppe ab. Das offenbar sehr große Gehirnvolumen des Fundes von Vértesszöllős einerseits und die sehr primitiven Unterkiefer aus Mauer und Ternefine andererseits, die den eigentlichen *Pithecanthropus*-Unterkiefern sehr ähnlich sind, aber untereinander bedeutende Unterschiede aufweisen, deuten darauf hin, daß diese fünfte Gruppe in Zukunft noch weiter differenziert werden muß.

Ein weiterer, erst in den letzten Jahren entdeckter Fund kann der anthropologischen Komposition der ersten Stufe der Anthropogenese zugewiesen werden. Es handelt sich um den 1972 von R. LEAKEY im Gebiet des Turkana-Sees entdeckten Schädel 1470, den erst kürzlich eine Gruppe von Spezialisten näher beschrieben hat (DAY, LEAKEY, WALKER, WOOD, 1975). Radiometrische und palöomagnetische Untersuchungen deuten darauf hin, daß dieser Schädel aus Schichten mit einem Alter von 2,7 bis 3 Millionen Jahren stammt und somit der älteste menschliche Schädel ist. Über die progressiven Merkmale dieses Schädels ist viel diskutiert worden. Das Gehirnvolumen von 750 bis 800 cm^3 liegt jedoch innerhalb der Variationsbreite für die bekannten *Pithecanthropus*-Funde, insbesondere aus Java. Im Gegensatz zu diesen ist der Schädel jedoch grazil und besitzt keine massiven äußeren Strukturen, wie z. B. einen großen Supraorbialtorus, der für jene Funde und auch für den *Pithecanthropus* aus der Oldoway-Schicht charakteristisch ist. Aufgrund der zur Zeit vorliegenden Publikationen über diesen Fund kann man annehmen, daß auf dem afrikanischen Kontinent zwei Formen der *Pithecanthropus*-Stufe existierten. Zwischen beiden bestand jedoch ein beträchtlicher zeitlicher Unterschied. Der Schädel 1470 scheint somit ein Vertreter einer weiteren, sechsten Gruppe der Pithecanthropinen zu sein.

Unter Berücksichtigung der morphologischen und phylogenetischen Abstände zwischen den Hominiden aus verschiedenen Zeitperioden lassen sich unsere Ergebnisse in folgendem Schema der Hominidenklassifizierung, das bereits in zwei früheren Arbeiten (ALEKSEEV, 1972; 1975) ausführlich begründet worden ist, zusammenfassen:

Familie: *Hominidae* — Menschen im weitesten Sinne des Wortes (Fam. *Hominidae* GRAY 1825)

1. Unterfamilie: *Australopithecinae* (Subfam. *Australopithecinae* GREGORY and HELLmann 1939)
  1. Gattung: *Australopithecus* DART 1925
  2. Gattung: *Paranthropus* BROOM 1938

2. Unterfamilie: *Homininae* — Menschen im engeren Sinne des Wortes (Subfam. *Homininae* GREGORY and HELLMANN 1939)
  1. Gattung: *Pithecanthropus* DUBOIS 1894
    1. Art: *Pithecanthropus erectus* DUBOIS 1894
    2. Art: *Pithecanthropus pekinensis* BLACK 1929
    3. Art: *Pithecanthropus soloensis* OPPENOORTH 1932
    4. Art: *Pithecanthropus leakeyi* HEBERER 1963
    5. Art: *Pithecanthropus kenianensis* ALEKSEEV 1977[2]
    6. Art: *Pithecanthropus heidelbergensis* SCHOETENSACK 1908
  2. Gattung: *Homo* — Mensch (Genus *Homo Linnaeus* 1758)
    1. Art: *Homo neanderthalensis* King 1861
    2. Art: *Homo sapiens Linnaeus* 1758

Anmerkungen

1 Eine Zusammenstellung der wichtigsten Fundorte und Funde findet sich bei ULLRICH (1971, 1974).

2 Die Benennung *Pithecanthropus kenianensis* erfolgt erstmals in der vorliegenden Arbeit.

Literaturverzeichnis

ALEKSEEV, V. P., 1971: Čelovek: Biologija i sociologičeskie problemy. In: Priroda No. 8, 37—53. Moskva.

— 1972: Antropologičeskie aspekty problemy proischoždenija i stanovlenija čelovečeskogo obščestva. In: Problemy étnografii i antropologii v svete naučnogo nasledija F. Éngel'sa, 72—111. Moskva.

— 1974: Geografija čelovečeskich ras. Moskva.

— 1975: Vozniknovenie čeloveka i obščestva. In: Pervobytnoe obščestvo, 5—48. Moskva.

BUNAK, V. V., 1959: Čerep čeloveka i stadii ego formirovanija u iskopaemych ljudej i sovremennych ras. Moskva.

DAY, M. H., LEAKEY, R. E. F., WALKER, A. C., WOOD, B. A., 1975: New hominids from East Rudolf, Kenya, I. In: American Journal of Physical Anthropology 42, 461—475. Philadelphia.

GIESELER, W., 1957: Die Fossilgeschichte des Menschen. In: G. HEBERER (Hrsg.), Die Evolution der Organismen, Bd. 2, 951—1109. 2. Aufl. Stuttgart.

HEBERER, G., 1963: Über einen neuen archanthropinen Typus aus der Oldoway-Schlucht. In: Zeitschrift für Morphologie und Anthropologie 53, 72—83. Stuttgart.

JACOB, T., 1975: Morphology and paleoecology of early man in Java. In: R. H. TUTTLE (ed.), Paleoanthropology, Morphology and Paleoecology, 311—325. The Hague — Paris.

JAKIMOV, V. P., 1956: „Atlantrop" — novyj predstavitel' drevnejšich gominid. In: Sovetskaja Étnografija No. 3, 110—122. Moskva.

SUŽKIN, P. P., 1928: (Berggebiete der Welt und die Frage nach der Urheimat der Menschheit). In: Priroda No. 3, 171—183. Moskva.

ULLRICH, H., 1971: Zur Interpretation der Hominidenfunde aus der subhumanen Phase und dem Tier-Mensch-Übergangsfeld. In: Zeitschrift für Archäologie 5, 165—191. Berlin.

— 1974: An der Schwelle der Menschheit. Leipzig—Jena—Berlin.

WASHBURN, S. L., 1960: Tools and human evolution. In: Scientific American 203, 3, 63—75. New York.

WASHBURN, S. L., AVIS, V., 1958: Evolution and behavior. In: A. ROE, G. G. SIMPSON (eds.), Behavior and Evolution, 421—436. New Haven.

WEIDENREICH, F., 1943: The skull of Sinanthropus pekinensis. A comparative study of primitiv hominid skull. Lanchester.

Hirn und Hirnleistungen in der Evolution zum Homo sapiens (gekürzte Wiedergabe des Referats)[1]

Von HANS GRIMM, Berlin

Es ist notwendig, über Wesen und Bedeutung der Hirnvergrößerung in der Stammesgeschichte des Menschen nachzudenken, die Wichtigkeit der Gewinnung von Endokranialausgüssen zum Studium der Skulptur der Hirnrinde zu betonen und Überlegungen über mögliche Veränderungen in „subkortikalen" Bereichen nicht zu unterlassen.

Noch unter den rezenten Primaten läßt sich zwischen der Hirnschädelkapazität des Mausmaki (*Microcebus murinus*) und des *Homo s. sapiens* eine Hirnvolumen-Vergrößerung von 1,6 cm^3 auf etwa 1400 cm^3, also fast um das Tausendfache, nachweisen! In phylogenetischer Sicht wird diese Vervielfachung noch übertroffen, da z. B. der halbaffenartige *Ceciliolemur*

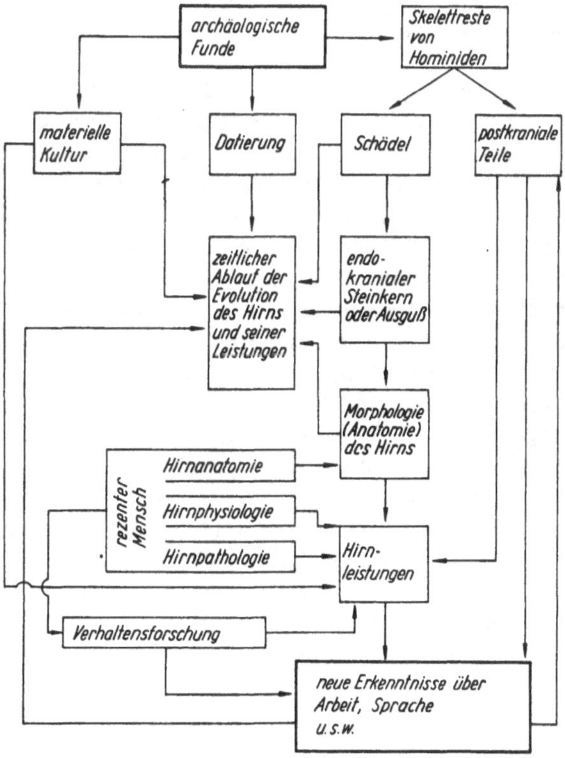

Abb. 1. Erkenntniswege über die Hirnleistungen

aus der eozänen Braunkohle des Geiseltales weitaus kleiner als der rezente Mausmaki war (Gesamtschädellänge nach Weigelt 16,5 mm).

Diese exzessive Hirnvergrößerung (sog. positiv-allometrisches Wachstum des Hirnvolumens bei einer auch von gänzlich anderen Tiergruppen bekannten allgemeinen Größenzunahme im Sinne der Copeschen Regel) ist eine Eigentümlichkeit der Primaten überhaupt, nicht allein der Hominiden. Auch fossile Halbaffen, z. B. *Megaladapis*, entwickelten sich und ihr Hirnvolumen zu erstaunlicher Größe (Grimm).

Unbestreitbar ist innerhalb der Hominiden ein Anwachsen der Schädelhöhlenvolumina von den Australopithecinen bis zum Menschen der Gegenwart um etwa das Dreifache. Die bis auf die Größenordnung von einzelnen Kubikzentimetern gehenden Angaben über die Hirnkapazität einzelner Fossilfunde aind unbeschadet dieser gesicherten summarischen Aussage kritisch zu betrachten. An den defekten Stücken sind fast niemals direkte Volumenmessungen möglich. Über die Umrechnung auf das Gesamtvolumen im intakten Hirnschädel besteht oft keine einheitliche Auffassung. Selbst bei weitgehender Übereinstimmung zwischen verschiedenen Autoren ist zudem die Unterbringung dieses Hirnvolumens auf einer „Entwicklungskurve" unsicher; es kann von jedem neuen Fossilfund eine Umstellung erzwungen werden („Jeweilsbild" im Sinne von Heberer).

Hypothesen gesellschaftsgeschichtlicher Art, z. B. solche, die sich an den „*Homo habilis*" knüpfen, bedürfen einer entsprechenden Zurückhaltung.

Das Studium der Endokranialausgüsse mußte sich bisher auf wenig mehr als 60 Fossilfunde beschränken (zusammenfassende Darstellung bei Kočetkova). Endokranialausgüsse sind bei weitem nicht von allen dafür geeigneten Fossilfunden gemacht. Die Deutung bestimmter Einzelheiten des Windungsmusters ist oft umstritten. Die daraus resultierende Skepsis hat sogar zum Verzicht auf die Möglichkeit geführt, sich Abgüsse von der Schädelhöhle zu verschaffen (so scheint z. B. vom Schädel von Mte Circeo kein Ausguß zu existieren).

Zwei Forschungswege führen aus diesem Verzicht heraus. Erstens die Beachtung nicht der Windungseinzelheiten, sondern der „Reliefenergie" bestimmter Hirnrindengebiete im Sinne von Spatz (phylogenetische Wanderung des Bereichs der lebhaftesten Windungsbildung von der Scheitelgegend nach der Okzipital- und Temporalregion, zuletzt zum basalen Frontalhirn). Zweitens kann eine größere Sicherheit in der Unterscheidung zwischen individueller Ausprägung und stammesgeschichtlicher Tendenz des Windungsmusters durch das (bisher vernachlässigte) Studium rezenter Endokranialausgüsse erlangt werden. Kirmse wies an 63 Endokranialausgüssen zwischen dem Neolithikum und der frühen Neuzeit ein abwärts gerichtetes Wachstum des Frontallappens, insbesondere des orbitolateralen Randes, ferner eine Zunahme des basalen Temporalgebietes nach, so daß insgesamt eine relative Schwenkung der Temporallappen nach außen und oben resultiert.

Die vergleichende Verhaltensforschung kann zu Rückschlüssen auf die Hirnentwicklung (Differenzierung der Hirnleistungen) ebenfalls herangezogen werden, z. B. ergibt sich eine deutliche Korrelation des jeweils reicheren Verhaltensinventars einer lebenden Primatenform mit der jeweils größeren Stirnlappenfläche. Klinische Beobachtungen am Lebenden nach Hirnverletzungen mit einer bestimmten Lokalisation betonen die Wichtigkeit der Stirnhirnfunktionen (speziell des „Orbitalhirns") für das Sozialleben der Menschen (Kleist). Der Tierpsychologe Fischel schreibt dem Stirnhirn ebenfalls die „Feintönung der Affekte" zu. Diese Hemmungs- bzw. Dämpfungsmöglichkeiten als Ausdruck einer Hirnleistung sind für die progressive Entwicklung der Hominiden sicher genauso wichtig gewesen wie die intellektuellen Möglichkeiten!

Eine relative Verbreiterung des Schläfenlappens wäre das einzige am Hirnausguß evtl. nachweisbare Symptom für eine Veränderung des dort eingebetteten sog. „Mandelkerns" (Nucleus amygdalae), der als „Kontrollstelle für emotionales Verhalten" ebenfalls eine progressive Entwicklung in der Hominidenevolution durchgemacht haben muß (CHANCE und MEAD). Damit ist ein Hinweis auf die geringe Informationsmöglichkeit über die Entwicklung unterhalb der Hirnrinde gelegener („subkortikaler") Nervenzellanhäufungen gegeben. Aus dem Endokranialausguß überhaupt nicht ablesbar bleiben z. B. die progressiven Veränderungen des Systems der „Roten Kerne" im Mittelhirn. Der Nucleus ruber spielt nach PFEIFER aber eine wichtige Rolle bei der Automatisierung monotoner, ständig wiederholter Bewegungen (die zunächst erst einmal als Leistungen des motorischen Rindenfeldes erlernt werden mußten). Ob urgesellschaftliche Verhaltensweisen, z. B. Tänze, Techniken des Feuerreibens, Netzeknüpfens, Erntens, schon gegenüber dem Tiergehirn eine progressive Struktur des „Roter Kern-Systems" voraussetzen, kann daher „paläoneurologisch" nicht entschieden werden. Der Fund einer neolithischen Tontrommel läßt jedenfalls mit viel größerer Wahrscheinlichkeit auf rhythmische Tänze schließen.

Verständnis für den evolutiven Werdegang solcher am Hirnabguß nicht erkennbarer Strukturen kann vom Biologen allein durch die kritische Verwendung der vergleichenden Anatomie und Physiologie (einschließlich Ethologie) rezenter Primaten erzielt werden. Die Erreichung einer bestimmten kulturellen Entwicklungshöhe, erschlossen aus den archäologischen Funden, Feststellungen und Deutungen erzwingt andererseits die Vorstellung von einer progressiven Veränderung im Hirn, auch wenn sie nicht zu einer bestimmten, häufig an gleicher Stelle wiederkehrenden Veränderung der Hirnoberfläche in Beziehung gesetzt werden kann. So ist die Erforschung der Evolution des Hirns bzw. des Zentralnervensystems einerseits in der Biologie, andererseits in den Gesellschaftswissenschaften verankert.

Anmerkung

1 Die ausführliche Fassung mit Illustrationen und umfangreicherem Literaturverzeichnis wurde in: Von der archäologischen Quelle zur historischen Aussage, hsg. v. J. PREUSS, Wissenschaftliche Beiträge d. Martin-Luther-Universität Halle L 13, Berlin 1979, 9—29, veröffentlicht.

Literaturverzeichnis

FISCHEL, W., 1960: Grundriß des Zentralnervensystems des Menschen. Leipzig.

GRIMM, H., 1938: Schädelproportionen und absolute Größe in der Primatenreihe. Naturwiss. Diss. Kiel.

KIRMSE, W., 1967: Zur Problematik der stammesgeschichtlichen Interpretation des menschlichen Endokraniums, mit vergleichenden Untersuchungen an Endokranialausgüssen von Populationen der Jungsteinzeit, des Mittelalters und der Gegenwart. Naturwiss. Diss. Berlin (Humboldt-Univ.).

KLEIST, K., 1934: Gehirnpathologie. Leipzig.

KOČETKOVA, V. I., 1973: Paleonevrologija. Moskva.

SPATZ, H., 1954: Gehirn und Endokranium. In: Verhandlungen der Deutschen Gesellschaft für Anthropologie, 4. Tagung Münster. Homo 5, 49—52.

WEIGELT, J., 1933: Neue Primaten aus der mitteleozänen (oberlutetischen) Braunkohle des Geiseltales. In: Nova Acta Leopoldina N.S. 1, H. 2, 97—156.

Die Hand — Organ der Arbeit im Prozeß der Menschwerdung

Von EMANUEL VLČEK, Praha

Die materialistischen Vorstellungen von der Entstehung und Evolution des Menschen und seiner Tätigkeiten stützen sich auf eine große Zahl von Erkenntnissen und Belegen, die von verschiedenen Wissenschaften gewonnen wurden. Die Ergebnisse der Forschung in Naturwissenschaften und Gesellschaftswissenschaften erlauben uns heute, den ganzen Prozeß der Menschwerdung in wesentlichen Zügen zu überblicken.

Die erste entscheidende Veränderung in der Evolution des Menschen war die Entstehung der sich aufrecht bewegenden Vorfahren des Menschen. Belege über die Aufrichtung der Gestalt geben uns heute schon ganze Serien von paläanthropologischen Funden von *Ramapithecus* und *Australopithecus*, die in Süd- und Ostafrika, in Zentral- und Ostasien und in Mitteleuropa gefunden wurden.

Die Aufrichtung der Gestalt hatte weitreichende Folgen nicht nur für den anatomischen Bau des Körpers des *Australopithecus*, sondern auch für dessen physiologische Prozesse.

Die wichtigste Folge war die Befreiung der oberen Gliedmaßen von der Bewegung auf allen vieren. Die oberen Gliedmaßen veränderten sich schrittweise von einem Bewegungsorgan in ein Organ zum Greifen und zur Manipulation. Nicht nur die Hand, sondern der ganze Arm gewannen eine neue Qualität im Vergleich zur früheren Bewegungsfunktion. Die Hand wurde immer mehr verfeinert, so daß sie immer kompliziertere Bewegungen verwirklichen konnte und sich auf diese Weise in ein Kultur- und Arbeitsorgan entwickelte.

Die materielle Kultur ist der beste Indikator der schrittweisen Veränderungen in der Qualität des Gehirns und der Arbeit der Hände. Engels hat diesen wichtigen Faktor bei der Interpretation der Menschwerdung eingeführt — die Arbeit. So schrieb er schon im Jahre 1875, daß der wesentliche Unterschied zwischen einer Tiergesellschaft und der menschlichen Gesellschaft in der Tatsache liegt, daß die Tiere höchstens nur sammeln, während die Menschen schon erzeugen. Dieser einzige, aber wesentliche Unterschied macht es unmöglich, die Gesetze der Tiergemeinschaften ohne weiteres auf die menschliche Gesellschaft zu übertragen. In der Zeit, wo von den Entwicklungsformen des Menschen nur der Fund aus dem Neandertal bekannt war, und in der Zeit, wo in Westeuropa das Studium des Paläolithikums noch in den Anfängen steckte, formulierte ENGELS auf Grund der Belege von DARWIN seine Auffassung der Menschwerdung von den affenähnlichen Vorfahren des Menschen in seiner gut bekannten Studie (1896; wahrscheinlich im Jahre 1876 geschrieben).

Diese Auffassung wird heute allgemein akzeptiert, natürlich mit gewissen Unterschieden oder in anderen Formulierungen. Manche Autoren wissen gar nicht oder wollen es nicht wissen, daß sie die Grundsätze dieser Auffassungen in ihren Arbeiten anwenden. Nur die Existenz der Werkzeuge repräsentiert die Grenze, die den Menschen vom Tierreich trennt. Dadurch wird der ganze Prozeß der Menschwerdung in eine vormenschliche und eine menschliche Phase eingeteilt, auch wenn diese Grenze nicht genau festzustellen ist, bzw. eine Frage des Übereinkommens ist.

Biologische Entwicklung der Hand

Die Entwicklung der Menschenhand, als Organ der bewußten Herstellung von Werkzeugen, müssen wir als einen Evolutionsprozeß betrachten, begleitet von der progressiven Entwicklung des Gehirns und dessen Rückwirkung auf die Hand.

Für die Beurteilung der Spezialisierung der Menschenhand in den einzelnen Phasen der Evolution des Menschen sind wichtigste Indikatoren die Werkzeuge und die Gegenstände, die von den Vorfahren des heutigen Menschen benutzt und hergestellt wurden. Die Art der Bearbeitung dieser Werkzeuge und Gegenstände belegt indirekt den Grad des Bewußtseins, der Handfertigkeit und der Funktionsmöglichkeiten der Menschenhand in der entsprechenden Evolutionsphase des Menschen.

Vom Standpunkt der Paläanthropologie können wir gewisse Schlüsse auf Grund des Studiums der Morphologie der Handknochen der Vorfahren des Menschen ziehen. Paläanthropologisches Material ist sehr rar, weil die kleinen Handknochen den Einflüssen aus den Ablagerungsschichten nicht widerstehen können, in denen die Überreste unserer Vorfahren über Millionen und Tausende von Jahren liegen mußten.

Weitere Möglichkeiten bietet uns das Studium der Entwicklung der Muskelelemente der Hand, die wir in der Ontogenese des heutigen Menschen verfolgen können, und endlich auch die Anwendung dieser Erkenntnisse bei der Interpretation der möglichen Muskelfunktion in den Entwicklungsformen des Menschen. In den beiden letzteren Fällen hat die tschechoslowakische Forschung über die Morphologie der Hand in bedeutendem Maße zur Erkenntnis über den anthropogenetischen Prozeß der Menschenhand beigetragen.

Paläontologische Belege für die Entstehung der Menschenhand

Als die Ausgangsform müssen wir jene anthropoide Form des Vorfahren des Menschen aus dem Kreis der *Dryopithecus*-Primaten (Abb. 1) betrachten, die in der zweiten Hälfte des Tertiärs lebten, d. h. vor mehr als 20 Millionen Jahren. Es ist dies die *Proconsul*-Form, deren Überreste in Miozän-Ablagerungen bei dem Victoria-See in Ostafrika gefunden worden sind. Hier wurde auch das sehr gut erhaltene Skelett der Hand (Abb. 2) entdeckt. Man kann sagen, daß die *Proconsul*-Hand einen kleinen Faustteil sowie einen mittelgroßen Mittelhand-Teil hatte und die Finger charakteristische Merkmale von Affen besaßen, die sich in Bäumen bewegten. Deswegen sind die Fingerglieder noch gekrümmt. Der erste Mittelhand-Knochen des Daumens und die Gelenkverbindung zu dem Skelett der Faust hatten noch einen Charakter, der typisch für die Affen ist.

Eine weitere Phase der Entwicklung des Handskeletts können wir beim *Australopithecus* verfolgen. In diesem Fall haben wir nur einzelne Knochen des Handskeletts zur Verfügung. Bei den *Paranthropus*-Formen ist die Gestaltung des Mittelhand-Knochens des Daumens auffallend. Dieser Knochen ist zwar kürzer als bei dem Menschen, aber die Gelenkfläche, auf die sich das Hauptglied des Daumens stützt, hat eine typisch menschliche Form, und auch die sogenannte Sattelfläche des Daumens weist auf menschliche Form hin. Auf dem ersten Mittelhand-Knochen ist auch die markante Kante des typisch menschlichen Muskels — M. opponens pollicis — der eine Opposition des Daumens gegenüber den anderen Fingern ermöglicht, vorhanden.

Dieselbe Situation finden wir auch beim *Plesianthropus* und bei der angeblich schon menschlichen Form, dem *Homo habilis*. Die grundsätzlichen Unterschiede im Vergleich zum modernen Menschen liegen in der Form seiner Fingerglieder (Abb. 3), die beträchtlich breit, flach und gebeugt sind. Dieser Handskelettfund könnte ganz gut die Benutzung von Geräten der sog. osteodontokeratischen Kultur belegen. Auf der anderen Seite schließt der Fund die Möglichkeit einer absichtlichen Herstellung von Steinindustrien oder anderen Industrien völlig aus, die so typisch für die Menschenformen sind.

Ein ganz anderes Bild finden wir bei den Funden des Handskeletts der schon typisch menschlichen Formen des Menschen. Leider haben wir noch kein Skelettmaterial als

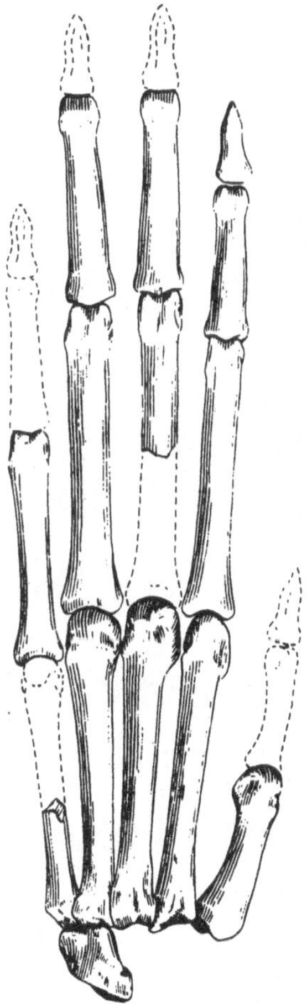

Abb. 1. Handskelett von *Epipliopithecus vindobonensis* (nach H. Zapfe, 1960)

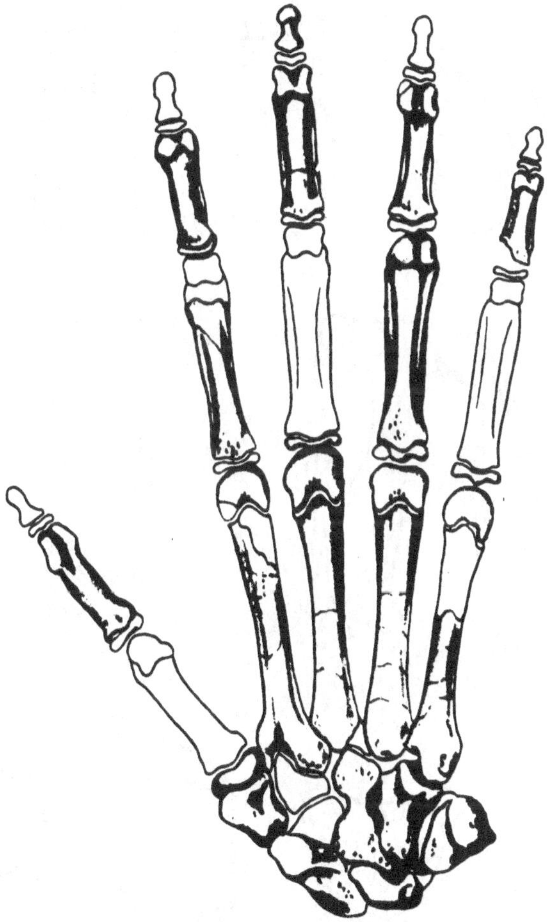

Abb. 2. Handskelett von *Dryopithecus (Proconsul) africanus* (nach Napier und Davis, 1959)

Beleg für den Bau der Hand vom *Homo erectus* zur Verfügung, aber wir können deren Bau ganz gut ableiten. Zur Verfügung stehen uns Skelettüberreste der Hand vom *Homo sapiens*, und zwar einer ganzen Reihe von Neandertal-Formen und der jungpaläolithischen Formen des Menschen.

Die Hand des Neandertalers aus der Kiik-Koba auf der Krim (Abb. 4), La Ferrassie und La Chapelle-aux-Saints in Frankreich sowie aus Amud, Tabun und Skhul in Israel

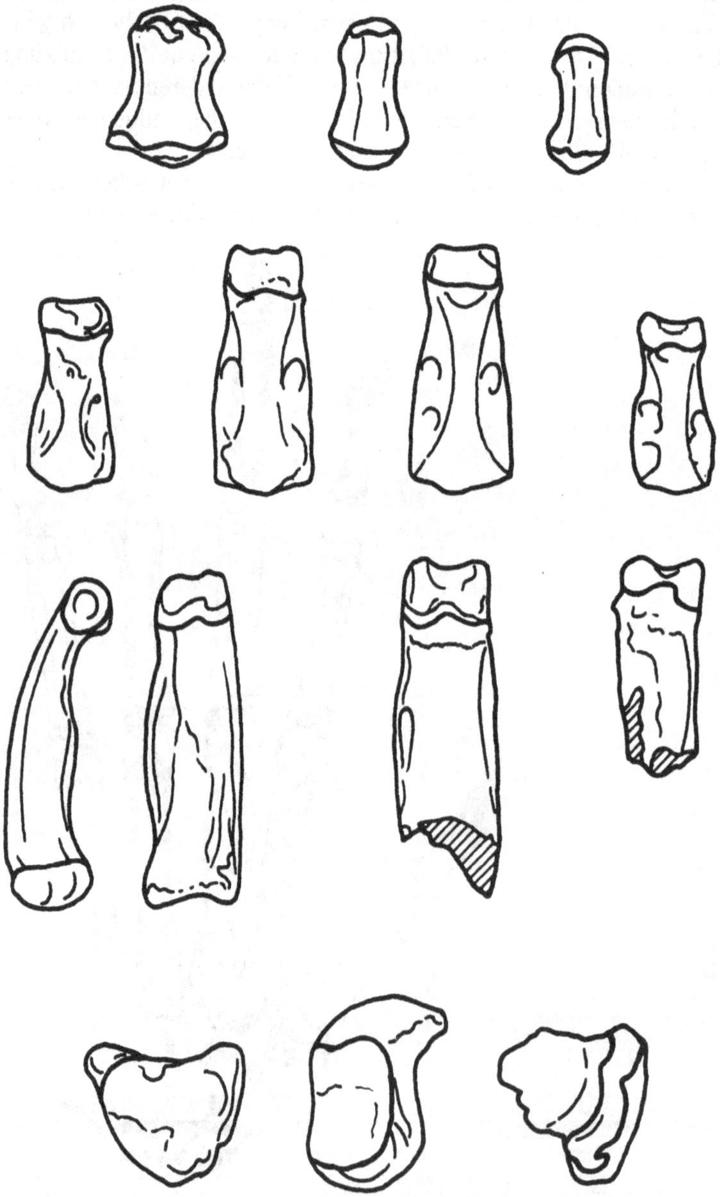

Abb. 3. Einzelknochen der Hand des Homo habilis (nach Napier, 1962)

(Abb. 5) hatte relativ kleinere Handgelenkknochen als die des modernen Menschen. Die Mittelhand-Knochen sind kürzer und breit, besonders bei dem Daumen.

Von größter Bedeutung ist wieder der Mittelhand-Knochen des Daumens. Dieser Knochen ist bei den Neandertal-Individuen breit, bei einigen Individuen hat er einen verbreiterten Ansatz für den M. opponens pollicis des Daumens. Daraus können wir den Schluß ziehen, daß die Hand der Neandertaler breit war und kurze dicke Finger hatte. Über die Muskeln werden wir weiter unten sprechen.

Die Hand des typischen modernen Menschen finden wir erst in der Zeit vor etwa 35000 Jahren. Die Hand dieses Menschen war im Hinblick auf die Morphologie so gestaltet und gebaut, daß praktisch keine Unterschiede zwischen ihr und der Hand des modernen Menschen bestehen. Daher sind bei einem Vergleich der Neandertaler- und der modernen Formen des Menschen die Art und Weise der Herstellung von Werkzeugen auffallend und interessant. Die Herstellung von Werkzeugen des Neandertalers bei den mittelpaläolithischen Kulturen, wie z. B. des Moustérien, Tayacien, Levalloisien, weist gewisse primitive Merkmale auf. Bei dem modernen Menschen im Jungpaläolithikum

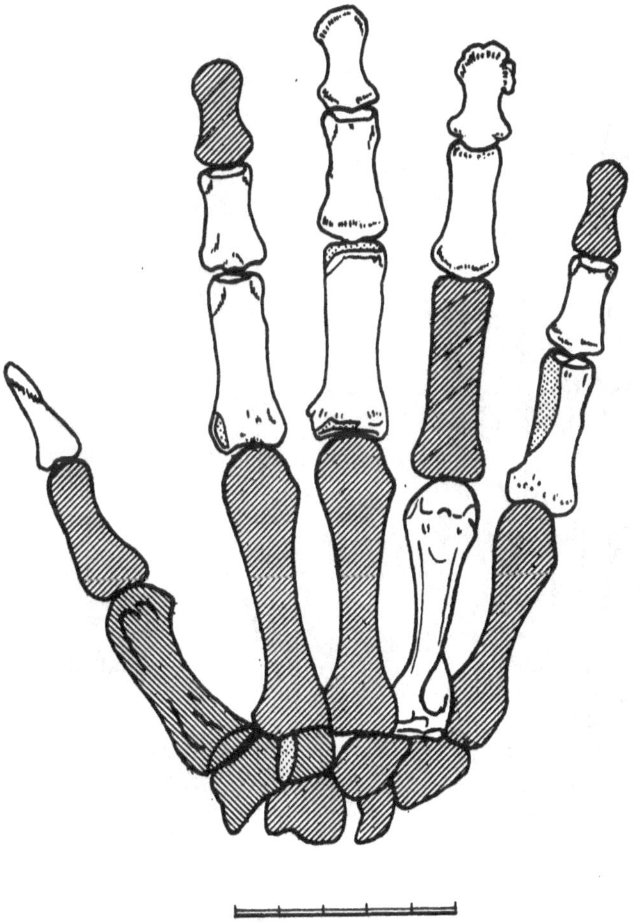

Abb. 4. Handskelett des Neandertalers aus Kiik-Koba 1 (Original-Rekonstruktion E. Vlček, 1974)

finden wir völlig andere Herstellungstechniken, die auch die morphologischen Feststellungen an dem Skelett der Hand erklären. Erst in dieser Zeit kommen die wunderschönen jungpaläolithischen Malereien vor, erst seit dieser Zeit datiert die Entstehung der plastischen Kunst und die Ausübung der Musik, wie archäologische Funde belegen.

So sehen wir, daß die Hand des heutigen Menschen sich in gewissen Evolutionssprüngen entwickelt hat. Die gesamte Entwicklung der Hand, die Millionen von Jahren dauerte, wurde zugleich von der Entwicklung des Gehirns begleitet.

Die Tätigkeit der Menschenhand wird durch die entsprechenden Partien der Gehirnrinde kontrolliert. Es ist dies in erster Linie ein Teil des motorischen Analysators in den Scheitelteilen des Gehirns in Area 4, in Zusammenarbeit mit Area 39, die Anregungen aus Empfindlichkeits-Rezeptoren mit Anregungen aus dem Sehzentrum verbindet, und in Zusammenarbeit mit Area 40, die an der Kontrolle von komplizierten Bewegungen mitwirkt. Die progressive Entwicklung dieser Partien können wir an Abgüssen der Schädelhöhlen des Schimpansen (Abb. 6, 1) und des Vorfahren des Menschen (Abb. 6, 2) und

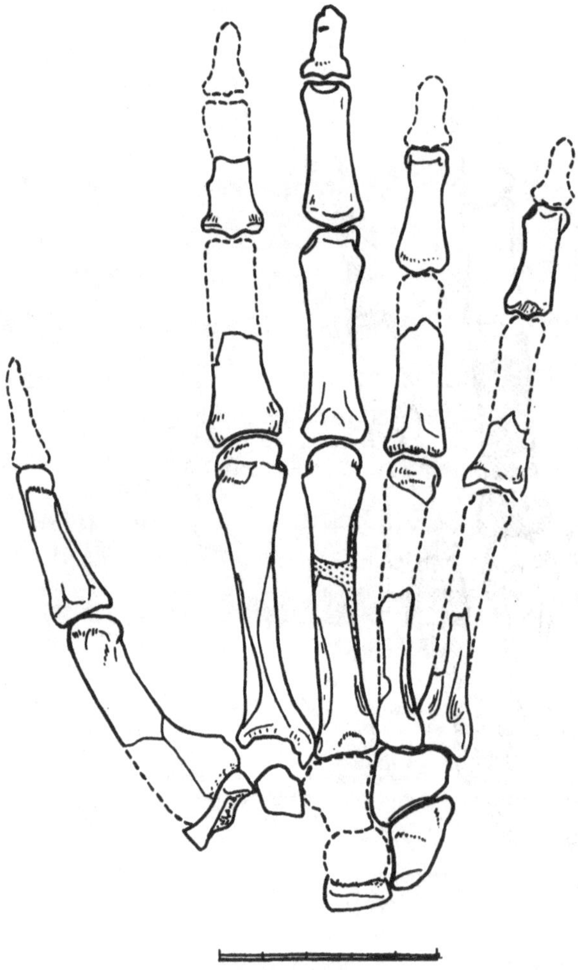

Abb. 5. Handskelett des Fossilmenschen von Skhul IV (nach McCown und Keith)

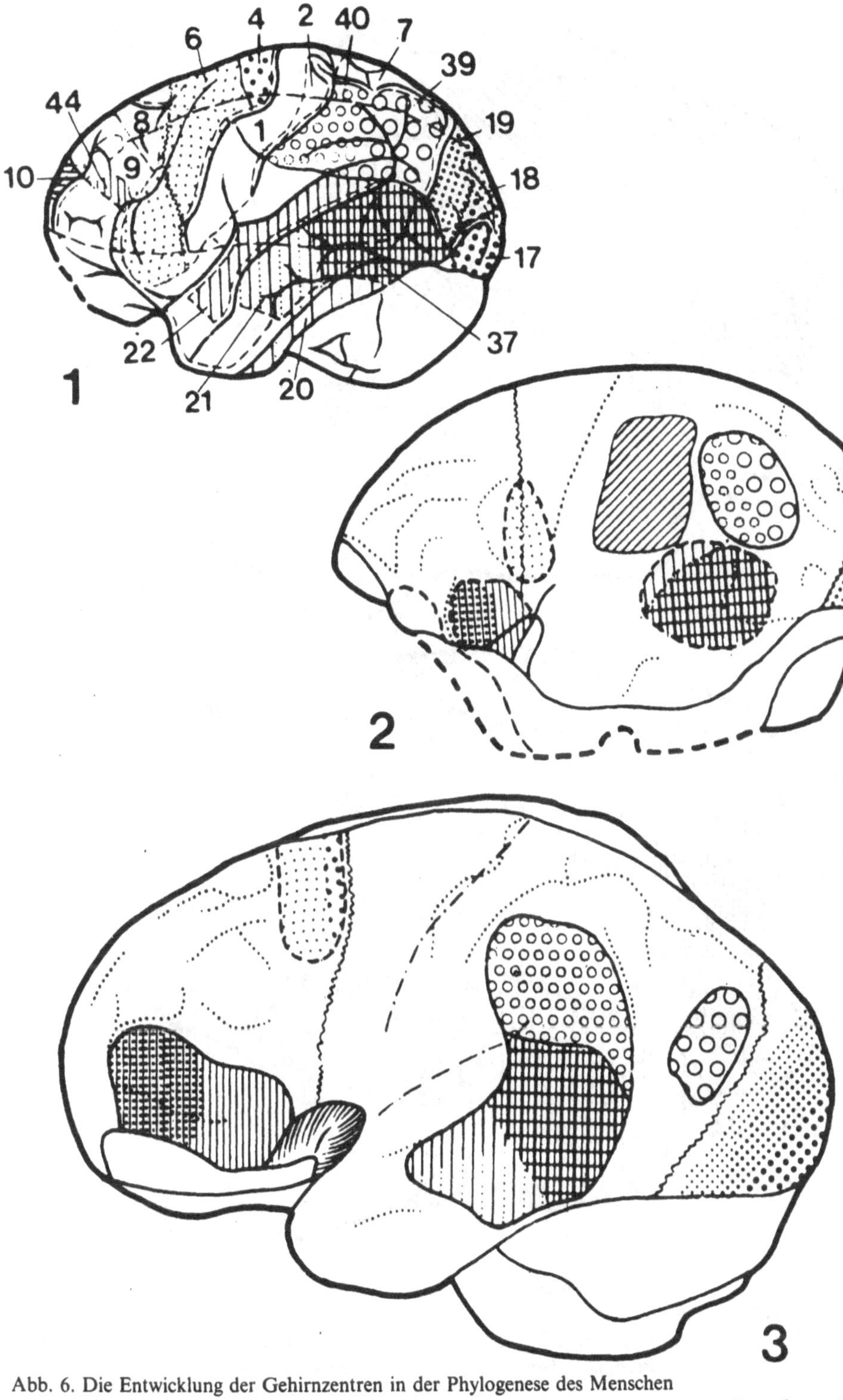

Abb. 6. Die Entwicklung der Gehirnzentren in der Phylogenese des Menschen
1 — Schimpansengehirn, 2 — *Australopithecus*-Endokranium-Ausguß, 3 — *Homo (Sinanthropus) erectus pekinensis*-Ausguß.

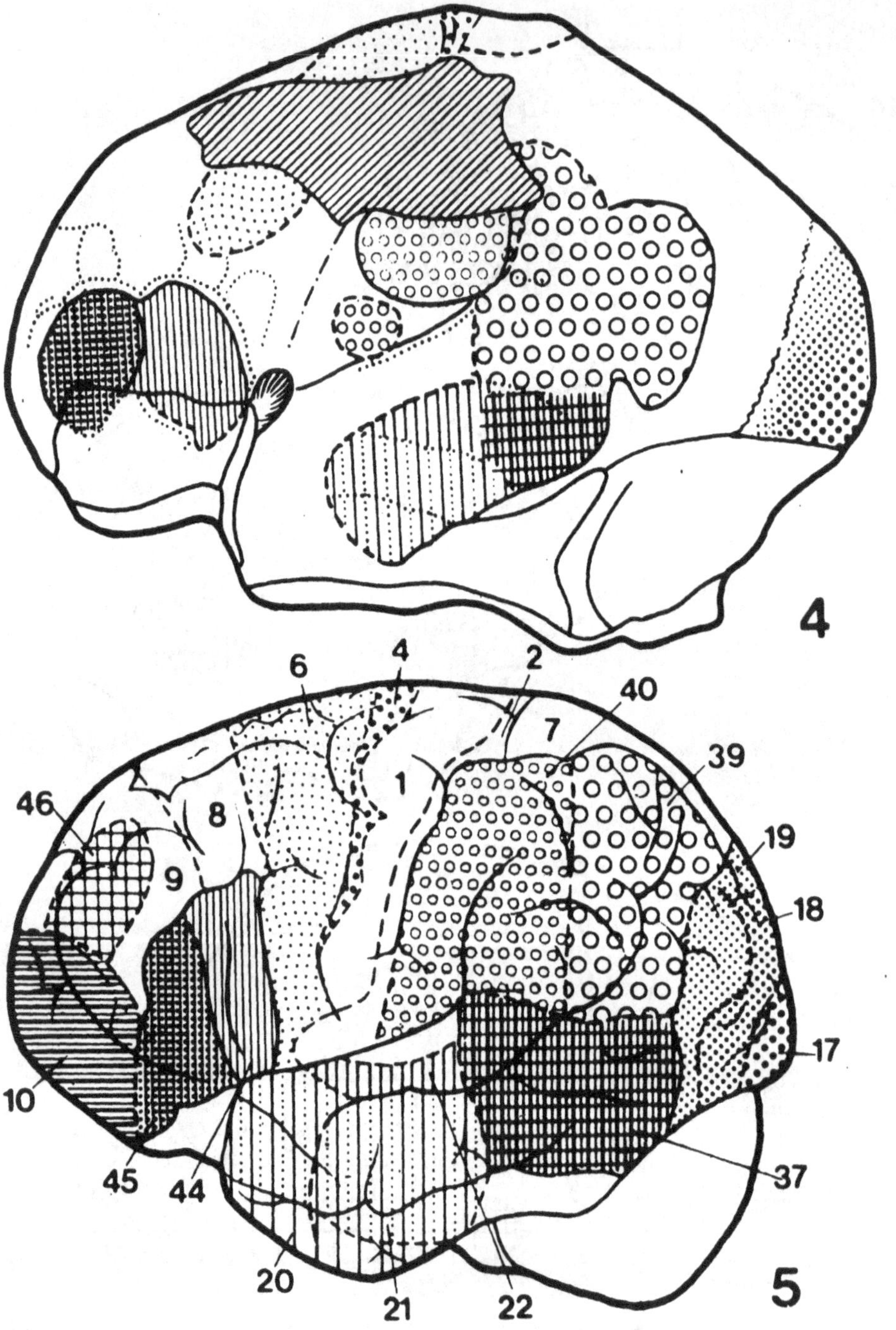

Abb. 6. Die Entwicklung der Gehirnzentren in der Phylogenese des Menschen
4 — Neandertaler — *Homo sapiens neanderthalensis* von La Chapelle — Ausguß, 5 — Gehirn des modernen Menschen. Gehirnrinde-Areae bezeichnet mit Nummern nach Brodmann. (Orig. Zeichnungen E. Vlček, nach Angaben von Brodmann, Ševčenko (1971) und Kočetkova (1973))

seiner ausgestorbenen Formen verfolgen. Entsprechend der niedrigen Entwicklungsstufe dieser Teile des Gehirns beim *Pithecanthropus* (Abb. 6, 3) konnte dieser nur sehr primitive Steinwerkzeuge herstellen. Der Neandertaler (Abb. 6, 4) und vor allem der moderne Mensch (Abb. 6, 5) sind durch wesentlich fortgeschrittenere Entwicklung dieser Gehirnpartien gekennzeichnet, daher spiegeln ihre materielle Kultur und bei dem modernen Menschen auch die Kunstäußerungen den Höhepunkt der Tätigkeit der Menschenhand — des Organs der Arbeit — wider.

Der an Handmuskeln des Menschen studierte Prozeß der Menschwerdung

Die klassische Theorie unterstützte die Auffassung, daß der Prozeß der Menschwerdung sich in der Entwicklung des Handskeletts widerspiegelt. Im Vergleich zwischen der Anatomie der Affen und der des Menschen wurden auch dieselben Muskelelemente in verschiedenen Proportionen und Verhältnissen beschrieben. Von diesen Erkenntnissen wurden auch die Beziehungen dieser Handstrukturen zur Funktion der Hand abgeleitet. In dieser Frage haben in letzter Zeit Arbeiten von R. Čihák (1972, 1977) neue Gesichtspunkte und Belege gebracht.

Bei dem Studium der Evolution als eines fortschreitenden Prozesses müssen wir in vielen Fällen die Tatsache respektieren, daß der Verlauf der Ontogenese die phylogenetische Entwicklung wiederholt. Das bedeutet nicht, daß die Entwicklung eines der Organe sich wiederholt oder daß eines der Organe während der Entwicklung durch die Stadien einer Reihe von Lebewesen geht, sondern daß die embryonalen Mechanismen sich wiederholen, die im Sinne der phylogenetischen Evolution Veränderungen der Form eines gewissen Organs verursachen. Von diesem Standpunkt aus wurden besonders die kurzen Muskeln der Menschenhand studiert, und es hat sich gezeigt, daß sie eine neue Qualität im Vergleich zur Affenhand erreicht haben.

Der Prozeß der Menschwerdung in den Handmuskeln des Menschen läßt sich in drei Phasen einteilen:

1. Die erste durch die Mm. contrahentes gebildete Schicht der Muskeln der Handfläche (Abb. 7), die bei den Affen in vier Paaren vorkommt, ist bei dem Menschen auf folgende Weise verschwunden. Das vierte und fünfte Paar verschwand während der Ontogenese des Menschen in der Periode der 25—30 mm Scheitel—Steißbein-Länge des Embryos, d. h. in der 6. bis 7. Woche der Embryonalentwicklung des Individuums (Abb. 8). Aus den ersten zwei Paaren entstand der M. adductor pollicis. Bei den anthropoiden Affen ist dieses Verschwinden nur angedeutet, zum Beispiel bleibt bei dem Gorilla vom 4. und 5. Paar nur die Muskelplatte.

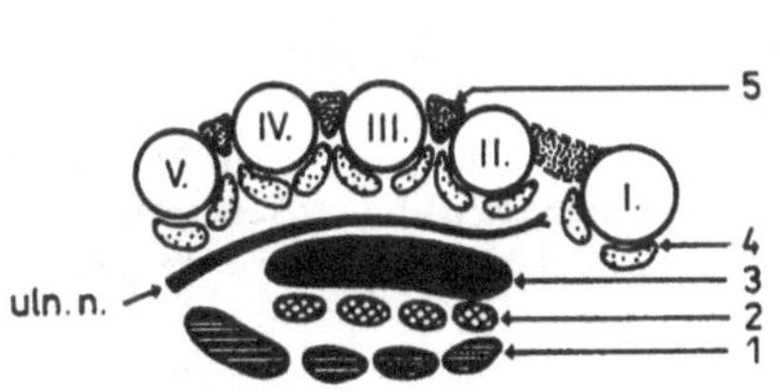

Abb. 7. Generalschema der Palmarmuskulatur der Hand im Querschnitt
1 — Flexores breves superficiales, 2 — Mm. lumbricales, 3 — Mm. flexores breves medii oder Mm. contrahentes, 4 — Mm. flexores breves profundi, 5 — Mm. intermetacarpales, I—V Metacarpen, uln. n. = Nervus ulnaris (nach R. Čihák, 1977)

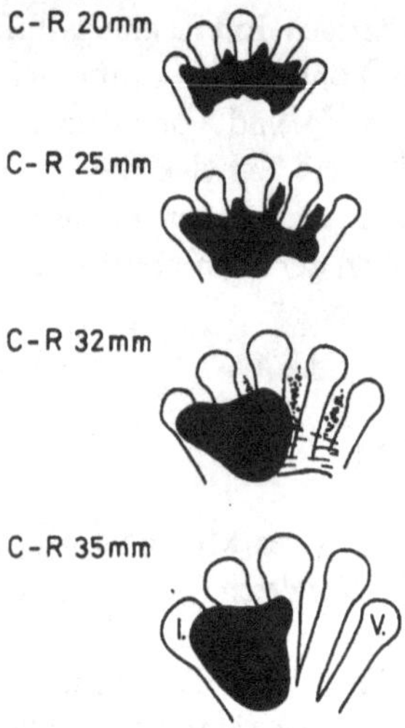

Abb. 8. Das Schema der maximalen Ausbreitung der Mm. contrahentes bei den Menschenföten und ihre Regression (nach R. Čihák, 1977)

2. Die Opposition des Daumens ist eine Funktion aller Primaten, die Daumen haben, und sie wird durch die Thenar-Muskeln (Abb. 9) ermöglicht. Beim Menschen ist diese Einheit weiter differenziert, und zwar in drei weitere Daumenmuskeln — M. abductor pollicis, der zweiteilige M. flexor brevis pollicis und der selbständige M. opponens pollicis.

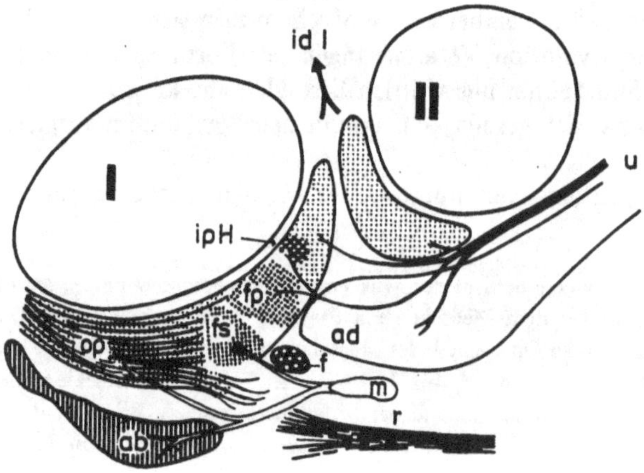

Abb. 9. Schema des Differenzierungsprozesses der Thenar-Muskulatur in der Ontogenese des Menschen (nach R. Čihák, 1972)
op = M. opponens pollicis, fs = M. flexor pollicis brevis, caput superficialis, fp = caput profundum, ipH = M. interosseus palmaris, I Henlei (var.), id I = M. interosseus dorsalis I, ab = M. abductor pollicis brevis, m = Nervus medianus, r = Retinaculum flexorum, f = M. flexor pollicis longus, ad = M. adductor pollicis, u = Nervus ulnaris, I—II = Metacarpus I, II

3. Das dritte typisch menschliche Merkmal der Menschenhand ist die Existenz und die Art der Entwicklung von Mm. interossei. Bei allen Primaten finden wir ähnlich wie bei niedrigeren Lebewesen, nur Mm. flexores breves profundi, die in Paaren unter den Metacarpus-Knochen gelegen sind (Abb. 10). Beim Menschen sind ihre Homologien seit dem Anfang der Entwicklung vorhanden sowie die doppelten

Grundformationen, die aber in einer anderen Beziehung zum Skelett stehen. Die Paare dieser tiefen und kurzen Beugemuskeln befinden sich beim Menschen nicht unter den Metacarpus-Knochen, sondern treten in die Intermetacarpus-Räume ein. Zu diesen Paaren, die aus der ersten Schicht der Muskeln der Handfläche entstanden, treten die differenzierten Muskelgrundformationen aus der zweiten Muskelschicht der Handfläche. Allmählich fließen sie zusammen, und es entstehen Mm. interossei dorsales, die beim Menschen schon den Großteil der Intermetacarpus-Räume ausfüllen. Für diese Muskeln finden wir noch in der vergleichenden Anatomie bei verschiedenen Lebewesen das Muskelrudiment, das wir als den Entwicklungsausdruck einer Struktur betrachten müssen, die schon in der Vergangenheit entstanden war. Auf diese Weise entstehen beim Menschen die typischen Mm. intermetacarpales, deren Existenz und Ursprung aus den Muskelgrundformationen der Handfläche durch Nervenabzweigung aus dem nervus ulnaris belegt sind (Abb. 11). Als ein ausgesprochen typisches menschliches Merkmal der Handmuskeln müssen wir die kleinen Mm. interossei dorsales accesori betrachten. Sie sind ein Derivat der Rückenmuskeln der Hand, liegen über den Intermetacarpus-Räumen und wachsen mit den Mm. intermetacarpales zusammen. Es ist sehr interessant, daß die Nerven zu diesen Muskeln auch von der Handflächenseite ausgehen.

Bei den Affen finden wir nur die Muskeln der ersten Handflächenschicht; im übrigen sind die Intermetacarpus-Räume leer (Abb. 11). Die Anknüpfung der einzelnen Muskelschichten der Menschenhand steht ganz deutlich unter dem Einfluß des Zweiges vom Nervus ulnaris aus der Handfläche in die Intermetacarpus-Räume bis zu der Rückenseite.

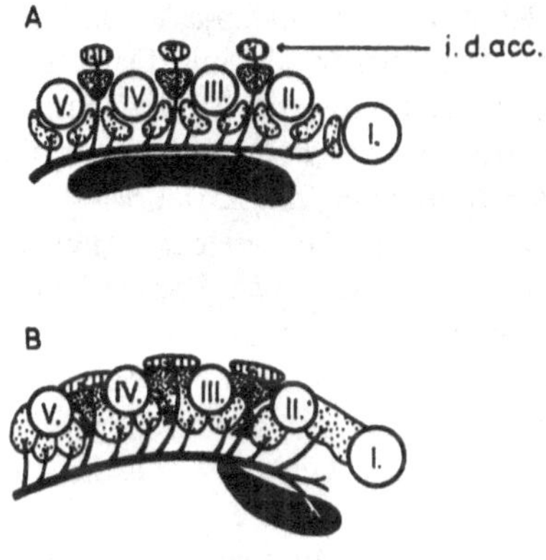

Abb. 10. Schema der Position und der Homologien der Muskelschichten in der Hand des Menschen im embryonalen Stadium (A) und beim Erwachsenen (B)
i.d.acc. = Mm. interossei dorsales accesorii, I—V Metacarpalia, weitere Erklärungen siehe Abb. 7 (nach R. Čihák, 1977)

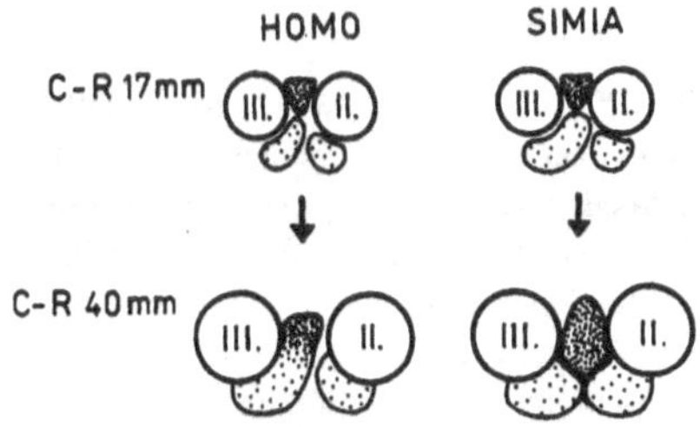

Abb. 11. Schema der Entwicklung der Mm. interossei dorsales beim Menschen (Homo) und Affen (Simia) (nach R. Čihák, 1977).

Diese Ergebnisse des Studiums der Ontogenese der Handmuskeln repräsentieren einen Ausgangspunkt für die Interpretation der Feststellungen an dem paläanthropologischen Material der Entwicklungsformen des Menschen.

Paläanthropologischer Beweis der Entwicklung der Hand des modernen Menschen

Die Morphologie des Handskeletts der Neandertaler wurde schon von einer ganzen Reihe von Forschern bearbeitet, und einige von ihnen haben aus den festgestellten morphologischen Unterschieden zwischen dem Handskelett der Neandertaler und dem des modernen Menschen Schlußfolgerungen hinsichtlich der Funktion gezogen. Bei dem Studium der Morphologie des Postkranialskeletts und seiner Gestaltung während der Ontogenese der Neandertaler haben wir uns besonders der immer noch diskutierten Frage der kurzen Muskeln des Daumens und der Frage von Mm. interossei dorsales bei den Neandertalern der Krim gewidmet. Unsere Funde geben uns die Grundlage für die Beantwortung einiger Fragen und Probleme, die mit der Entstehung der Hand des modernen Menschen zusammenhängen.

Die spezifische anatomische Gestaltung ist charakteristisch für die Hand der Neandertaler und ermöglicht uns, die Funktionsmöglichkeiten dieser Hand abzuschätzen. Als Grundlage unserer Untersuchungen dienten das Originalmaterial des erwachsenen Individuums Kiik-Koba 1, weiter das Material des 5- bis 6jährigen Kindes aus Zaskalnaja VI und die Überreste von dem Säugling aus Kiik-Koba 2. Dieses Studium wurde mir Dank der Freundlichkeit von Professor I. I. GOCHMAN in Leningrad und Professor V. P. JAKIMOV in Moskau ermöglicht. Zum Vergleich wurden Informationen aus der Literatur und die veröffentlichte Dokumentation der Skelettüberreste der Individuen des Levallois-Moustérien-Bereiches vom Territorium des heutigen Israel, weiter die westeuropäischen Neandertaler und die Formen der jungpaläolithischen und neolithischen Populationen der Krim und der Ukraine und des heutigen Europäers benutzt.

Bei dem Vergleich der ontogenetischen Entwicklung des Metacarpus der Neandertaler der Krim stützen wir uns auf die Ergebnisse des Studiums der ontogenetischen Entwicklung des Skeletts und der Muskeln der Hand des modernen Menschen, die in der Monographie von R. ČIHÁK (1972) zusammengetragen wurden.

Im ersten Teil dieses Kapitels sind in Kürze die Ergebnisse des Studiums der Morphologie des ersten Metacarpus, und im zweiten Teil die Ergebnisse des Studiums des zweiten bis fünften Metacarpus dargestellt.

Os metacarpale primum

Das Os metacarpale primum des erwachsenen Neandertalers aus Kiik-Koba 1 (Abb. 12) ist verhältnismäßig kurz, Maximallänge 44,5 mm und Gelenklänge 43,3 mm, aber von einem hohen Robustizität-Index: 80,7, der ganz eindeutig durch eine Verengung des Proximaldrittels der Diaphyse des Knochens verursacht wird. Sehr aufschlußreich ist das Verhältnis des Transversal- und des Dorso- und Palmardurchmessers der Metacarpus-Basis, weil der Dorso- und Palmardurchmesser 19,5 repräsentiert, während der Transversaldurchmesser nur 17,7 beträgt. Die Hauptbesonderheiten des ersten Metacarpus des Neandertalers aus Kiik-Koba 1 findet man jedoch bei den Beschreibungsmerkmalen. Die Proximalepiphyse des Metacarpus ist breit und hoch beim Rand, mit einer gut entwickelten Rückenverstärkung. Das auffälligste Merkmal ist hier die Facies articularis carpalis ossis metacarpalis I. Sie ist groß, von unregelmäßiger

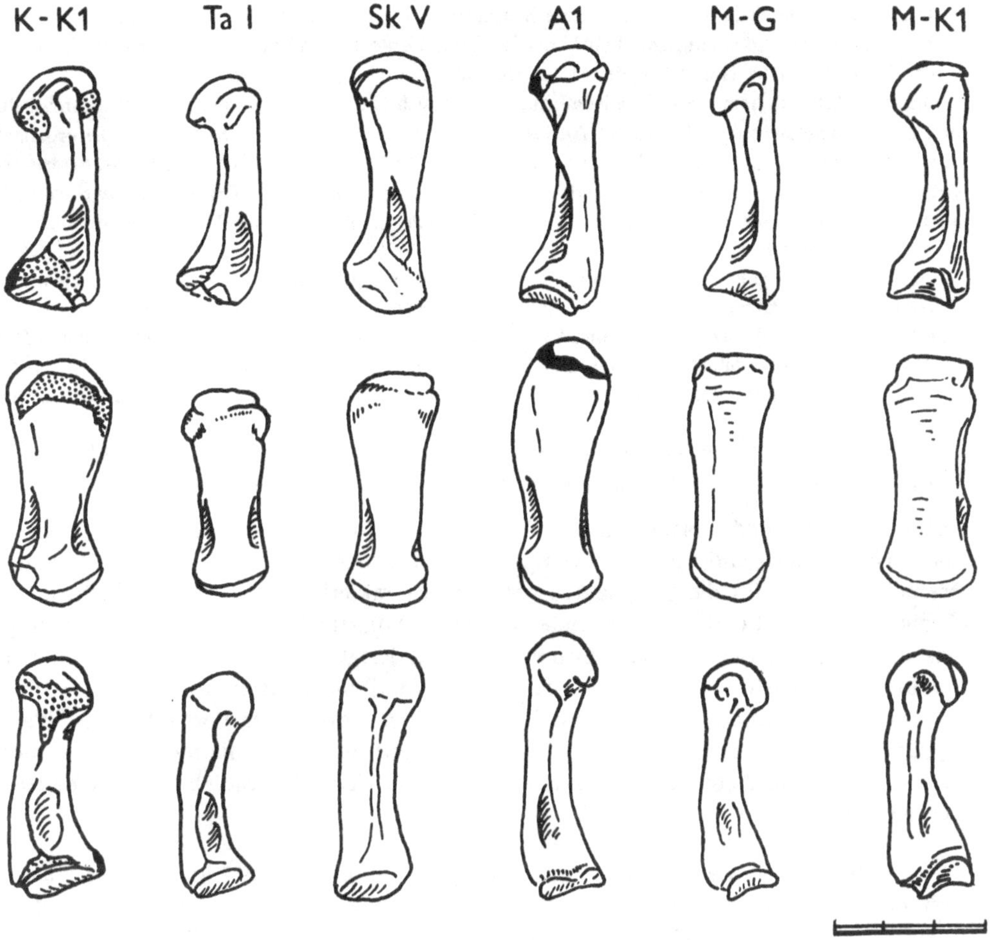

Abb. 12. Os metacarpale primum bei den Neandertalern und jungpleistozänen Menschen
K-K 1 = Kiik-Koba 1, Ta I = Tabun I, Sk V = Skhul V, A 1 = Amud 1, M-G = Markina Gora/ Kostenki XIV, M-K 1 = Murzak-Koba 1 (Neolit). Von der linken Seite (oben), vom Rücken (Mitte) und von rechts (unten)

rundlicher Form. Der Dorso-Palmardurchmesser ist nur 17 mm und der Radial-Unardurchmesser nur 15,5 mm. Die Fläche ist elliptisch und konvex in Radial-Ulnarrichtung. In der Dorso-Palmarrichtung ist sie in der ganzen Breite eben. Der Winkel der Facies articularis carpalis zu der Achse der Dorsalfläche des Metacarpus beträgt bei dem Individuum aus Kiik-Koba 1 15°.

In Rückenansicht ist der Corpus ossis metacarpalis primi auffällig schlank im Proximaldrittel und breiter im Distaldrittel. Diese auffällige Form des Metacarpus ist das Ergebnis von drei anatomischen Merkmalen:

1. Die Fovea m. interossei dorsalis primi hinterläßt im Proximaldrittel des Ulnarrandes der Dorsalfläche des Metacarpus einen 12 mm langen und 3 mm tiefen Einschnitt. Gegen die Dorsalfläche ist diese Vertiefung durch die Kante der Crista marginalis ulnaris ossis metacarpalis primi abgegrenzt.
2. Die Fovea m. opponentis pollicis kommt auch auf dem Radialrand der Rückenfläche des Metacarpus, in der Proximalhälfte, zur Geltung, wo ein 15 mm langer und 3 mm tiefer Einschnitt beobachtet werden kann. Auch dieser Einschnitt wird gegen die Dorsalfläche durch die auffällige Kante der Crista marginalis radialis ossis metacarpalis I abgegrenzt.

3. Die große Crista marginalis radialis ossis metacarpalis I geht in Distalrichtung in eine aufgezogene Kante über, die 14 mm lang und 4 mm breit ist. Diese Kante entstand unter dem Druck des Muskels, der den Distalteil der Handfläche des Metacarpus ausfüllte.

Die angeführten anatomischen Details informieren uns auch über die Position der zwei Daumenmuskeln und des M. interosseus dorsalis primus. Auf der Palmarseite finden wir in der Radialhälfte die proximal orientierte Fovea m. opponentis pollisis und die distal vertiefte Fovea m. flexoris pollicis brevis. Beide Vertiefungen sind durch eine schräge und undeutliche Erhebung getrennt, die die Existenz von zwei Muskelteilen belegt. Sehr gute Informationen über diese Muskeln erhalten wir aus Querschnitten durch die Diaphyse des Metacarpus.

Auf Grund der festgestellten anatomischen Details kann man sagen, daß der M. opponens pollicis in der Proximalhälfte der Palmarfläche des Metacarpus ein deutliches Fovea bildete. Das bedeutet, daß dies ein Bauchmuskel war und nicht ein Flachmuskel, der für den rezenten Menschen charakteristisch ist. Der M. flexor pollicis brevis bildete in der Distalhälfte eine Vertiefung, die Crista marginalis radialis ist betont. Die Dimensionen dieser Vertiefung zeigen, daß auch dieser Muskel größer war als bei dem rezenten Menschen.

Der Distalkopf des Metacarpus I des Individuums K-K 1 ist breit, aber er unterscheidet sich morphologisch kaum von der Form, die für den rezenten Menschen charakteristisch ist.

Ein metrischer und morphologischer Vergleich der Metacarpus I-Knochen der erwachsenen Neandertaler und der ihnen verwandten Populationen hat gezeigt, daß die Form des Metacarpus I, die für die Gruppe aus der Krim charakteristisch ist, nur bei Funden aus Tabun I und Amud I (Abb. 12) gefunden wurde. Aus diesem Grund sind wir der Meinung, daß die morphologisch begrenzte Gruppe der Neandertaler aus der Krim mit der älteren Population des Moustérien-Levalloisien-Kreises im Nahen Osten (Tabun, Amud) in Zusammenhang gebracht werden kann. Die Moustérien-Levalloisien-Population des Skhul-Typus gehört einer anderen morphologischen Gruppe an, die an die modernen Formen erinnert. Die Unterschiede der französischen Funde (La Chapelle, La Ferrassie) sind verhältnismäßig groß.

Eine weitere sehr interessante Feststellung ist die Tatsache, daß die große Crista marginalis radialis ossis metacarpalis I bei den Neandertalern aus der Krim, Tabun und Amud von einer geraden und zylindrischen Facies articularis carpalis ossis metacarpalis I begleitet wird. Das Fehlen dieser Crista wird von Konkav- oder Konvexform dieser Artikulation des Daumens (La Chapelle, La Ferrassie, Skhul) begleitet. Es scheint, daß diese zwei anatomischen Merkmale in gewissem Zusammenhang stehen. Die zylindrische Form der Facies articularis carpalis ermöglichte nur Abduktion und Adduktion des Daumens. So kann man sagen, daß der große M. opponens pollicis, der bei dem Individuum K-K 1 völlig an die Palmarfläche der Diaphyse ansetzte, nur Adduktion und Abduktion durchführen konnte.

Sehr interessant ist auch die Tatsache, daß die Fovea m. flexor pollicis brevis des Individuums K-K I von diesem Muskel ausgefüllt war, der in Distalrichtung in eine Sehne überging. Diese Sehne paßte in die Vertiefung unter dem Radialrand des Distalkopfes des Metacarpus und war an das Radialsesambein angesetzt.

Die beschriebene Anordnung der kurzen Daumenmuskeln (Abb. 13), die einen gemeinsamen Ursprung haben, wie von R. Čihák in seiner Arbeit gezeigt wurde (1972), ermöglicht uns, einen phylogenetischen Beweis anzuführen, der eine Veränderung der Form, Änderung der Syntopie und Verbreitung der Funktion der beiden Muskeln bei dem Individuum aus Kiik-Koba I betrifft.

Die ganze Entwicklung verlief etwa wie folgt: Von der sehr primitiven Anordnung des Blastems, mit einem einzigen großen Muskel in der Radialhälfte der Palmarfläche des Metacarpus, wie wir sie zum Beispiel bei den rezenten Anthropoiden sehen können, verlief die Differenzierung in zwei selbständige Muskeln. M. flexor pollicis brevis und M. opponens pollicis. Beide Muskeln wurden noch an die Palmarfläche der Diaphyse des Metacarpus angesetzt, wie wir es bei dem Individuum aus Kiik-Koba I sehen. Zu einer weiteren Differenzierung der Muskeln, auch was die Form betrifft, kommt es bei dem rezenten

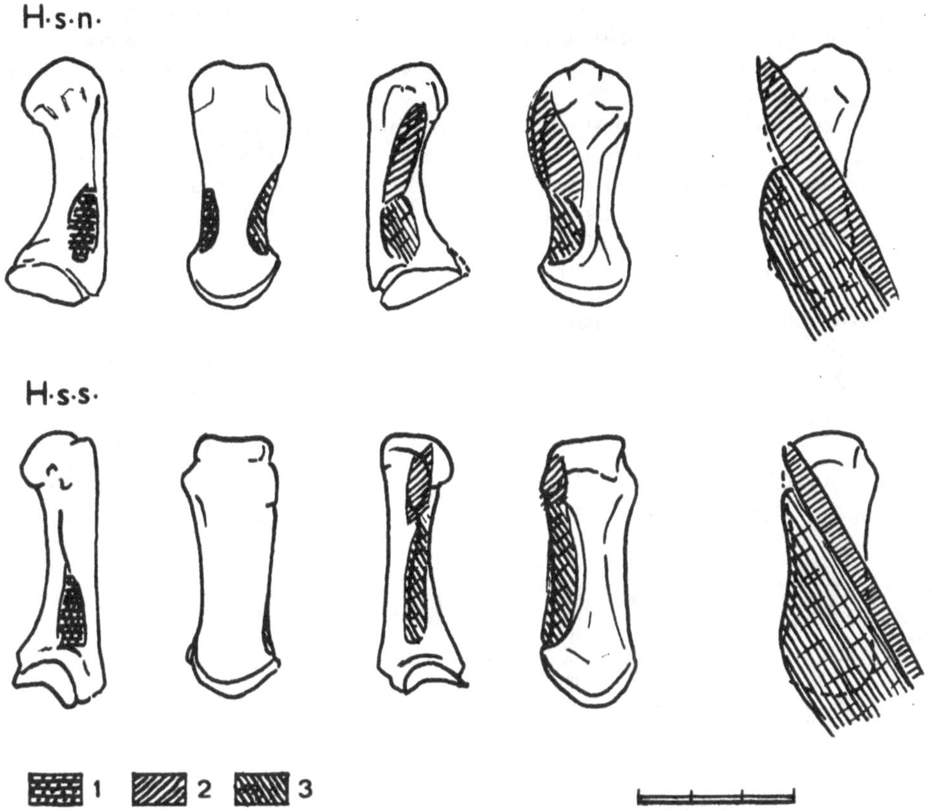

Abb. 13. Rekonstruktion der kurzen Daumenmuskeln bei dem Neandertaler (h.s.n.) und bei dem rezenten Menschen (h.s.s.). Von links nach rechts: Ulnar-, Dorsal-, Radial-, Palmar-Ansicht und die Rekonstruktion der Daumenmuskeln (Orig. E. Vlček, 1975)
1 M. interosseus dorsalis primus, 2 M. flexor pollicis brevis, 3 M. oppcnens pollicis

Menschen. Der M. flexor pollicis brevis wird mit der Sehne an das Radialsesambein angesetzt. Der M. opponens pollicis bildet eine kleine flache Platte, und die Ansetzung dieser Platte verschob sich aus der Parlmarfläche der Diaphyse an den Radialrand des Metacarpus. Die Ansetzung des Muskels ist jetzt nicht mehr flach, sondern länglich und an den engen Radialrand der Diaphyse des Metacarpus fixiert.

Die beschriebenen Veränderungen in der Syntopie und Form der beiden Teile des ursprünglich einzigen Muskels schufen auch die Voraussetzungen für die neue Funktion eines dieser Teile. Die ursprüngliche Funktion beider Muskeln war die Adduktion. Dasselbe gilt auch für den selbständigen M. opponens pollicis, wie wir aus der Form der Facies articularis carpalis bei dem Individuum aus Kiik-Koba I ersehen können.

Erst die topographischen und Formenunterschiede der beiden Muskeln führten zu einer neuen Funktion für den M. opponens pollicis, zu der Bewegung in Gegenrichtung, die mit Veränderungen des Carpus-Metacarpus-Gelenkes zusammenhängt. Diese finden wir bei den Formen des rezenten Menschen von der Form H. sapiens palestinensis Typus Skhul an. Diese Veränderungen der beiden kurzen Muskeln des rezenten Menschen kann man als Beweis für die Sapientation, als die letzte Phase der Entwicklung des Menschen, betrachten, die unmittelbar an Skelettmaterial der paläanthropologischen Funden nachweisbar sind.

Weiter muß man auf die Gestaltung und Lokalisierung der Facies m. interosseus dorsalis I bei dem erwachsenen Individuum aus Kiik-Koba I aufmerksam machen. Diese Fläche bildet in der Tat eine

Vertiefung, die bis in die Dorsalfläche des Metacarpus eindringt, von der sie durch die Crista marginals ulnaris ossis metacarpalis I abgegrenzt ist, und sie hat an der auffälligen Verengung des Proximalteiles der Diaphyse des Metacarpus teil. Ein Vergleich des Skelettmaterials des Individuums aus Kiik-Koba I mit Funden aus Skhul und mit anderen Funden des rezenten Menschen zeigt, daß es bei ihnen zu einer relativen Verkleinerung des Randbereiches vom M. interosseus dorsalis I an der Ulnarfläche der Diaphyse kam, was auch die Gestaltung des Ulnarrandes der Diaphyse beeinflußte. Ob es wirklich zu einer Veränderung der Lokalisierung oder nur zur Schwächung des Zwischenfingermuskels kam, kann man aus diesem einzigen klaren Fall nicht schließen. Das Skelettmaterial des Neandertalers aus Kiik-Koba I deutet an, daß bei den Neandertalern auf der Krim die Qualität der Position des Daumens mehr oder weniger eine Dorsalposition war, die für die frühe ontogenetische Entwicklung des modernen Menschen charakteristisch ist.

Die festgestellten Tatsachen lassen auch die Frage nach der Art der Ergreifung eines Gegenstandes zu. Man fragt sich, ob die anatomische Gestaltung nur die Ergreifung eines Gegenstandes mit Daumen und Zeigefinger ermöglichte, oder ob auch eine Opposition des Daumens möglich war, wie es für den modernen Menschen charakteristisch ist.

Die nachweisbare phylogenetische Entwicklung in der Veränderung der Form, Syntopie und Funktion der kurzen Muskeln des Daumens (Abb. 14) bei dem erwachsenen Neandertaler aus Kiik-Koba I wird auch durch die Feststellung unterstützt, daß die Grundgestal-

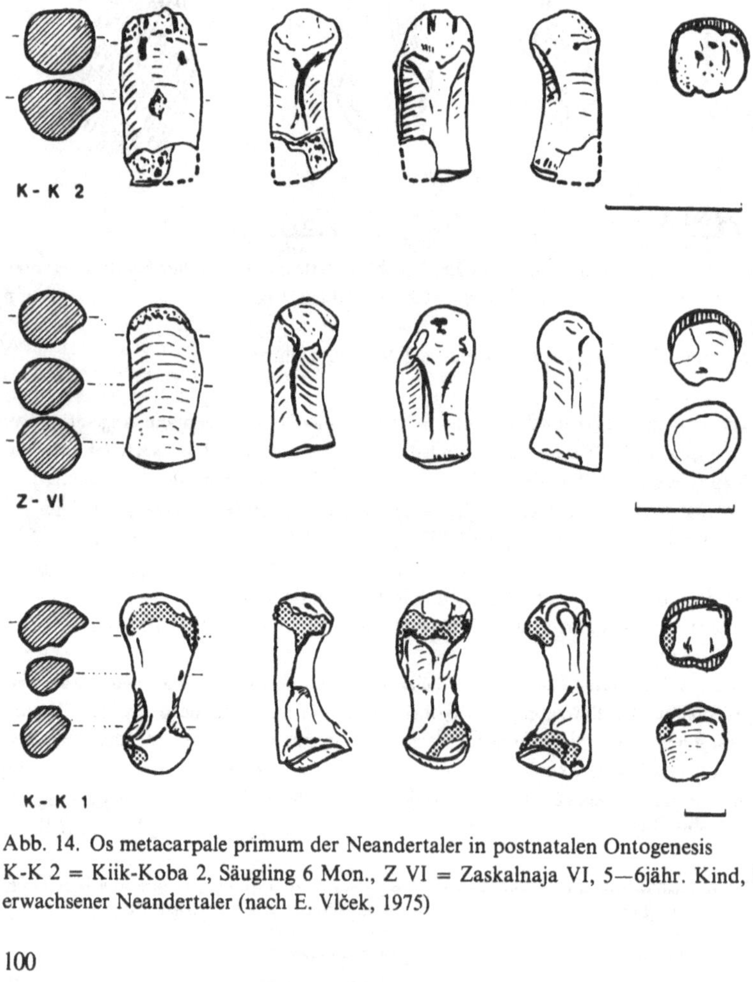

Abb. 14. Os metacarpale primum der Neandertaler in postnatalen Ontogenesis
K-K 2 = Kiik-Koba 2, Säugling 6 Mon., Z VI = Zaskalnaja VI, 5—6jähr. Kind, K-K 1 = Kiik-Koba 1, erwachsener Neandertaler (nach E. Vlček, 1975)

tung des Radialrandes der Diaphyse des Metacarpus I, das heißt die Gestaltung der Crista oder von einer Kante, auch in dem Skelettmaterial der Kinder der Neandertaler auf der Krim erscheint. Diese Form findet man nicht nur bei dem 5- bis 6jährigen Kind von Zaskalnaja VI, sondern auch bei dem etwa 6 Monate alten Kind aus Kiik-Koba. Aus diesen Gründen kann man sagen, daß diese spezifische Gestaltung des Metacarpus des Daumens ein charakteristischer Zug der postnatalen ontogenetischen Entwicklung der Gruppe der Neandertaler aus der Krim, ein typisches Neandertaler-Merkmal, ist.

Es wird die Aufgabe des weiteren Studiums sein zu klären, inwieweit diese Umgestaltung der kurzen Daumenmuskeln auch in der pränatalen Periode der Entwicklung des modernen Menschen studiert werden kann.

Ossa metacarpalia II—V

Auch bei dem Studium der Morphologie des zweiten bis fünften Metacarpus der Neandertaler konnten wir morphologische Unterschiede beim Skelett des modernen Menschen in der Größe, Robustheit und den Proportionsverhältnissen zwischen den einzelnen

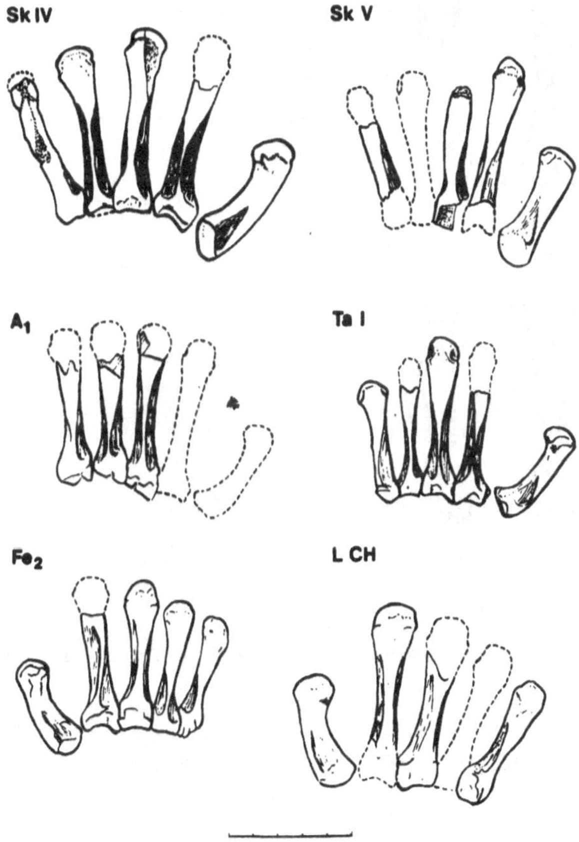

Abb. 15. Mittelfingerskelett bei Neandertalern und Fossilmenschen
Sk IV = Skhul IV, Sk V = Skhul V, A 1 = Amud 1, Ta I = Tabun I, Fe 2 = La Ferrassie 2, LCH = La Chapelle aux Saints

Metacarpus-Knochen feststellen. Am meisten interessierten wir uns aber für Umfang und Größe der Mm. interossei dorsales bei den Neandertalern der Krim und von Vorderasien im Vergleich zum modernen Europäer und dem klassischen Neandertaler Westeuropas (Abb. 15). Grundsätzlich hat sich gezeigt, daß die Mm. interossei dorsales bei den Neandertalern in verschiedenem Umfang und in verschiedener Topographie entwickelt sind.

1. Bei den Neandertalern finden wir auf der Dorsalseite des Metacarpus-Körpers eine deutliche Abgrenzung zwischen beiden Ansätzen des Radial- und Ulnar-Interosseus (Abb. 16). Diese Abgrenzung besteht aus zwei mehr oder weniger parallelverlaufenden Linien, die Lineae radiales et ulnares genannt werden. Zwischen ihren bleibt auf der Dorsalseite des Körpers des Metacarpus ein verschieden breiter Streifen, wo die Mm. interossei dorsales nicht hinreichen. Bei dem heutigen Europäer vereinigen sich diese Linien in der Mitte und bilden häufig die Kante der Crista dorsalis metacarpi, die einen Kontakt von Radial- und Ulnar-Interosseus auf der Dorsalseite des Metacarpus belegt.

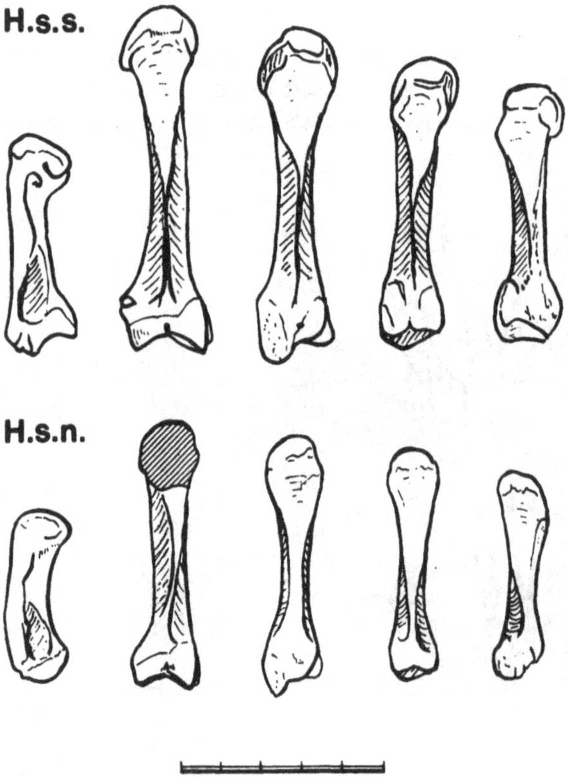

Abb. 16. Lokalisation der Mm. interossei dorsales beim modernen Menschen (H.s.s.) in Vergleich mit den Neandertalern (H.s.n.) (Orig. E. Vlček, 1976)

2. Die Mm. interossei dorsales ragen in Distalrichtung bei den Neandertalern nicht so hoch, wie es bei dem modernen Europäer der Fall ist (Abb. 17). So sind die Mm. interossei dorsales bei den Neandertalern kleiner und kürzer, was dem phylogenetischen Trend der Entwicklung der Metacarpus-Muskeln entspricht, der in der Ontogenese des modernen Menschen festgestellt wurde. Bei den Neandertalern fehlt sichtlich das Muskelmaterial aus der Dorsalmuskelbasis, und die Maße der Palmar-Interosseus reichen nicht so hoch in die Intermetacarpal-Bereiche wie bei dem modernen Menschen.

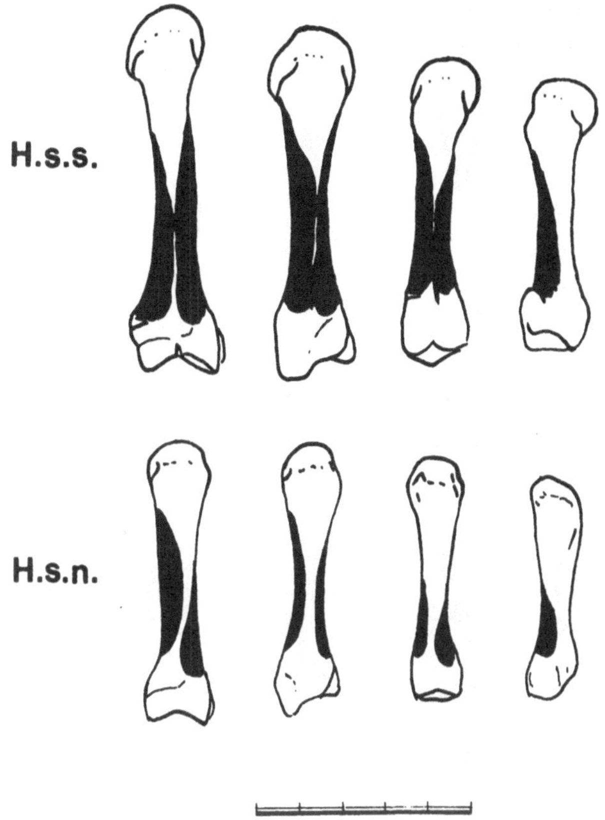

Abb. 17. Die Größe der Mm. interossei dorsales bei dem modernen Menschen (H.s.s.) und beim Neandertaler (H.s.n.) (Orig. E. Vlček, 1976)

Die feststellbaren morphologischen Unterschiede in dem Metacarpus der erwachsenen Neandertaler bezüglich der Gestaltung, Umfang und Größe der Ansätze der Mm. interossei dorsales wurden von uns auch in der späten Ontogenese der Neandertaler der Krim studiert, und zwar bei den Überresten des 5- bis 6jährigen Kindes aus Zaskalnaja VI und des Säuglings aus Kiik-Koba 2 (Abb. 18). Bei diesen beiden Kindern wurden jedoch keine Abdrücke der Intermetacarpal-Muskeln gefunden. Es hat den Anschein, daß die verschiedentliche Gestaltung der kurzen Muskeln des Daumens, oder besser gesagt die Entwicklung der Abdrücke dieser Muskeln, die schon am Anfang der Ontogenese der Neandertaler in post partum festgestellt wurde, den Beweis liefert, daß man diese Merkmale als phylogenetisch älter betrachten kann. Im Gegensatz dazu muß die verschiedentliche Gestalt der Mm. interossei dorsales des zweiten bis fünften Fingers, die erst bei erwachsenen Individuen festgestellt wurde, als phylogenetisch jüngeres Merkmal betrachtet werden. Die Zeitgrenze der Entwicklung der Abdrücke von Intermetacarpal-Muskeln bei den Neandertalern können wir heute noch nicht genau festlegen, weil wir zur Zeit keine Überreste von älteren Kindern und juvenilen Individuen zur Verfügung haben.

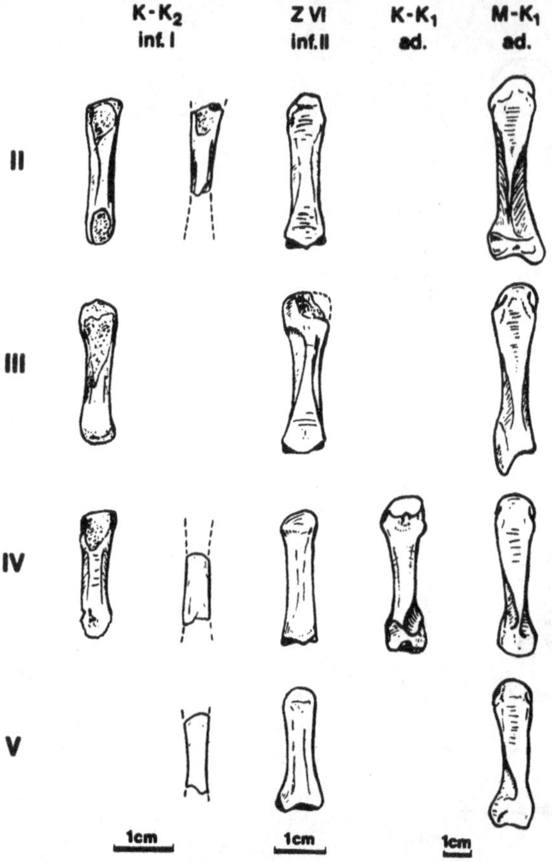

Abb. 18. Ossa metacarpalia II—V der Neandertaler in der postnatalen Ontogenesis
K-K 2 = Kiik-Koba 2, Säugling 6 Mon., Z VI = 5—6jähr. Kind aus Zaskalnaja VI, K-K 1 = Neandertaler aus Kiik-Koba 1, M-K 1 = Neolithiker aus Murzak-Koba 1

Schlußfolgerung

Das Studium des Prozesses der Hominisierung der Menschenhand mit Methoden der Paläanthropologie, der Entwicklungsanatomie und der vergleichenden Anatomie bringt klare Beweise für die Zeitabgrenzung der Entstehung und der Gestaltung der Hand des modernen Menschen.

1. Ältere ausgestorbene Formen des *Homo sapiens*, die sogenannten Neandertal-Formen, waren nicht imstande, auf Grund der bei ihnen existierenden anatomischen Strukturen, feine und schnelle Bewegungen der Handfinger durchzuführen, besonders das Auseinanderspreizen und das Aneinanderziehen der Finger. In den meisten Fällen waren sie noch nicht imstande, die volle Opposition des Daumens durchzuführen.

2. Die kurzen Muskeln des Daumens, M. flexorpollicis brevis und M. opponens pollicis, waren bei den Neandertalern als zwei selbständige Muskeln in der Vertiefung auf der Palmarfläche des ersten Metacarpus befestigt. In der weiteren Entwicklung kam es zu Unterscheidung der Form dieser Muskeln. Der M. flexor pollicis brevis bildet einen engen Ballen und wird mit der Sehne an dem Radial-Sesambein angesetzt. Der M. opponens polli-

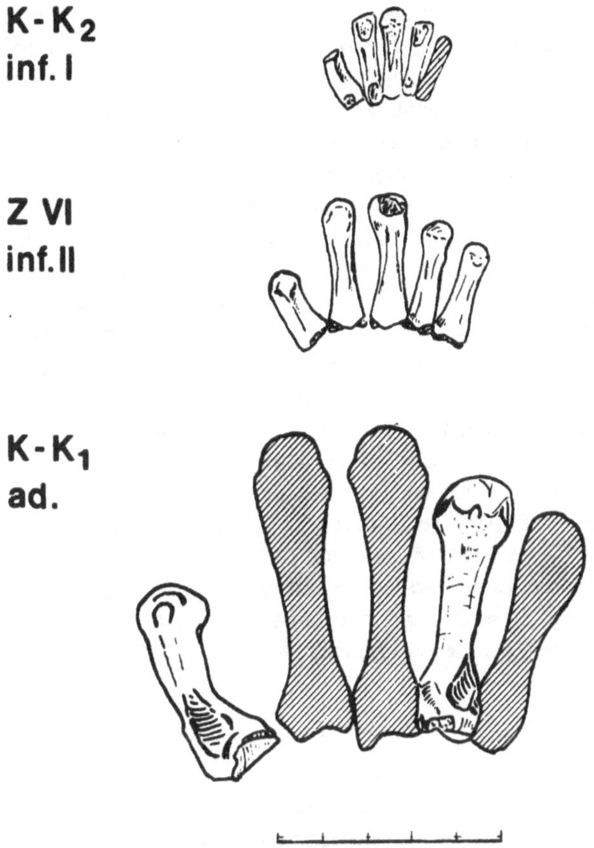

Abb. 19. Vergrößerung des Mittelfingerskeletts bei den Neandertalern der Krim in der postnatalen Ontogenesis (Erklärungen wie Abb. 18) (Orig. E. Vlček, 1976)

cis bildet eine flache Platte, deren Befestigung sich von der Palmarfläche des Körpers des Knochens zu dem Radialrand verschob, so daß die Ansetzung der Muskel nicht mehr flach, sondern eher verlängert und an dem engen Radialrand der Diaphyse des ersten Metacarpus befestigt ist. Die beschriebenen Veränderungen in der Syntopie und Form der beiden Teile, die ursprünglich aus einer gemeinsamen Muskelbasis entstanden, schufen auch die Bedingungen für die Entstehung der neuen Funktion einer der beiden Komponenten. Die ursprüngliche Funktion der beiden Muskeln war die Adduktion. Durch die topographische und Formen-Differenzierung der beiden Muskeln entstand für den M. opponens pollicis eine neue Funktion — die wichtigste Bedingung der Daumen-Opposition. Dieser Gestaltung der kurzen Muskeln des Daumens begegnen wir zum ersten Mal bei den Formen des *Homo sapiens palestinensis*, d. h. vor etwa 70000 bis 40000 Jahren.

3. Ein weiteres Kriterium ist die Gestaltung und die Lokalisierung der Ansätze der Mm. interossei dorsales des zweiten bis fünften Fingers. Bei den Neandertalern sind die Mm. interossei dorsales ein wenig tiefer zwischen den Fingern eingesetzt, so daß sie sich auf der Dorsalseite des Metacarpus nicht berühren. Bei dem modernen Menschen dagegen berühren sich die beiden Muskeln und können sogar eine Crista dorsalis bilden, die man auch erst bei den Fundes des *Homo sapiens palestinensis* findet.

4. Auf dem Daumenmetacarpus der Neandertaler von der Krim finden wir, zum Unterschied von modernen Formen, die Vertiefung des M. interosseus dorsalis höher bei der Dorsalfläche. Diese Befestigung vom M. interosseus dorsalis I läßt Vermutungen über eine deutlichere Dorsalposition des Daumens gegenüber den übrigen Fingern zu.

5. Der festgestellte morphologische Unterschied bei den Neandertalern in der Gestaltung der kurzen Muskeln des Daumens und in den Intermetacarpalen-Muskeln der Hand, sowie die abgeleiteten möglichen Funktionen, entsprechen völlig dem zeitlichen Erscheinen einer neuen Technologie der jungpaläolithischen Klingenindustrie des modernen Menschen. Diese jungpaläolithische Industrie folgte zeitlich den mittelpaläolithischen Kernindustrien nach, deren Träger in erster Linie die Neandertaler waren. So können wir die auffälligen Formen- und daher auch Funktionsveränderungen der kurzen Daumen- und Fingermuskeln als eine Ursache und biologische Voraussetzung — begleitet natürlich von einer weiteren Verbesserung der Funktion des zentralen Nervensystems — für die Entwicklung nicht nur der materiellen Kultur des modernen Menschen betrachten, sondern auch der geistigen Kultur, der darstellenden und der Tonkunst, wie wir sie an vielen archäologischen Funden studieren können.

6. Wir sind der Meinung, daß die festgestellten Unterschiede in der Gestaltung und Funktion der kurzen Daumen- und Fingermuskeln zwischen dem Neandertaler un dem modernen Menschen als Beweis für die Endphase der Hominisierung der Hand beim modernen Menschen betrachtet werden können, und daß dieser Beweis direkt an dem Skelettmaterial der paläanthropologischen Funde erweisbar ist.

Literaturverzeichnis

Brodmann, K., 1925: Vergleichende Lokomotionslehre der Großhirnrinde. Leipzig.

Čihák, R., 1972: Ontogenesis of the Skeleton and Intrinsic Muscles of the Human Hand and Foot. In: Ergebnisse der Anatomie und Entwicklungsgeschichte 46, 1—194. Berlin, Heidelberg, New York.

Čihák, R., 1977: Differentiation and Rejoining of Muscular Layers in the Embryonic Human Hand. In: Morphogenesis and Malformation of the Limb, Ed. B. Bergsma, W. Lenz/Birth Defects, Vol. XIII, Number 1, 97—110. New York.

Danilova, E. I., 1965: Evoljučija ruki v svjazi s voprosami antropogeneza. Kiev.

Engels, F., 1896: Der Antheil der Arbeit an der Menschwerdung des Affen. In: Die Neue Zeit 14, Nr. 44, 545—554. Berlin.

Kočetkova, V. I., 1973: Paleonevrologija. Moskva.

Mc. Cown, T., A. Keith, 1939: The Stone Age of Mount Carmel, Vol. II, Oxford.

Napier, J. R., 1959: Fossil Metacarpals from Swartkrans. Fossil Mammals of Africa 17. London.

Napier, J. R., 1962: Fossil hand bones from Olduvai. In: Nature 196, 409. London.

Napier, J. R., P. R. Davis, 1959: The fore-limb skeleton and associated remains of Proconsul africanus. Fossil Mammals of Africa 1. London.

Robinson, J. T., 1972: Early Hominid Posture and Locomotion. Chicago and London.

Ševčenko, Ju. G., 1971: Evoljucija kory mozga primatov i čeloveka. Moskva.

Vlček, E., 1975: Morphology of the first metacarpal of Neanderthal individuals from the Crimea. In: Bull. et Mém, de la Soc. d'Anthrop. de Paris, Ser. XIII, n° 3, 257—276.

Vlček, E., 1978: Transformation of the metacarpal bones and some short hand muscles of the Neanderthal man. Acta Universitatis Carolinae Medica. In: XIXth Morphological Congress Symposia Charles University Prague 1978, 89—99.

Zapfe, H., 1960: Die Primatenfunde aus der miozänen Spaltenfüllung von Neudorf an der March (Děvinská Nová Ves), Tschechoslowakei. Schweizerische Palaeontologische Abhandlungen 78. Basel.

Zum Problem der historischen Herausbildung des Menschen und seiner Gesellschaft aus dem Tierreich als dialektischer Übergang von der biologischen zur gesellschaftlichen Bewegungsform der Materie

Von Ingeborg Foerster, Magdeburg

Die natur- und gesellschaftswissenschaftliche Forschungstätigkeit gerade der letzten Jahrzehnte brachte eine Vielzahl von Daten, die verallgemeinert zu einer immer umfassenderen und tiefgründigeren philosophischen Beantwortung der seit altersher gestellten weltanschaulichen Grundfrage nach dem Wesen des Menschen, die die Frage nach seiner Herkunft einschließt, beitragen. Damit wird der Marxismus-Leninismus als Weltanschauung der Arbeiterklasse bereichert und werden idealistische wie metaphysische Konzeptionen hinsichtlich des Ursprungs der Menschheit, derer sich die bürgerliche Ideologie in der Klassenauseinandersetzung mit dem Sozialismus bedient, schließlich endgültig überwunden. Andererseits liefert die marxistisch-leninistische Philosophie als Einheit von dialektischem und historischem Materialismus mit ihrem ganzen Reichtum an Kategorien und Gesetzen für das theoretische Verständnis der laufend aus den verschiedenen Natur- und Gesellschaftswissenschaften gewonnenen Daten in Hinblick auf die Lösung des Problems der Herkunft des Menschen die einzig richtige methodologische Grundlage.

So ist, ausgehend von der historisch-materialistischen Grundthese, daß das Wesen des Menschen „... das Ensemble der gesellschaftlichen Verhältnisse" ist (Marx, MEW 3, 534), und demnach der Mensch mit seiner Gesellschaft eine dialektische Einheit bildet (Marx, Grundrisse, 176), der Ursprung des Menschen nur zu erkennen, wenn zugleich der Ursprung der menschlichen Gesellschaft erkannt wird — und umgekehrt. Dabei geht es darum, die Herkunft des Menschen gegenwärtigen Typs sowie der menschlichen Gesellschaft im allgemeinen und der ersten ökonomischen Gesellschaftsformation im besonderen wissenschaftlich zu erforschen, zu beschreiben und vor allem zu erklären.

Nach der materialistisch-dialektischen Entwicklungskonzeption sind der Mensch und seine Gesellschaft im eben genannten Sinne als das Ergebnis eines einheitlich verlaufenen historischen Entstehungs- und Werdeprozesses — der Anthroposoziogenese — aufzufassen. Die Anthroposoziogenese bildet den dialektischen Übergang von einer niederen — der biologischen — zu einer höheren — der gesellschaftlichen — Grundbewegungsform der Materie, das heißt, sie verlief unter bestimmten Bedingungen, in Zeit und Raum und in ihrer Tendenz vom Niederen zum Höheren — also Stagnation und Regression bezüglich Teilprozesse einschließend. In ihr führten quantitative und qualitative Veränderungen im Rahmen der alten Grund- oder Wesensqualität nicht nur zu anderen (Partial-) Qualitäten, sondern vor allem sprunghaft zu einer neuen und höheren Grund- oder Wesenqualität, wobei neben äußeren insbesondere innere Widersprüche als Quelle und Triebkräfte wirkten.

In der Forschungstätigkeit kommt es demzufolge u. a. darauf an, neben der Dialektik von Kontinuität (quantitative Veränderungen) und Diskontinuität (qualitative Veränderungen) in der Anthroposoziogenese vor allem in der Kontinuität die Diskontinuität und hier wiederum die qualitativen Sprünge aufzudecken, da nur sie die Möglichkeit geben, mit diesem Entwicklungsprozeß verbundene Erscheinungen als „Altes" und „Neues" bzw. „Niederes" und „Höheres" zu bestimmen sowie sein Wesen, das heißt seine innere Dialektik zu erkennen. Mit der Aufdeckung der qualitativen Sprünge in der Anthroposoziogenese wird auch den bis in die Gegenwart existierenden Ansichten zur mechanisch-materialistischen Verabsolutierung der Kontinuität (Evolutionismus) und idealistisch-metaphysischen Mystifizierung des qualitativen Sprunges in der historischen Menschheitsgenese, wie sie von einer Reihe bürgerlicher Wissenschaftler vertreten werden (z. B. Büchi, 1968; Darlington, 1971; Kälin, 1960), entgegengewirkt.

Die These von der historischen Herausbildung des Menschen und seiner Gesellschaft aus dem Tierreich als eines qualitativen Sprunges von einer Grundbewegungsform der Materie zu einer anderen, neuen und höheren wurde erstmalig von den Klassikern des Marxismus-Leninismus im Rahmen ihrer wissenschaftlichen Begründung der ersten ganzheitlichen Theorie der Anthroposoziogenese aufgestellt. So schrieb Engels z. B. in seinem Brief vom 14. Juli 1858 an Marx nach einem Vergleich der Struktur des Menschen mit der der Tiere u. a.: „Die Hegelsche Geschichte vom qualitativen Sprung in der quantitativen Reihe ist auch hier sehr schön" (Engels, MEW 29, 338). Und in seiner Auseinandersetzung mit Dühring, der die Auffassung vertreten hatte, daß „von der Mechanik in Druck und Stoß bis zur Verknüpfung der Empfindungen und Gedanken . . . eine einheitliche und einzige Stufenleiter von Einschaltungen" reicht, stellte er fest, daß „jene Versicherung nur halb richtig (ist), solange sie nicht durch die . . . Hegelsche Knotenlinie von Maßverhältnissen ergänzt wird. Bei aller Allmählichkeit bleibt der Übergang von einer Bewegungsform zur andern immer ein Sprung, eine entscheidende Wendung" (Engels, MEW 20, 61).

Eine Vertiefung der Ansicht der Klassiker des Marxismus über den qualitativen Sprung in der von ihnen sonst als kontinuierlich verlaufend betrachteten historischen Herausbildung der Menschheit aus dem Tierreich ist vor allem Engels Schrift „Anteil der Arbeit an der Menschwerdung des Affen" zu entnehmen, die er als Teil der „Dialektik der Natur" abfaßte. Hierin hob er nicht nur einzelne Entwicklungsetappen des Menschen und der menschlichen Gesellschaft als markante Punkte des qualitativen Sprunges deutlich hervor, sondern deckte insbesondere seine Quelle und innere Haupttriebkraft — die Arbeit (Produktion) — auf. Danach ist das Auftreten des Menschen und seiner Gesellschaft nicht das Ergebnis eines einmaligen und schnell abgelaufenen Umwandlungsprozesses von Tieren in Menschen, sondern es existierte eine relativ lange währende **Übergangsphase** vom Tierreich zur Menschheit, eine Periode des **Werdens** des Menschen **und** der menschlichen Gesellschaft, in der sich auch die Arbeit selbst entwickelte. In diesem Zusammenhang sind die Feststellungen von Marx im „Kapital" über die drei historischen Entwicklungsstufen der Arbeit von Bedeutung. Marx unterschied hier erste tierartig instinktmäßige Formen der Arbeit, menschliche Arbeit, die ihre erste instinktartige Form noch nicht abgestreift hatte und Arbeit in einer Form, wo sie dem Menschen ausschließlich angehört (Marx, MEW 23, 192). Engels zufolge entstanden nach einer langen biologischen Vorbereitungsphase zuerst „werdende Menschen" und demzufolge auch erst eine werdende menschliche Gesellschaft, deren Weiterentwicklung dann zu den „fertigen Menschen" und der ihnen entsprechenden fertigen „Menschengesellschaft" oder „Gesellschaft von Menschen" führte, bei denen die Arbeit zusammen mit dem Denken und der Sprache sowie der Ganzheit der gesellschaftlichen Beziehungen einen relativ hohen Entwicklungsstand erreicht hatten.

Anknüpfend an ENGELS, arbeitete LENIN vor allem die These von der **Werde**phase des Menschen und der menschlichen Gesellschaft weiter aus. Er belegte diese Übergangsphase zwischen der Tierherde und der menschlichen Gesellschaft — der ersten ökonomischen Gesellschaftsformation, die er u. a. als „Urkommune" bezeichnete, — nicht nur mit dem Terminus „Urhorde", sondern bestimmte auch ihr Wesen als den Beginn der „Zügelung des animalischen Individualismus", das heißt der zunehmend bestimmenden Rolle der gesellschaftlichen Triebkräfte und der Unterordnung der biologischen unter diese (LENIN, Werke 4, 37; Werke 35, 103).

Wenn auch ein Teil der konkreten Vorstellungen der Klassiker des Marxismus-Leninismus entsprechend dem derzeitigen einzelwissenschaftlichen Erkenntnisstand über die historische Herausbildung des Menschen und seiner Gesellschaft (auf die hier nicht näher eingegangen werden kann) durch die nachfolgende natur- und gesellschaftswissenschaftliche Entwicklung nicht bestätigt werden konnte, und einige der von ihnen geprägten Termini wie z. B. „werdender" und „fertiger Mensch", „tierartig instinktmäßige Form der Arbeit" sowie „Zügelung des animalischen Individualismus" offenbar nicht mehr den gegenwärtigen wissenschaftlichen Anforderungen entsprechen und neue, den Sachverhalten adäquatere gefunden werden müssen, so erwiesen und erweisen sich doch ihre philosophischen Grundthesen als wahr und damit einzig richtige methodologische Grundlage für die weitere einzelwissenschaftliche Erforschung, Beschreibung und Erklärung des Problems der Ur- und Frühgeschichte der Menschheit.

Es ist das besondere Verdienst der sowjetischen Wissenschaftler, bereits seit den dreißiger Jahren unseres Jahrhunderts die philosophischen Auffassungen der Klassiker des Marxismus-Leninismus über das Wesen des Menschen und seiner Gesellschaft sowie über ihre historische Herausbildung aus dem Tierreich für sich erschlossen, als methodologische Grundlage ihrer Ur- und Frühgeschichtsforschungstätigkeit verwendet und unter Einbeziehung der jeweiligen neuesten natur- und gesellschaftswissenschaftlichen Daten zunehmend konkretisiert zu haben. So wurden von ihnen u. a. nach- und z. T. auch nebeneinander verschiedene „Sprungtheorien" entwickelt und zur Diskussion gestellt. BUNAK, NESTURCH und ROGINSKIJ erarbeiteten zuerst eine „Dreisprungtheorie", die danach von ROGINSKIJ und JAKIMOV zur „Zweisprungtheorie" und diese wiederum später von ROGINSKIJ u. a. zur „Einsprungtheorie" ausgebaut wurde. Außerdem schlug Dubinin eine „Mehrsprungtheorie" vor, die auch Aussagen über verschieden „große" bzw. „bedeutsame" Sprünge enthält. Unter den Wissenschaftlern fand insbesondere die „Theorie von zwei qualitativen Sprüngen in der Anthroposoziogenese" weite Verbreitung. Sie wurde einerseits von einer Reihe von Forschern wie ZOLOTAREV, JUZEFOVIČ, TOLSTOV, GINZBURG, DEBEC, LEVIN und JU. I. SEMENEV aufgegriffen und teilweise weiterentwickelt, aber auch z. B. durch BRJUSOV, PORŠNEV, BACHTA, GUR'EV und KUSNECOV — z. T. von entgegengesetzten Standpunkten aus — stark kritisiert. In Anbetracht der weiteren Wissenschaftsentwicklung und unter Berücksichtigung der vielfältigen Kritik an der „Zweisprungtheorie" legte ROGINSKIJ u. a. 1969 eine Arbeit vor, in der er nicht mehr von zwei qualitativen Sprüngen in der historischen Herausbildung des Menschen und seiner Gesellschaft spricht, sondern nur noch von einem einheitlichen qualitativen Sprung mit zwei „Dreh-" oder „Wendepunkten", die sozusagen Anfang und Ende des Sprunges markieren und dessen Realisierung sich über das gesamte Pleistozän erstreckte.

Während die Grundthesen der „Theorie von einem einheitlichen Sprung" in der

Anthroposoziogenese mit zwei „Dreh-“ oder „Wendepunkten“ von den sowjetischen Wissenschaftlern zunehmend anerkannt werden, bestehen in bezug auf die Zeit, die Triebkräfte und vor allem die den markanten Punkten zuzuordnenden fossilen Formengruppen unterschiedliche Auffassungen.

Die DDR-Wissenschaftler stützen sich in ihren theoretischen Arbeiten z. T. auf obengenannte „Theorien“, führten sie weiter aus bzw. entwickelten ihnen ähnliche Auffassungen (Löther, Kirschke, H. Ulrich, Feustel u. a.).

Die verschiedenen einzelwissenschaftlichen Sprungkonzeptionen haben ihre Ursache nicht nur in dem ständigen Anwachsen des Faktenmaterials und seiner differenzierten theoretischen Deutung u. a. infolge der Verwendung fachspezifischer Methoden und der Zugrundelegung unterschiedlicher Kriterien zur Bestimmung der „Grenze“ zwischen Tier und Mensch bzw. tierischer Gemeinschaft und menschlicher Gesellschaft, sondern vor allem auch in voneinander abweichenden philosophischen Auffassungen über den qualitativen Sprung. Im allgemeinen werden von den Wissenschaftlern die entsprechenden klassischen Aussagen des Marxismus-Leninismus als methodologische Grundlage herangezogen — wenn auch zuweilen differenziert interpretiert —, aber die weiterführenden Arbeiten zur materialistisch-dialektischen Sprungkonzeption werden m. E. zu wenig berücksichtigt. Die philosophischen Aussagen über Wesen, Kriterien und Verlauf des qualitativen Sprunges sowie über die Anzahl und Größenordnung qualitativer Sprünge wie sie u. a. von Plesse (1967), Pawelzig (1970), Stiehler (1971) und Hörz (1974) ausgearbeitet wurden, könnten zur Erhöhung des einzelwissenschaftlich-theoretischen Verständnisses der Anthroposoziogenese als qualitativen Sprung von der biologischen zur gesellschaftlichen Bewegungsform der Materie beitragen.

Danach ist dieser Sprung als ein langandauernder Prozeß aufzufassen, der eine Phase der Vorbereitung und die eigentliche Ablaufphase umfaßte. Bildete er einerseits das diskontinuierliche Moment in einer übergeordneten Kontinuität — der Entwicklung der Biosphäre der Erde —, so war er andererseits selbst eine dialektische Einheit von Kontinuität und Diskontinuität; denn einmal gingen in seiner quantitativen Vorbereitung (kontinuierliche Phase) qualitative Veränderungen (Sprünge) im Bereich der elementareren Ebene vor sich, und zum anderen spielten in seinem Verlauf (Unterbrechung der Allmählichkeit) quantitative Veränderungen auf der nächst niederen Ebene eine Rolle, die einen anderen Charakter trugen als die seiner Vorbereitung und Heranführung an ihn. Bei der Aufdeckung des qualitativen Sprungs von der biologischen zur gesellschaftlichen Bewegungsform der Materie wird jedoch meist in seiner Vorbereitungsphase nur die kontinuierliche Seite bzw. die Anhäufung oder Abnahme sich quantitativ verändernder Erscheinungen und in ihm selbst die diskontinuierliche Seite bzw. die qualitative Veränderung herausgehoben, wodurch die mit ihnen dialektisch verbundenen entgegengesetzten Seiten vernachlässigt werden.

Als quantitative Vorbereitungsphase des qualitativen Sprunges von der biologischen zur gesellschaftlichen Bewegungsform der Materie kann das historische Auftreten der nichthumanen Hominiden vom Typ der Ramapithecinen und Australopithecinen — wenigstens des größten Teils von ihnen — mit ihren biologischen Voraussetzungen der Menschwerdung angesehen werden. Hierbei sind nicht nur die einzelnen Individuen der genannten Gruppen, sondern auch ihre Gemeinschaften (Herden) hinsichtlich ihrer Merkmale zu betrachten. Jede sich quantitativ verändernde Erscheinung der Vorbereitungsphase stellte aber auch gleichzeitig eine Qualität dar, die durch sprunghafte Veränderung nach entsprechender quantitativer Vorbereitung entstanden war.

Die an die Vorbereitungsphase des qualitativen Sprunges sind unmittelbar anschließende Ablaufphase wurde von zwei „Grenzwerten" umschlossen, die ihren Anfang und ihr Ende darstellten und als Induktions- und Irreversibilitätspunkt bezeichnet werden können. Während der Induktionspunkt die Stelle deutlich macht, wo die quantitativen Veränderungen der alten Qualität biologische Bewegungsform der Materie nicht mehr nur zu ihrer Reproduktion, sondern auch zum Auftreten von Wesenseigenschaften der neuen Qualität gesellschaftliche Bewegungsform der Materie — wenn auch noch nicht in voll ausgebildeter Form — führten, charakterisiert der Irreversibilitätspunkt die Stelle, wo durch die Entfaltung und Akkumulation der keimhaften Wesenseigenschaften der neuen Qualität sowie das Hinzutreten von mit den wesentlichen Eigenschaften verbundenen nicht wesentlichen Eigenschaften eine Schwelle überschritten wurde, oberhalb derer die neue Qualität sich zur vollen Reife herausgebildet hatte und unumkehrbar geworden war. Kann der Induktionspunkt des qualitativen Sprunges von der biologischen zur gesellschaftlichen Bewegungsform der Materie durch das Auftreten der ersten Vertreter der humanen Hominiden, das heißt dem historischen Erscheinen der Gattung Homo und ihrer Gemeinschaften (Urhorden) markiert werden, so ist sein Irreversibilitätspunkt durch das historische Auftreten der ersten Vertreter des Homo sapiens sapiens und ihrer Gemeinschaften (Sippen als Organisationsform der ersten ökonomischen Gesellschaftsformation) charakterisierbar. Induktions- und Irreversibilitätspunkt waren in der Weise miteinander verknüpft, daß der zweite ohne den ersten undenkbar ist, der zweite jedoch nicht mit Notwendigkeit auf den ersten folgen mußte; denn zwischen beiden „Grenzwerten" lag eine lang andauernde sensible Übergangsphase innerhalb derer verschiedene widersprüchliche Prozesse abliefen. Durch die Induktion war ein instabiler Zustand hervorgerufen worden, der sowohl umkehrbar als auch aufhebbar war und zugleich die Möglichkeit der Unumkehrbarkeit enthielt. Außer von seinen inneren Bedingungen war er auch stark von äußeren Einflüssen abhängig. In der biologisch-gesellschaftlichen Übergangsphase stand das Neue mit dem Alten nach dem Prinzip der „Alles-oder-Nichts-Reaktion" im Kampf. Entweder kam es zur Manifestierung der neuen Qualität infolge Vermehrung und Kräftigung der neuen und Verdrängung der alten sich quantitativ verändernden Erscheinungen oder zum Rückfall in die alte Qualität durch Reproduktion und damit Verstärkung der alten und Zurückdrängung der neuen sich quantitativ verändernden Erscheinungen, ja sogar zu ihrem Verschwinden. Auf jeden Fall wurde die sensible Phase relativ schnell (im Verhältnis zur Dauer der Vorbereitungsphase) durchschritten, eine Stabilisierung des „Zwitterzustandes" erfolgte nicht.

In der biologisch-gesellschaftlichen Übergangsphase von der biologischen zur gesellschaftlichen Bewegungsform der Materie gingen quantitative Veränderungen vor sich, die als Zu- oder (und) Abnahme bestimmter Formengruppen humaner Hominiden in Erscheinung traten. Somit führten die quantitativen Prozesse dieser Phase nicht nur zur Progression, sondern auch zur Stagnation und Regression. Als Ausdruck dessen kann z. B. das Verharren von Formengruppen auf einem erreichten Entwicklungsniveau und ihr nachfolgendes Aussterben angesehen werden (Arch- und Paläanthropinengruppen). Es ist zu berücksichtigen, daß auch hier jede sich quantitativ verändernde Erscheinung zugleich eine Qualität darstellte, die nach quantitativer Vorbereitung durch einen Qualitätssprung entstanden war.

Durch den qualitativen Sprung von der biologischen zur gesellschaftlichen Bewegungsform der Materie wurde die alte biologische Qualität durch die neue gesellschaftliche dialektisch negiert. Das bedeutet, daß bestimmte wesentliche Eigenschaften der biologischen

Grund- oder Wesensqualität in der gesellschaftlichen Grund- oder Wesensqualität a) unverändert erhalten blieben, b) erhalten blieben, aber auf eine höhere Stufe gehoben wurden und c) liquidiert wurden. Damit stellt die neue und höhere Qualität (gesellschaftliche Bewegungsform der Materie) einserseits die Fortsetzung der alten und niederen Qualität (biologische Bewegungsform der Materie) dar, wodurch die neue und höhere Qualität mit der alten und niederen kontinuitiv verbunden ist, und andererseits steht die neue und höhere der alten und niederen Qualität diskontinuitiv gegenüber, da in ersterer wesentliche Eigenschaften auftreten, die in letzterer noch nicht vorhanden waren. Mit dieser Auffassung des qualitativen Sprunges wird sowohl der Annahme eines akausalen Risses zwischen der einen und anderen Qualität und der damit häufig verbundenen Mystifizierung des qualitativen Sprunges als auch einer eng evolutionistischen Ableitung der einen aus der anderen Qualität begegnet.

Bei einem solch komplexen Entwicklungsprozeß wie der Anthroposoziogenese können — wie oben schon angedeutet — bei Zugrundelegung entsprechender Bezugsebenen qualitative Sprünge verschiedener Ordnung unterschieden werden. So ist der den Gesamtprozeß umfassende qualitative Sprung zweifelsohne einer höheren Klasse zugehörig (umfassender) als die qualitativen Sprünge, die seine Teilprozesse betreffen und zum historischen Auftreten der einzelnen Entwicklungsetappen des Menschen und seiner Gesellschaft führten — sie sind elementarer. Entsprechendes gilt auch, wenn jeder Teilprozeß der Anthroposoziogenese als Entwicklungsganzheit weiterer Teilprozesse aufgefaßt wird.

Mit der Differenzierung der qualitativen Sprünge und damit von Entwicklungsstufen im Anthroposoziogeneseprozeß wird die Frage nach entsprechenden Kriterien aufgeworfen. Diese lassen sich offensichtlich nicht aus dem der Betrachtung unterworfenen Entwicklungsvorgang selbst, sondern nur aus dem vorliegenden reifsten Zustand der Erscheinung, zu dem die bisherige Gesamtentwicklung führte, gewinnen (Marx, Grundrisse, 26). Für die historische Herausbildung des Menschen und seiner Gesellschaft aus dem Tierreich bedeutet das, daß die Wesensbestimmung des Menschen und damit der menschlichen Gesellschaft, wie sie vom historischen Materialismus ausgearbeitet wurde, die methodologische Grundlage für die einzelwissenschaftliche Bestimmung der entsprechenden Kriterien bildet. Dabei sind die Gesamtheit seiner Aussagen und nicht nur einzelne Aspekte zu berücksichtigen.

Wie oben bemerkt, wurde der qualitative Sprung von der biologischen zur gesellschaftlichen Bewegungsform der Materie durch sich quantitativ verändernde Erscheinungen der biologischen Qualität vorbereitet und induziert. Diese wurden durch Veränderungen der äußeren Bedingungen, deren Einfluß sie ausgesetzt waren, hervorgerufen. Die sich quantitativ verändernden Erscheinungen der alten Qualität erfuhren eine Verschärfung ihrer widersprüchlichen Beziehungen zur Umgebung (in den äußeren Widersprüchen) und untereinander (in den inneren Widersprüchen). Im Zuge der Umwandlung der äußeren in innere Widersprüche und deren Entfaltung gewann schließlich der jeweilige eine über den jeweiligen anderen Gegensatz die Oberhand bzw. wandelte sich um, wodurch eine Lösung der bis dahin vorliegenden Widersprüche erfolgte. Damit ging jedoch zugleich die Setzung neuer Widersprüche — allerdings auf höherer Ebene — vor sich, die gleichfalls zur Entfaltung und Lösung drängten.

In der Literatur finden sich verschiedene Auffassungen zum Problem der inneren Widersprüche als Triebkräfte bzw. des inneren Hauptwiderspruchs als Haupttriebkraft der historischen Herausbildung des Menschen und seiner Gesellschaft aus dem Tierreich. In Auseinandersetzung mit biologisierenden und soziologisierenden Ansichten, die von einer Reihe bürgerlicher Wissenschaftler vertreten werden, setzt sich unter den dialektisch- und historisch-materialistisch denkenden Forschern zunehmend der Standpunkt durch, daß biologische und gesellschaftliche Faktoren in dialektischer Einheit die Anthroposoziogenese bewirkten. Während in der Vorbereitungs- und Anfangsetappe dieses Prozesses allein biologische Triebkräfte (und die natürliche Auslese als Haupttriebkraft) dominierten, kam an seinem Ende den gesellschaftlichen (und den materiellen Produktivkräften als Haupttriebkraft) diese Funktion zu. In der biologisch-gesellschaftlichen Übergangsphase standen die sich herausbildenden und entfaltenden gesellschaftlichen Triebkräfte den biologischen im Verhältnis des Kampfes und der Einheit von Gegensätzen gegenüber, und es bildete sich schließlich die Dominanz der gesellschaftlichen Triebkräfte heraus. In der gesellschaftlichen Bewegungsform der Materie, wo die gesellschaftlichen Triebkräfte die allein bestimmenden sind, ist die Wirkung der biologischen Triebkräfte durch diese zwar weitestgehend eingeschränkt, aber keinesfalls völlig aufgehoben.

In der Forschungstätigkeit geht es gegenwärtig darum, exakter die Triebkräfte, die Richtung und Stärke ihrer Wirkungen sowie die Art und Weise ihrer Wechselbeziehungen zu studieren, um so immer tiefer in das Wesen der Anthroposoziogenese einzudringen. Dabei ist die Aufmerksamkeit der Wissenschaftler — ausgehend von der Bestimmung des Wesens des Menschen als „Ensemble der gesellschaftlichen Verhältnisse" — insbesondere auf das Studium der gesellschaftlichen Triebkräfte und hier wiederum auf die Haupttriebkraft Arbeit (Produktion) gerichtet, ohne jedoch die Untersuchung des Einflusses der biologischen Faktoren und ihrer Wechselwirkungen mit den gesellschaftlichen zu vernachlässigen.

Die wissenschaftliche Erforschung, Beschreibung und Erklärung des Problems der historischen Herausbildung des Menschen und seiner Gesellschaft aus dem Tierreich als dialektischer Übergang von der biologischen zur gesellschaftlichen Bewegungsform der Materie umfaßt somit eine Vielzahl eng miteinander verflochtener Aspekte und erfordert die interdisziplinäre Zusammenarbeit von Natur- und Gesellschaftswissenschaftlern, Einzelwissenschaftlern und Philosophen auf der methodologischen Grundlage des dialektischen und historischen Materialismus.

Zusatzbemerkung nach erfolgtem Setzen:
Nachfolgende Diskussionen haben ergeben, daß man statt „biologisch" sprachlich richtiger von „biotisch" sprechen müßte. Auf eine Korrektur wurde im Vorstehenden aber verzichtet.

Literaturverzeichnis

Büchi, E. C., 1968: Vom Tier zum Menschen. In: Laskowski (Hsg.), Der Weg zum Menschen. Berlin.

Darlington, C. D., 1971: Die Entwicklung des Menschen und der Gesellschaft. Düsseldorf.

Engels, F.: In: Marx/Engels. Werke 20. Berlin (1962).

— In: Marx/Engels. Werke 29. Berlin (1963).

Hörz, H., 1974: Marxistische Philosophie und Naturwissenschaften. Berlin.

Kälin, J., 1960: Neue Aspekte der menschlichen Stammesgeschichte. In: Die evolutive Deutung der menschlichen Leiblichkeit. Vorträge. Freiburg, München.

Lenin, V. I.: In: Werke 4. Berlin (1955).

— In: Werke 35. Berlin (1962).

MARX, K.: In: Marx/Engels. Werke 3. Berlin (1969).
— In: Marx/Engels. Werke 23. Berlin (1972).
— Grundrisse der Kritik der Politischen Ökonomie. Berlin (1974).
PAWELZIG, G., 1970: Dialektik der Entwicklung objektiver Systeme. Berlin.
PLESSE, W., 1967: Philosophische Probleme der ontogenetischen Entwicklung. Jena.
ROGINSKIJ, JA. JA., 1969: Problemy antropogeneza. Moskva.
STIEHLER, G., 1971: System und Widerspruch. Berlin.

Zur Entstehung und Frühentwicklung der menschlichen Arbeitstätigkeit und der gesellschaftlichen Verhältnisse nach archäologischem Quellenmaterial

Von BERNHARD GRAMSCH, Potsdam

Wie von KARL MARX im „Kapital" (MEW 23, 192ff.) und besonders von FRIEDRICH ENGELS in dem Fragment „Anteil der Arbeit an der Menschwerdung des Affen" (MEW 20, 444ff.) dargelegt und begründet wurde, ist die gesellschaftliche Arbeit nicht nur die erste Grundbedingung der menschlichen Existenz, zum Wesen des Menschen gehörig und das wichtigste Kriterium zur Unterscheidung zwischen Mensch und Tier, sondern auch der entscheidende Faktor des Prozesses der Menschwerdung selbst. Die MARXsche Definition der spezifisch menschlichen Arbeit als zweckmäßige, bewußte, den Stoffwechsel mit der Natur vermittelnde Tätigkeit mit Hilfe körperfremder, für diesen Zweck eigens geschaffener und zugerichteter Arbeitsmittel (MEW 23, 192ff.) kann sich dabei jedoch nur auf einen Zustand beziehen, da die menschliche Arbeit voll entwickelt ist, nicht aber auf die Anfänge, die Keime der Arbeitstätigkeit im Menschwerdungsprozeß. MARX unterschied bekanntlich zwischen „ersten instinktmäßigen Formen der Arbeit" bzw. Zuständen, „worin die menschliche Arbeit ihre erste instinktartige Form noch nicht abgestreift hatte" (MEW 23, 192f.), und der eben charakterisierten entwickelten menschlichen Form. Im Zusammenhang mit der Bestimmung der gesellschaftlichen Produktion des Lebens mittels Arbeit als der spezifisch menschlichen Daseinsweise (MEW 3, 21, 28) ist der Schluß gerechtfertigt, daß den Hauptinhalt der Menschwerdung die Herausbildung und Entwicklung der menschlichen Arbeit bildete, also der Prozeß, in dem die Arbeit ihre vormenschliche Form abstreifte und immer mehr zweckmäßige, bewußte gesellschaftliche Arbeit wurde (vgl. Grundlagen des historischen Materialismus, 99). Dementsprechend wäre zu klären, wie, wann und bei welchen Hominiden sich aus vormenschlichen Formen der Arbeit die entwickelte menschliche Form herausbildete sowie ob und welche Übergangsformen existierten. Bereits der werdende Mensch müßte sich von seinen tierischen Vorfahren durch Arbeitstätigkeit unterschieden haben, die aber noch nicht alle Kriterien der entwickelten menschlichen Form erfüllte bzw. sich erst im Laufe der Entwicklung dieser Form immer mehr annäherte.

Die Problematik des Charakters der Arbeitstätigkeit auf frühen Stufen der Anthropogenese müßte unter anderem durch die konkrete Analyse der archäologisch bezeugten Arbeitsmittel einer Lösung nähergebracht werden. Es überrascht, daß dazu bisher tiefergehende Untersuchungen ausstehen. Von wenigen abweichenden Meinungen abgesehen (PORSCHNEW, 1956; JU. I. SEMENOV, 1962), gelten vielmehr alle Artefakte a priori als sicheres Zeugnis der entwickelten menschlichen Form der Arbeit (in Auswahl: OAKLEY, 1969; BORISKOVSKIJ, 1970; FEUSTEL, 1968, 1976), ganz gleich, ob es sich um älteste Geröllartefakte oder um Werkzeuge auf der Grundlage der jungpaläolithischen Schmalklingentechnik handelt. Angesichts des Untersuchungsstandes kann hier also nur der Versuch unternommen werden, die einschlägigen archäologischen Quellen hinsichtlich ihrer Aussagen zur Entwicklung der Arbeit auszuwerten. Bemerkenswerte Anregungen bieten dazu Arbeiten von S. A. SEMENOV (1968a, 1968b) und V. V. BUNAK (1966).

Die Verwendung unveränderter oder mit körpereigenen Mitteln bzw. an Naturgegenständen veränderter bzw. umgestalteter Objekte aus Stein, Knochen oder Holz bei der Auseinandersetzung mit der Umwelt, wie sie für frühe Hominiden (Ramapithecinen, auch noch für Australopithecinen) vermutet wird (FEUSTEL, 1976), läßt sich archäologisch bisher nicht nachweisen.[1] Auf jeden Fall wäre solche Tätigkeit — der oben gegebenen Definition gemäß — als vormenschliche Form der Arbeit einzustufen. Sie würde aber den Ausgang der weiteren Entwicklung bilden.

Einzig sicheres Kriterium, daß diese Vorstufe überschritten wurde, ist der Nachweis eindeutig bearbeiteter, nicht durch natürliche Prozesse veränderter Arbeitsmittel. Die ältesten sind solche aus Stein, also aus unvergänglichem Material, nämlich die Geröllartefakte von Art des Olduvayen (Abb. 1 — LEAKEY, 1971, 21ff.), die bei den fortgeschrittenen Australopithecinen bzw. Habilinen vor etwa 2 Millionen Jahren aufkamen und wohl auch noch bei den frühen Archanthropinen die einzigen steinernen Arbeitsmittel bildeten. Sie waren technisch äußerst einfach und formenmäßig wenig differenziert.[2] Mit wenigen, zwei bis etwa zehn Schlägen auf ein Geröll bzw. Gesteinsstück oder durch kräftiges Aufschlagen des Rohstücks auf eine Steinunterlage wurden scharfe Kanten oder Spitzen

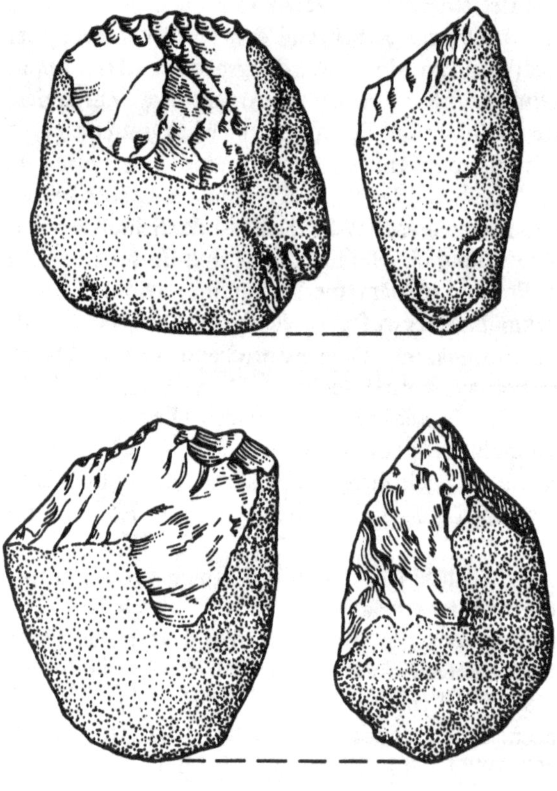

Abb. 1. Olduvai Gorge, Bed I. Geröllgeräte (nach LEAKEY. 1:2)

sowie scharfkantige Spaltprodukte erzeugt (Abb. 2). Der Vorgang war sicher kontinuierlich, zeitlich begrenzt und erforderte keine differenzierten motorischen Operationen. Für die Auslösung, Steuerung und Kontrolle dieser einfachen Operationen dürfte eine elementare, gegenständlich-anschauliche, unmittelbar mit Reizreaktionen und Handlungen verbundene geistige Tätigkeit ausgereicht haben, wie sie in gewissem Grade bei rezenten Menschenaffen ausgebildet ist (Bunak, 1966, 506ff.; Rensch, 1968). Damit muß eine hohe Lernfähigkeit verbunden gewesen sein, die die Akkumulation und Tradierung der Erfahrungen und Operationen vermittelte. Hinsichtlich der mit der Herstellung und dem Gebrauch der ältesten Artefakte verbundenen geistigen Tätigkeit kann also wahrscheinlich nur von Keimen der ideellen Antizipation des Arbeitsprozesses und seines Ergebnisses, demgemäß wohl auch nur von Keimen bewußter Arbeitstätigkeit gesprochen werden. Auch die unvorstellbar lange, mehr als 1 Million Jahre umfassende Periode einfacher Geröllgeräte sowie der nur sehr geringe Fortschritt der Technik und der Arbeitsinstrumente legen nahe, ein noch niedriges, durch die körperlichen und geistigen Voraussetzungen noch stark begrenztes Niveau der Arbeitstätigkeit anzunehmen.

Gegenüber den äffischen Vorfahren der Gerätehersteller und -verwender war aber in der Handlungskette des Nahrungserwerbs oder der Verteidigung etwas hinzugekommen: die künstliche, mit nicht körpereigenen Mitteln bewirkte Veränderung von Naturgegenständen zur Verbesserung ihrer Eigenschaften sowie ihre zweckmäßige, nutzbringende Anwendung. Das konstituierte zweifellos einen qualitativ neuen Typ des Verhältnisses zur übrigen Natur, indem „extrasomatische Organe" eingesetzt wurden, die zugleich der Möglichkeit nach unbegrenzt entwicklungsfähig waren, ohne dabei den Gesetzmäßigkeiten

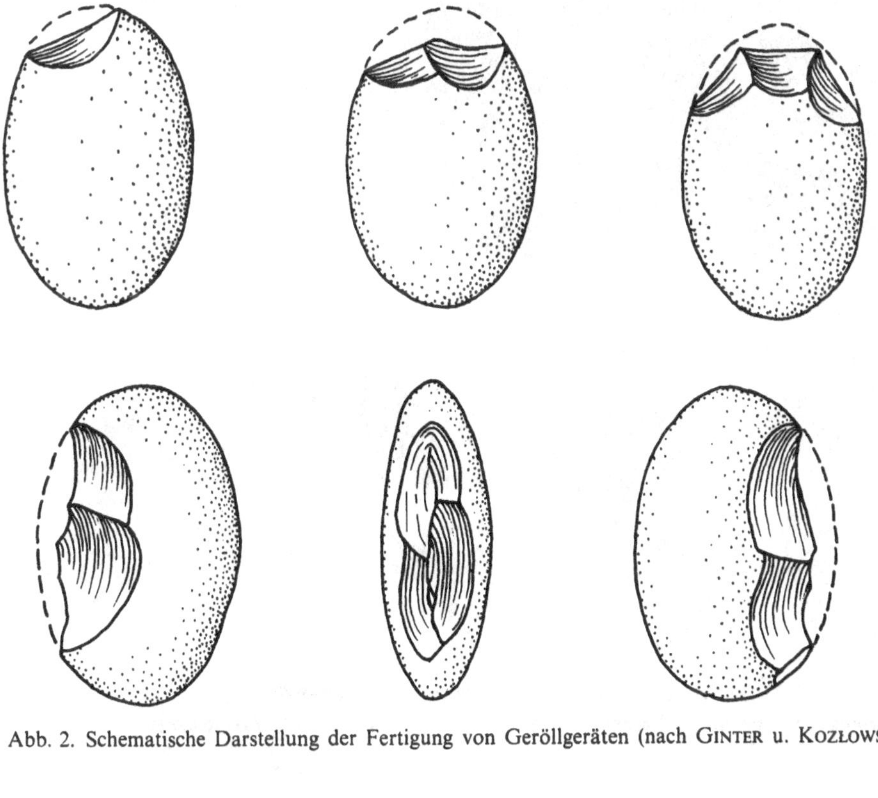

Abb. 2. Schematische Darstellung der Fertigung von Geröllgeräten (nach Ginter u. Kozłowski)

der biologischen Evolution zu unterliegen. Wir erfassen damit die Anfänge der Herausbildung der spezifisch menschlichen Arbeitstätigkeit, und zwar m. E. in einer Form, die zwischen den vormenschlichen Formen und der entwickelten menschlichen Form stehen dürfte.

Die nächste Stufe der Entwicklung der Arbeitstätigkeit beim werdenden Menschen wird durch die Faustkeiltechnik des Abbevillien und des Acheuléen sowie durch die einfache Abschlagtechnik des Clactonien charakterisiert. Sie haben sich bei den Archanthropinen herausgebildet. Diese Techniken sind hinsichtlich der Anforderungen an die geistige Tätigkeit anspruchsvoller. Die Faustkeilfertigung setzt eine fixierte Formvorstellung voraus und die Fähigkeit, im unbearbeiteten Rohstein den Faustkeil zu sehen. Sie erforderte

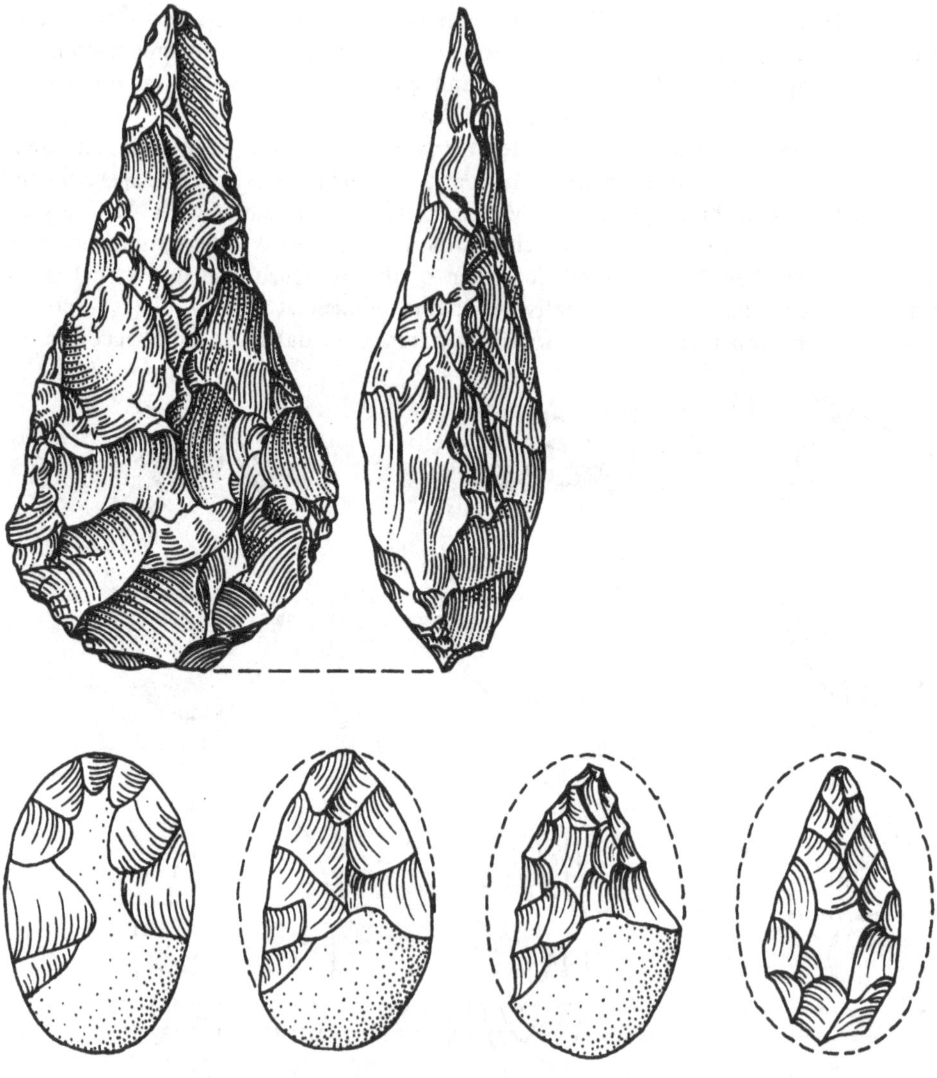

Abb. 3. St. Acheul ("L'atelier Commont"). Faustkeil des mittleren Acheuléen (nach Bordes u. Fitte. 2:3) — Schematische Darstellung der Fertigung eines Faustkeils (nach Ginter u. Kozłowski)

eine koordinierte Abfolge sowie wechselnde Richtung und Intensität der Schläge. Das gilt besonders für die Fertigung der vollkommeneren Acheul-Faustkeile, die in mehreren Operationsfolgen und wahrscheinlich unter Verwendung verschiedener Instrumente erzeugt worden sind (Abb. 3). Nach verschiedenen Autoren dauerte die Herstellung eines Acheul-Faustkeils zwischen fünf (BLEICH, 1965) und 30 Minuten (S. A. SEMENOV, 1965); die Zahl der Schläge liegt etwa zwischen 25 und 75. Bei Clactonabschlägen mit retuschierter Kante waren zwei Arbeitsvorgänge erforderlich, nämlich die Abtrennung des Abschlags und die Kantenbearbeitung. Hier muß ebenfalls eine Vorstellung von der Endform bestanden haben, auch verlängerte sich die Operationsfolge.

Eine differenzierte Vorstellung von der Form und den Eigenschaften eines Gegenstandes sowie die intellektuelle Steuerung von vorausorientierten, gegliederten und eine bestimmte Abfolge verlangenden Handlungsabläufen sind nicht mehr im Rahmen eines Intellekts, wie er oben charakterisiert wurde, denkbar. Sie verlangen auf Erfahrung und Kommunikation beruhendes, akkumuliertes und variabel anwendbares Wissen vom Gegenstand und seinen wesentlichen Eigenschaften und Beziehungen, kurz Widerspiegelung des der Erfahrung Zugänglichen in Begriffen sowie wahrnehmungs- und handlungsbezogenes begriffliches Denken. Als Träger des begrifflich Erfaßten und der Kommunikation muß wohl lautsprachlicher Ausdruck in elementarer Form angenommen werden.

Ähnliche Schlußfolgerungen lassen sich aus weiteren archäologischen Zeugnissen der Lebenstätigkeit von Archanthropinen ziehen, allerdings erst gesichert für zeitlich späte Vertreter. Feuergewinnung, -haltung und -gebrauch (Vértesszöllös, Choukoutien, Terra Amata), die — allerdings nicht völlig gesicherte — Errichtung von Behausungen bzw. Schutzstrukturen an Lagerplätzen (Terra Amata), die Angriffsjagd auf Großsäuger sowie die Stoßlanze (Clacton-on-Sea, Torralba?) als Jagd- und Verteidigungswaffe belegen wohl deutlich einen „kulturellen" Status, der erheblich über das Tier hinaus geht.

Auf dieser Grundlage schritt die Entwicklung schneller, aber noch immer in ungeheuer großen zeitlichen Dimensionen voran. Wahrscheinlich bei frühen Paläanthropinen bildete sich vor ca. 250000—200000 Jahren die Levallois-Technik heraus. Ein Kern wurde durch Abschläge sorgfältig vorbereitet, und von diesem wurde dann — durch die Form des Kerns präformiert — gezielt ein Abschlag gewonnen (Abb. 4), der in diesem Zustand oder nach Bearbeitung der Kante(n) verwendet wurde, Obwohl eine Einheit bildend und im ganzen auf das Ergebnis ausgerichtet, ist der Arbeitsprozeß deutlich gegliedert, diskontinuierlich. Durch die Weiterverarbeitung der in dieser oder in anderer Technik gewonnenen Abschläge durch Retuschieren der Kanten kam es zu einem mehr oder weniger umfangreichen Bestand an Formen, die sich teilweise nach übereinstimmenden Merkmalen zu „Typen" stabilisierten (Abb. 5). Eine ähnliche Komplizierung der Fertigungstechnik läßt sich für die entwickelten Faustkeile des Mittel- und Jungacheuléen erkennen.

Die Handlungskette vom Steinrohstück bis zum fertigen Werkzeug umfaßte jetzt drei und mehr verschieden geartete Operationsfolgen sowie bis zu mehreren hundert Einzeloperationen. Hinsichtlich der geistigen Tätigkeit ist daraus eine höhere Stufe abzuleiten als zuvor. Die mit der manuellen Tätigkeit verbundene geistige Koordinierung, Steuerung und Kontrolle erforderte differenzierte und genaue Vorstellungen über die Form des Gegenstands und die Zusammenhänge zwischen den Gliedern des Zyklus, damit zugleich wahrscheinlich eine Vermehrung und Differenzierung der Begriffe sowie der Verbindungen zwischen ihnen. Hier wird ein Typ geistiger Tätigkeit sichtbar, der sich kaum noch von dem der Neanthropinen des Jungpaläolithikums unterschieden haben dürfte. Man muß hier wohl von zweckmäßiger, **bewußter** Arbeit sprechen, bei der die ideelle Antizipation des

Ergebnisses auch bei komplizierten Arbeiten gegeben war. Das hohe Entwicklungsniveau des Intellekts wird zudem durch das erstmalige Auftreten von Erscheinungen belegt, die nicht in der Sphäre der Sicherung der materiellen Existenz liegen, wie Bestattungen und Anfänge des Kults (vgl. MÜLLER-KARPE, 1966, 224ff.), allerdings erst für die späten Paläanthropinen. Planmäßiges Handeln und Einsicht in Naturzusammenhänge drücken sich auch in der jetzt sicher bezeugten Anlegung von Behausungen und Schutzstrukturen (Molodova, Lazaret-Höhle) sowie in der wahrscheinlichen Fähigkeit zur Feuererzeugung (Krapina?, Salzgitter-Lebenstedt?) aus. Letzteres kennzeichnet zweifellos eine neue Qualität im Verhältnis zur Natur; ENGELS drückte dies mit den Worten aus: „... das Reibfeuer gab dem Menschen zum erstenmal die Herrschaft über eine Naturkraft und trennte ihn damit endgültig vom Tierreich" (MEW 20, 106f.).

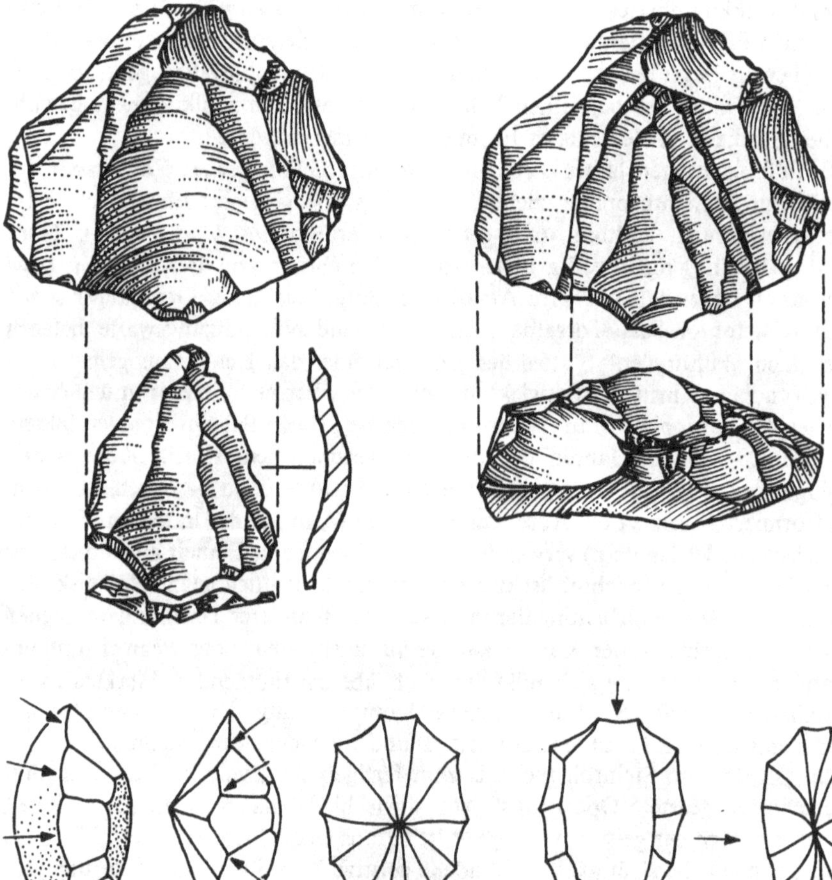

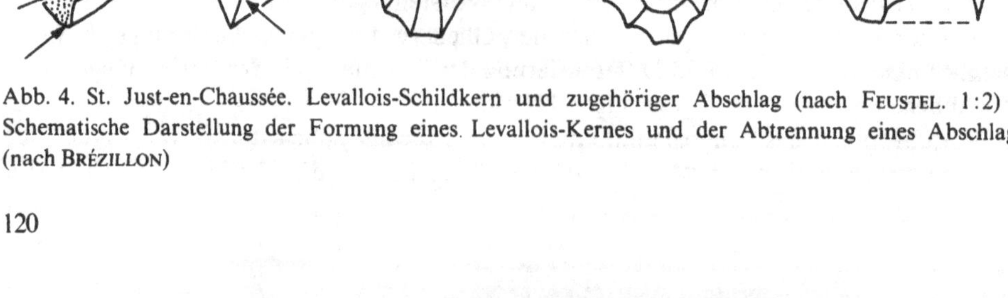

Abb. 4. St. Just-en-Chaussée. Levallois-Schildkern und zugehöriger Abschlag (nach FEUSTEL. 1:2) — Schematische Darstellung der Formung eines Levallois-Kernes und der Abtrennung eines Abschlages (nach BRÉZILLON)

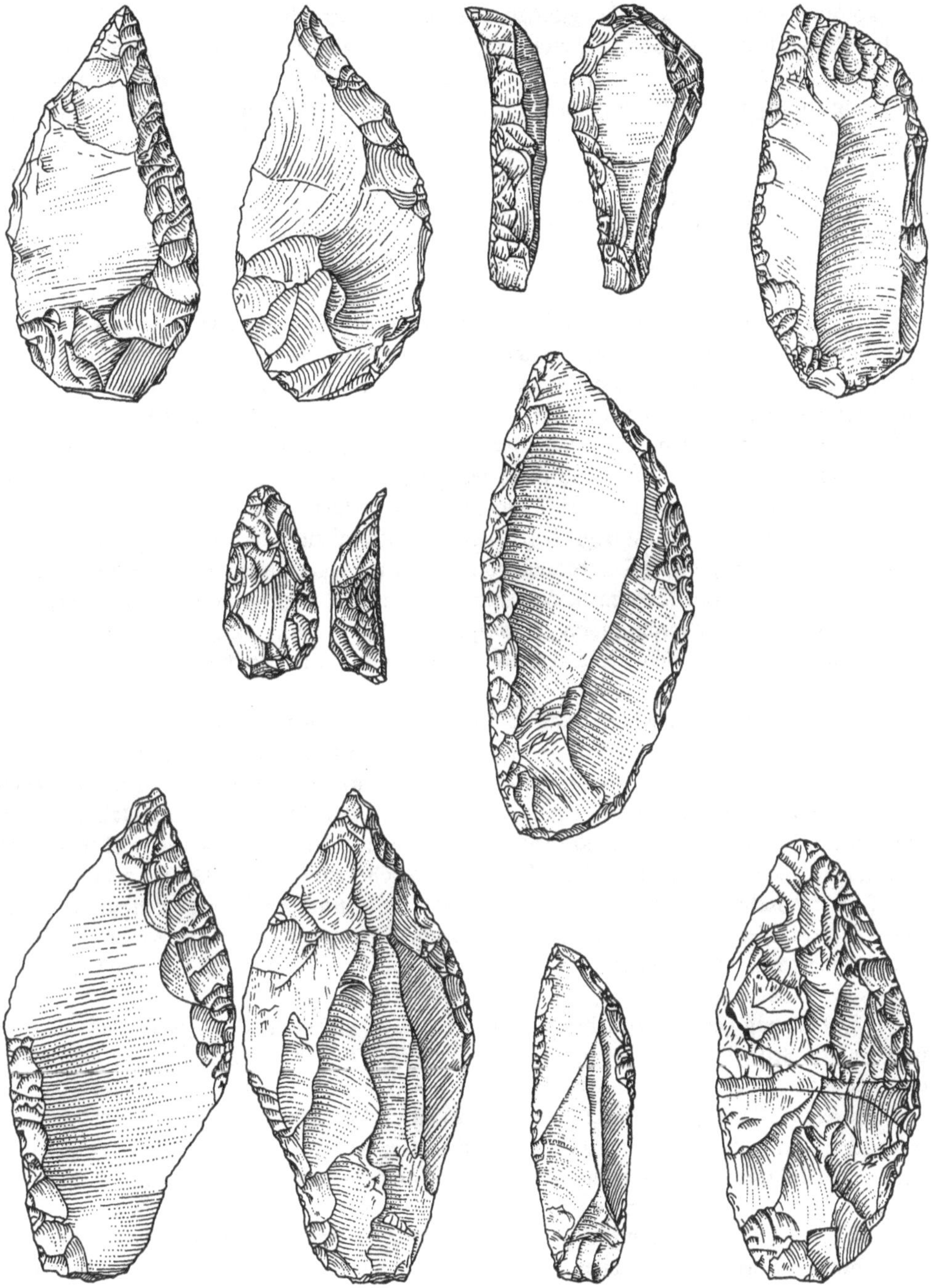

Abb. 5. Weimar-Ehringsdorf. Mittelpaläolithische Abschlag-, Klingen- und Kerngeräte (nach FEUSTEL. 2:3)

Insgesamt lassen die archäologischen Quellen die Schlußfolgerung zu, daß von den späten Paläanthropinen höchstwahrscheinlich ein Status der Arbeit erreicht wurde, wie er — mit MARX — „dem Menschen ausschließlich angehört" (MEW 23, 193). Alle weitere Entwicklung vollzog sich in dieser „menschlichen Form", weshalb hier nicht weiter darauf eingegangen sei.

Die dargestellten Entwicklungsetappen der Arbeit korrespondieren im wesentlichen mit der Vergrößerung des Hirnvolumens: 428—560 cm^3 bei den Australopithecinen, 560 bis 684 cm^3 bei den Habilinen, 750—1225 cm^3 bei den Archanthropinen und 1200—1800 cm^3 bei den Paläanthropinen (nach FEUSTEL 1976, 183). Diese allgemeine Beziehung läßt sich jedoch nicht näher bestimmen, da die Entwicklung von Denk- und Sprachvermögen am fossilen Schädelmaterial nicht abgelesen werden kann. Der allgemeine Zusammenhang zwischen Quantität und Qualität (im Sinne höherer Leistungsfähigkeit des Gehirns) wird jedoch kaum bestritten, zumal die quantitative Zunahme des Gehirns vor allem das Großhirn, den Sitz der intellektuellen Prozesse, betrifft (CAMPBELL, 1972, 229ff.).

Insgesamt zeichnet sich auf Grund der Analyse der frühen Artefakte ab, daß sich die menschliche Arbeit über mehrere Stufen herausgebildet haben dürfte. Die Subsumierung aller dieser Stufen unter dem Begriff „menschliche Arbeit" erscheint zweifelhaft, da die älteren die Kriterien dieses Begriffes offenbar noch nicht bzw. nur eingeschränkt erfüllen. Da aber Fertigung und Gebrauch von Artefakten gerade auch bei Anthropologen als wichtigste Kriterien des Menschen, des „humanen Status" von Hominiden gelten, ergäben sich aus dieser Relativierung auch Konsequenzen für die Einschätzung des Grades der Hominisation der mit den verschiedenen Stufen der Arbeit verbundenen Hominidenformen.

Bisher blieb unberücksichtigt, daß die entwickelte, „menschliche" Form der Arbeit immer gesellschaftliche Arbeit ist (Grundlagen des historischen Materialismus, 90ff.). Nicht die Individuen, sondern die in der Gesellschaft zusammenwirkenden Menschen führen vermittels Arbeit die Auseinandersetzung mit der äußeren Natur. Dabei ist Gesellschaft nicht eine Gesamtheit von Individuen, sondern der Ausdruck der wechselseitigen Beziehungen und Verhältnisse der Menschen, welche sich im Zusammenhang mit der spezifisch menschlichen, von der Produktion des Lebensunterhalts bestimmten Existenzweise herausbilden, fixieren und weiterentwickeln. Das gesellschaftliche Wesen des Menschen, seine Sozialität, stellt demgemäß eine neue Qualität gegenüber allen interindividuellen Beziehungen bei Tieren dar.

Die Entstehung gesellschaftlicher Verhältnisse, die Entstehung der Gesellschaft, ist eine untrennbare Seite des Prozesses der Menschwerdung. Die sich beim werdenden Menschen entwickelnde Arbeit erhielt zunehmend gesellschaftlichen Charakter, indem sie den Zusammenschluß, das organisierte Zusammenwirken und die Übermittlung von Erfahrungen erforderte und in bestimmten Formen konstituierte. Aus solchen Elementen gesellschaftlicher Beziehungen erwuchs schließlich — unter dem bestimmenden Einfluß der produktiven Tätigkeit — die Gesamtheit der materiellen und ideellen gesellschaftlichen Verhältnisse, die die ausgebildete menschliche Gesellschaft ausmachen. Kurz gesagt, aus vormenschlichen Formen des sozialen Verhaltens wurde durch das Aufkommen und die Entwicklung der gesellschaftlichen Arbeit die menschliche Sozialität.

Die Gesellschaft existiert jeweils auf einer bestimmten historischen Entwicklungsstufe, die durch den Begriff der ökonomischen Gesellschaftsformation widergespiegelt wird. Wenn wir uns hier mit der Entstehung der Gesellschaft beschäftigen, dann geht es um die Vor- und Frühgeschichte des Gesellschaftlichen bis zur ersten ökonomischen Gesellschaftsformation, der Urgesellschaft, die entsprechend den Möglichkeiten, vergleichbare ethnographische Angaben heranzuziehen, mit einiger Sicherheit im Jungpaläolithikum faßbar wird (vgl. SELLNOW, 1961, 121 ff.).

Der Versuch, aus den archäologischen Quellen Erkenntnisse zur Herausbildung der menschlichen Sozialität zu gewinnen, stößt auf große Schwierigkeiten. Nur wenige Befunde und Ergebnisse geben direkte Aufschlüsse, das meiste muß indirekt oder logisch abgeleitet werden. So besteht ein weites Feld für Spekulationen. Man wird gut daran tun, sich auf allgemeine Aussagen zu beschränken und sich hinsichtlich der Verhältnisse im einzelnen Zurückhaltung aufzuerlegen.

Mit der keimhaften Arbeit bei Australopithecinen bzw. Habilinen müssen auch die Anfänge der Kooperation in Erscheinung getreten sein, und zwar als Zusammenwirken bei der Erlangung von Wild für Nahrungszwecke sowie bei der Zerteilung solcher Beute. Dabei bleibt es m. E. unerheblich, ob die Fleischbeschaffung durch aktives Jagen oder durch Inbesitznahme von Raubtierrissen erfolgte.[3] Eine wichtige kollektive Funktion war sicher auch die Verteidigung gegen Raubtiere. Vorstellbar ist weiter gemeinsamer Verzehr der Beute, also Nahrungsteilung, nach dem Charakter ausgegrabener „living-floors" mit Knochenresten in Ostafrika (LEAKEY, 1971; ISAAC, HARRIS, CRADER, 1976) zu urteilen. Alle diese Tätigkeiten und Praktiken schufen zwischen den teilnehmenden und teilhabenden Individuen Beziehungen in bezug auf den Gegenstand und das Produkt der Tätigkeit, und insofern diese — wie auch immer sie im einzelnen geartet waren — die Existenz der Gruppe und aller ihrer Individuen sicherten, müssen sie als keimhaft sozial klassifiziert werden und — wenn sie sich festigten — zugleich einen hohen biologischen Auslesewert besessen haben.

Umfang und Niveau der Kooperation sollten dabei nicht überschätzt werden, erfolgte sie wahrscheinlich doch nur zur Befriedigung der elementaren biologischen Bedürfnisse und im Rahmen überkommener, natürlich bestimmter Lebensweise und Gruppenbildung sowie unter den Bedingungen völliger Abhängigkeit von den natürlichen Prozessen. Die sich festigende Erfahrung der Nützlichkeit der elementaren Kooperation muß aber in Wechselwirkung mit der Stabilisierung der keimhaft sozialen Bindungen gestanden haben.

Die kontinuierliche Herstellung von einfachen Geräten in beständiger Technik bezeugt die Tradierung von Individuum zu Individuum sowie von Generation zu Generation. Auch darin drücken sich Anfänge gesellschaftlicher Beziehungen aus.

So darf man wohl für die entwickelten Australopithecinen bzw. Habilinen eine Gesellung annehmen, die über die Herde ihrer Vorfahren hinausging, indem sie von Elementen der menschlichen Sozialität durchsetzt war. Im Kern war es sicherlich die natürliche Fortpflanzungsgemeinschaft. Diese Gesellungsform sollte von der Affenherde auch begrifflich abgesetzt werden; man könnte sie als archaische Horde bezeichnen.

Für die Archanthropinen, und zwar für die späten, fließen die archäologischen Quellen, die für Aussagen zum Gesellschaftlichen ausgewertet werden können, schon reicher. Die jetzt nicht mehr zu bezweifelnde Jagd auf Großwild (Choukoutien, Torralba, Ambrona, Vértesszöllős, Terra Amata, Bilzingsleben) läßt auf ein hohes Niveau der Kooperation schließen, denn sie erforderte unbedingt das organisierte, koordinierte Zusammenwirken mehrerer Jäger. Auch die Verwertung der Beute erfolgte sicher in Kooperation, während schon die großen Fleischmengen, die etwa bei der Elefanten- oder Nashornjagd anfielen, gemeinsame Aneignung durch die Gesellungseinheit oder Fraktionen derselben annehmen lassen.

Mit der Ausbildung der Jagd, und hier besonders der Großwildjagd, die höchstwahrscheinlich entsprechend den physischen Voraussetzungen in der Regel von männlichen Individuen ausgeübt wurde, trat zugleich eine ökonomisch bedingte Gruppenbindung in Erscheinung, indem die Frauen von den fleischbeschaffenden Männern abhängig wurden, aber ihrerseits für die Existenz notwendige Funktionen am Lagerplatz und beim Nahrungssammeln ausübten.

Nachgewiesen ist erstmals die Unterhaltung und Dienstbarmachung des Feuers auf Wohnplätzen (Choukoutien, Torralba, Ambrona, Escale, Terra Amata, Vértesszöllős), auch seine wahrscheinliche Verwendung als Arbeitsmittel (Härten von Holzspitzen: Torralba). Das Feuer bot Wärme, Licht, Schutz vor Raubtieren, machte Fleisch bekömmlicher, wurde auch möglicherweise zum Treiben von Wild bei der Jagd benutzt. Einmal dem werdenden Menschen dienstbar, muß das Feuer unentbehrlich geworden sein. In diesem Zusammenhang sei angemerkt, daß die Archanthropinen erstmals auch außerhalb der tropischen Zone — nach dem gegenwärtigen Kenntnisstand der ursprüngliche Evolutionsraum der Hominiden — auftreten. Die Ausbreitung in die höheren Breiten mit größeren jahreszeitlichen Temperaturunterschieden und generell kühlerem Klima steht wohl unter anderem in Beziehung zum Erwerb der Feuerverwendung, zumal die ältesten Feuerspuren bisher nur in Europa und Asien nachgewiesen sind (vgl. auch CAMPBELL, 1972, 210ff.; HERRMANN, 1974, 31ff.).

Die Feuerstelle war gewissermaßen Mittel- und Attraktionspunkt der Gemeinschaft; die Erhaltung und Wartung des Feuers — wahrscheinlich durch die ständig am Lagerplatz zurückbleibenden Frauen — wurde eine echte soziale Aufgabe, dazu in der gemäßigten Klimazone eine lebensnotwendige, denn der Verlust des Feuers konnte den Untergang bedeuten. Dessen dürfte man sich auch bewußt gewesen sein, mindestens im Sinne einer gefestigten Erfahrung der Nützlichkeit.

Die — allerdings bisher nicht zahlreichen — ungestörten Lagerplätze bieten weitere sozial relevante Hinweise. Zunächst bezeugen sie eine Lebensweise, wie sie keinem bekannten Tier eigen ist. Die wohl über längere Zeit erfolgte Wiederkehr an dieselben Stellen belegt eine Beständigkeit der Gemeinschaften in der Zeit, da eine solche Lagerplatzwahl kaum anders als durch Tradition erklärt werden kann, selbst wenn sie primär von günstigen natürlichen Bedingungen, wie Schutzlage sowie Zugang zu Wasser, Rohstoffen und Nahrungsquellen, bestimmt gewesen sein dürfte. In Terra Amata bei Nizza konnten 21 Wohnhorizonte festgestellt werden, davon elf so genau übereinander, daß vom Ausgräber angenommen wird, daß sie nacheinander bei jährlichen Aufenthalten entstanden (LUMLEY, 1969). Sollte außerdem die ausführliche Vorlage der Befunde von Terra Amata die in Vorberichten mitgeteilte Entdeckung von Wohnbautenresten bestätigen, so hätte dies hinsichtlich des erreichten Status der Arbeit und der sozialen Beziehungen erhebliche Konsequenzen. Die Größe der vermuteten Hütten (Länge 7—15 m, Breite 4—6 m) ließe etwa 15—30 Bewohner schätzen. So große künstliche Bauten und die angegebene Konstruktion aus Wandstangen und Stützsteinen könnten nur als Ergebnis planmäßiger, kollektiver Arbeit auf der Grundlage eines reichen Erfahrungsschatzes bezüglich der bautechnischen Elemente und der Koordination des Bauablaufs gewertet werden. Die Bauten würden ferner auf ein **geregeltes**, konfliktarmes Zusammenleben auf engem Raum deuten, das ohne bewußtseinsmäßige Kontrolle kaum denkbar ist. Es sei aber noch einmal vermerkt, daß die Deutung der Befunde durch die wissenschaftliche Kritik bisher nicht bestätigt ist.

Die zahlreichen, großenteils zerschlagenen Knochen der erlegten Tiere an den Wohnplätzen (z. B. Terra Amata, Bilzingsleben, Ambrona, Vértesszöllös, Olduvai Bed II) bezeugen, daß die Beute in der Regel zum Lagerplatz geschleppt und erst dort verwertet und verzehrt wurde. Das läßt auf eine starke Bindung zwischen den Jägern und den am Lagerplatz Verbliebenen schließen, sicher in Wechselbeziehung zu der schon erwähnten Arbeitsteilung und der gegenseitigen wirtschaftlichen Abhängigkeit.

Die gesamte Ausbildung der Arbeit hatte offenbar dazu beigetragen, wie ENGELS es ausdrückte, „die Gesellschaftsglieder näher aneinanderzuschließen, indem sie die Fälle gegenseitiger Unterstützung, gemeinsamen Zusammenwirkens vermehrte und das Bewußtsein von der Nützlichkeit dieses Zusammenwirkens für jeden einzelnen klärte" (MEW 20, 446). Offensichtlich hatte sich die archaische Horde weiterentwickelt, so daß man den von den Archanthropinen erreichten Zustand der Gesellung als entwickelte, echte Horde absetzen sollte.[4] Die lokalen Gesellungseinheiten waren wohl stabiler geworden, wobei ihre Grundlage sicher biologisch-verwandtschaftlicher Natur blieb. Zwischen verschiedenen Horden bestanden wahrscheinlich — wenn vielleicht auch nur sporadisch — Kontakte und Beziehungen, wohl einschließlich geschlechtlicher Beziehungen. Darauf deuten die weite Verbreitung bestimmter Techniken und Artefaktformen, etwa des Acheuléen, was kaum allein auf konvergente Entwicklungen oder Ausbreitung im Gefolge von Wanderungsbewegungen zu erklären ist, sowie die im wesentlichen einheitliche Entwicklung der menschlichen Gattung. Die Jahrhunderttausende dieser Periode dürften den Auswirkungen solcher Verbindungen genügend zeitlichen Spielraum lassen.

In diesem Zusammenhang sei noch einmal auf die Ausbreitung der Archanthropinen in höhere Breiten zurückgekommen. Es war sicher mehr als allein das Feuer, was diese Inbesitznahme neuer ökologischer Zonen mit andersartigem Klima und anderer, von Gebiet zu Gebiet differierender Flora und Fauna als Ernährungsgrundlage ermöglichte. Die übergreifenden Voraussetzungen waren sicher die erreichte Fähigkeit, durch Arbeit eine gewisse ökologische Determiniertheit zu überwinden, sowie der letztlich auf beständiger Kooperation, insbesondere in der Jagd, und gemeinsamer Aneignung beruhende soziale Zusammenhalt (HERRMANN, 1974, 31 ff.). Eine erstrangige Rolle spielte dabei sicher der von den Archanthropinen erreichte Entwicklungsstand der Jagd, durch die im Grunde alle für Nahrung geeigneten Tierarten, vor allem Säuger, in die Ernährung einbezogen werden konnten und die in allen Erdräumen eine stabile Existenzgrundlage gewährleistete (CAMPBELL, 1972, 206 ff.).

Bei aller Progression sollte auch für die Archanthropinen der erreichte Status der Sozialität nicht überbewertet werden. Der äußerst langsame, sich in der Größenordnung von Jahrhunderttausenden vollziehende Fortschritt in der Aneignung der Naturstoffe und -kräfte, in der Modifizierung der natürlichen Lebensbedingungen und in der Einflußnahme auf natürliche Prozesse spricht m. E. für die Unreife des gesellschaftlichen Faktors. Vor allem aber läßt die noch bis zum Neanthropus weiterlaufende biologische Entwicklung der physischen Konstitution, vor allem des Gehirns, darauf schließen, daß bei den Archanthropinen die im genetischen Potential gegebenen Möglichkeiten für die Entfaltung der Arbeitstätigkeit und des gesellschaftlichen Lebensprozesses begrenzt waren und sich selbst erst noch — unter der richtenden Wirkung von Arbeit und sozialem Verhalten als Evolutionsfaktoren — entwickeln mußten, ehe die biologische Beschaffenheit des Menschen für die potentiell unbegrenzte Realisierung der menschlichen Wesenskräfte im geschichtlichen Prozeß ausreichte.

Für die Paläanthropinen, und zwar vor allem für die späten Vertreter, lassen sich folgende archäologische Fakten sozialer Relevanz anführen.

An einer Reihe von Fundplätzen zeigt sich anhand der Knochenreste, daß bevorzugt oder spezialisiert bestimmte Tierarten gejagt wurden (z. B. Erd: Höhlenbär; Salzgitter-

Lebenstedt: Ren; Wolgograd und Ilskaja: Wisent; Tešik-Taš: Bergziege; Castillo: Hirsch). Eine solche, sicher günstige natürliche Gegebenheiten ausnutzende Auswahl sowie die teilweise sehr großen Zahlen erlegter Tiere dürften für eine weiter erhöhte Effektivität der Jagd sprechen, einerseits wohl bedingt durch verbesserte und neue Jagdgeräte (Wurfspeer?), andererseits aber auch sicherlich durch effektivere Jagdmethoden in Verbindung mit entwickelterer Kooperation der Jäger.

Im Zusammenhang mit der Entwicklung der Jagd dürfte sich die Arbeitsteilung zwischen den hauptsächlich dieser Tätigkeit nachgehenden Männern und den „häusliche" Arbeiten und Funktionen ausübenden Frauen gefestigt haben. Obwohl diese Form der Arbeitsteilung an biologisch bedingten Unterschieden zwischen männlichen und weiblichen Individuen ansetzte, also „naturwüchsig" war, hatte sie als Moment des Arbeitsprozesses im Wesen den Charakter einer gesellschaftlichen Produktivkraft; zugleich schuf sie neben dem bestehenden biologischen Verhältnis zwischen den Geschlechtern auch ein gesellschaftliches Verhältnis zwischen ihnen, ein Produktionsverhältnis, das sich vor allem im Austausch der Tätigkeiten und Produkte ausdrückte.

Die offensichtlich hohe Effektivität der Jagd läßt annehmen, daß die Jäger schon teilweise arbeitsteilig kooperierten, also verschiedene konkrete Tätigkeiten ausübten. Diese Anfänge einer gesellschaftlichen Arbeitsteilung reichen möglicherweise noch weiter zurück, hängen aber — wie überhaupt die entwickelte Jagdkooperation — wesentlich vom Ausbildungsgrad der sprachlichen Kommunikation ab.

Zahlreiche Rastplätze der Paläanthropinen belegen — wie schon die wenigen Zeugnisse älterer Zeit — die oftmalige Wiederkehr an bestimmte Stellen. Auf die sozialen Bezüge dieser Erscheinung wurde bereits hingewiesen. Im größeren Umfange wurden jetzt auch Höhlen und Felsschutzdächer zu Wohnstätten; ältere Belege für Höhlenaufenthalte sind ganz selten. Daß erst die Paläanthropinen von den Höhlen Besitz ergriffen, könnte damit zusammenhängen, daß erst sie durch Erfahrung, Ausrüstung und den allgemeinen Stand aktiven Verhaltens zur Natur in der Lage waren und wagten, natürliche Höhlenbewohner wie Raubtiere zu vertreiben und den Unterschlupf gegen diese Konkurrenten zu verteidigen. Nach dem Befund der Lazaret-Höhle (Lumley, B. u. F. Pillard, 1969) sind Höhlen auch mit Einbauten versehen worden, die die Wohnfläche begrenzten und das Mikroklima an der eigentlichen Wohnstätte verbesserten. Jetzt liegt auch ein unzweifelhafter Beleg für Freilandwohnstätten vor (Molodova), weitere Befunde sind nicht so sicher (Ilskaja, Rheindahlen, Kalambo Falls). Der Hüttenrest von Molodova (Černyš, 1965, 36ff.) ist vom gleichen Typ wie die Behausungen des osteuropäischen Jungpaläolithikums (Rundbauten unter Verwendung von Mammutstoßzähnen und Knochen). An den Wohnplätzen in Höhlen und im Freiland wurden regelmäßig Feuerstellen angelegt und teilweise mit Steinen ausgebaut. Die Verbesserung der Lebensbedingungen durch Einrichtung von Lagerplätzen in Höhlen und wenigstens gelegentlichen Bau von Behausungen im Freiland kann wohl nur in Wechselwirkung mit der Entwicklung und Festigung der gesellschaftlichen Beziehungen gestanden haben.

Der oben beschriebene relativ hohe Stand der Steintechnik hat ebenfalls Bezüge zum Sozialen, indem die Vermittlung der Erfahrungen und Kenntnisse ein hohes Niveau gehabt haben müssen, was wiederum auf gefestigte Kollektive deutet. Bei den technisch entwickelten und differenzierten Arbeitsgeräten aus Stein erkennen wir bei prinzipiell überall gleichartigen Anforderungen des Arbeitsprozesses erstmals räumlich begrenzte Vergesellschaftungen von Formen sowie Besonderheiten der Technik und Morphologie. Darin dürfte sich einmal eine höhere Form sozialer Stabilität und Tradition widerspiegeln, indem sich in der materiellen Kultur gewissermaßen gruppengebundene „Normen“ fixierten; zum anderen kann auf vermehrte Kontakte und Beziehungen zwischen den Gruppen geschlossen werden.

Die bei den Paläanthropinen erstmals nachweisbaren Bestattungen und kultischen Verrichtungen — zugleich erste Zeugnisse für von der materiellen Tätigkeit gelöste, abstrakte Vorstellungen — lassen ebenfalls Aussagen über soziale Verhältnisse ableiten. Die Bestattung Verstorbener bringt — ungeachtet der damit verbundenen subjektiven Vorstellungen — eine bewußt gewordene soziale Bindung und eine über den Tod hinaus gedachte Zusammengehörigkeit zum Ausdruck. Besonders deutlich wird dies aus mehrfachen Beisetzungen am selben Platz (La Ferrassie, Mugharet-es-Skhul, Shanidar), von denen wenigstens jeweils einige durch dieselbe Gruppe vorgenommen worden sein dürften. Das enge, emotional gefärbte Verhältnis der lebenden zu den toten Angehörigen eines Sozialverbandes wird bei einem der Gräber der Shanidar-Höhle durch den pollenanalytischen Nachweis von Blumenspenden belegt (SOLECKI, 1971, 269). Ebenfalls in der Shanidar-Höhle fanden sich die Skelettreste eines wahrscheinlich durch Steinschlag getöteten etwa 40jährigen Mannes, dessen verkümmerter rechter Arm wahrscheinlich schon in der Kindheit oberhalb des Ellenbogens amputiert worden war; wohl nur durch Mitversorgung und soziale Fürsorge konnte dieser nur beschränkt arbeitsfähige Krüppel ein so hohes Alter erreicht haben. Ähnliches könnte für den mehr als 50jährigen Mann von Saint Chapelle-aux-Saints gelten, der unter schwerer Arthritis gelitten hat (DASTUGUE u. M. A. DE LUMLEY, 1976, 615) und zweifellos selbst nicht mehr jagen konnte.

Alles in allem dürfte sich nach den archäologischen Quellen der von den späten Paläanthropinen erreichte Status der Sozialität und der Arbeit nur noch graduell von dem der Neanthropinen des frühen Jungpaläolithikums unterschieden haben. Mit den Verhältnissen bei den Paläanthropinen war wohl das System von Produktivkräften, Produktionsverhältnissen und gesellschaftlichem Überbau so weit herausgebildet, daß man vielleicht berechtigt ist, hier den Übergang von der Horde zur Gesellschaft sowie die Schlußetappe der Herausbildung der ersten sozialökonomischen Formation anzusetzen (HERRMANN, 1974, 46ff.). Die Produktionsverhältnisse gehörten sicher zum Typ der ursprünglichen Verhältnisse gleichberechtigter Nutzung der Lebensunterhaltsquellen und kollektiver Sicherung der Existenz auf der Grundlage des gemeinschaftlichen Eigentums an den natürlichen Bedingungen der Produktion und im Rahmen der lokalen gesellschaftlichen Einheiten. Die soziale Struktur ist im einzelnen nicht faßbar, dürfte aber entsprechend den Verhältnissen bei späteren Jäger-Sammler-Gesellschaften im Wesen „naturwüchsig“ auf Abstammung und Verwandtschaft beruht haben.

Trotz dieser Fortschritte im Gesellschaftlichen scheinen auch bei den Paläanthropinen die im genetischen Potential gegebenen Möglichkeiten für die volle Entfaltung der menschlichen Wesenskräfte noch nicht ausgereicht zu haben, wie die weiterführende biologische Evolution zu den Neanthropinen, vor allem hinsichtlich der Hirnstruktur und -leistungsfähigkeit, anzunehmen nahelegt. Erst bei den Neanthropinen „hat die Umgestaltung der biologischen Erbanlagen, deren Formierung in der Anthropogenese erfolgte, ihren führenden Platz den Veränderungen im sozialen Programm abgetreten“ (DUBININ, 1973, 31), und erst seit dieser Zeit werden der Zustand der Gesellschaft und die menschliche Geschichte allein von gesellschaftlichen Faktoren und Gesetzmäßigkeiten bestimmt. Der Übergang vom „werdenden Menschen“ zum „fertigen Menschen“, von der „werdenden Gesellschaft“ zur „fertigen Gesellschaft“ vollzog sich offenbar nicht sprunghaft, in einem

Schritt, sondern in einem längeren Prozeß, der sich über die Epoche der Paläanthropinen und der Entstehung der Neanthropinen erstreckte.

Der qualitative Sprung vom nur biologisch determinierten Tier zum Menschen, der seine Geschichte durch aktive materielle und geistige Tätigkeit selbst macht, nahm nach der hier vertretenen Auffassung einen langen Zeitraum in Anspruch; nach gegenwärtiger Kenntnis dürfte er wahrscheinlich bei den Australopithecinen/Habilinen vor 2—3 Millionen Jahren begonnen und bei den Paläanthropinen und den Neanthropinen des Jungpaläolithikums im letzten Jahrhunderttausend seinen Abschluß gefunden haben. Diese ganze Epoche wäre als Menschwerdung zu bezeichnen, davon ausgehend, daß die Qualität Mensch primär durch bewußte Arbeit und Gesellschaftlichkeit gekennzeichnet ist. Arbeit und Gesellschaftlichkeit haben sich aber offensichtlich nur schrittweise herausgebildet und dies in Wechselbeziehung mit der fortschreitenden Evolution des genetischen Potentials der Träger dieses Prozesses. Die qualitativen Schritte innerhalb dieser Entwicklung müssen natürlich herausgearbeitet und auch auf den Gesamtprozeß bezogen werden, haben aber eine niedrigere Wertigkeit gegenüber dem großen Qualitätssprung vom Tier zum Menschen. Daraus folgt, daß man nicht irgendeinen Schritt innerhalb des Gesamtprozesses mit diesem selbst identifizieren kann. Das wäre aber der Fall, wenn man mit dem Auftreten der Australopithecinen/Habilinen oder der Archanthropinen oder der Neanthropinen das Auftreten der Gattung Mensch (sensu gesellschaftlicher Mensch) ansetzen würde. Damit würde im Grunde der ganze Prozeß der Entstehung und Entwicklung der Arbeit und der Gesellschaftlichkeit auf einen Punkt zusammengezogen (vgl. die Ausführungen von I. FOERSTER S. 107ff.). In der langen Periode der Menschwerdung wären die „Übergangsgeschöpfe" (ENGELS) keine Tiere mehr und noch keine Menschen, sondern Lebewesen mit gegenüber dem Tier neuen, sich akkumulierenden qualitativen Eigenschaften. ENGELS hat hier den Begriff „werdender Mensch" (MEW 20, 446) gebraucht. Ob dieser sprachlich glücklich ist, sei dahingestellt; solange aber kein besserer vorliegt, scheint er mir am treffendsten zu sein.

Anmerkungen

1 Die bis heute anhaltende Diskussion um die von DART (1957) herausgestellte „Knochen-Zahn-Horn-Kultur" von der Australopithecinen-Fundstelle Makapansgat (vgl. FEUSTEL, 1969; WOLBERG, 1970) offenbart vor allem auch die Schwierigkeiten hinsichtlich der Kriterien solcher Artefakte. Die Argumente der Kritiker der Hypothese von der Existenz der genannten „Kultur" konnten bisher nicht überzeugend widerlegt werden.

2 Der Annahme, daß es sich bei den Geröllgeräten des Olduvayen um „standardisierte Typen" handele (FEUSTEL, 1968, 130), die auf „eine lange Entwicklung intentioneller Gestaltung" (FEUSTEL, 1976, 222) schließen ließen, wird man schwerlich folgen können. Wenn an Geröllen mit nur wenigen Schlägen eine scharfe Kante erzeugt wird, ergeben sich zwangsläufig solche Formen, wie sie vorliegen, und für ihre Morphologie kaum andere Möglichkeiten. Der moderne Begriff der Standardisierung, der eine klare Vorstellung von Ziel und Nutzen der Vereinheitlichung von Form- und Funktionselementen von Arbeitsmitteln einschließt, ist m. E. hier gänzlich fehl am Platze.

3 Mittlere und größere Säuger, vor allem Boviden, sind unter den Nahrungsresten der Fundstellen durchaus vertreten, doch bestehen über die Art der Beschaffung dieser Beute unterschiedliche Auffassungen. Während ein Teil der Forscher aktive Jagd annimmt (DART, WASHBURN, DE VORE, NARR u. a.), vertreten andere die Hypothese, daß wenigstens die Australopithecinen ausschließlich oder überwiegend oder wenigstens in einer frühen Entwicklungsperiode „scavangers" bzw. „meat collectors" gewesen seien, die sich Raubtierrisse und auf andere Weise getötetes oder halbverendetes Wild angeeignet hätten

(OAKLEY, HOWELL, CAMPBELL, KORTLANDT u. a.). Die letztere Hypothese hat im Hinblick auf die eindeutigeren Zeugnisse für Jagd auf Fundstätten der Zeit der Archanthropinen m. E. viel für sich. Vgl. dazu auch: PADBERG, 1967; READ-MARTIN u. READ, 1975.

4 Die Begriffe „archaische Horde" und „entwickelte, echte Horde" sollen keine qualitativ verschiedenen Zustände bezeichnen, sondern Entwicklungsformen bzw. -stadien jenes sozialen Zustandes („Horde"), der zwischen der Herde früher Hominiden und der menschlichen Gesellschaft stand und nicht mehr das eine, aber auch noch nicht das andere war, in sich aber die Elemente der menschlichen Gesellschaft ausbildete. Der Begriff „Horde" entspricht somit im wesentlichen dem Begriff „Urmenschenherde" bzw. „Urherde" bei JU. I. SEMENOV (1962), aber bei unterschiedlicher Zuordnung zu bestimmten Hominiden sowie unter Ausklammerung bestimmter spekulativer Elemente des Begriffsinhalts bei SEMENOV. Dagegen besteht keine Übereinstimmung zum Hordenbegriff bei FEUSTEL (1971), da dieser die Horde bereits zur menschlichen Gesellschaft bzw. zur sozialökonomischen Formation Urgesellschaft rechnet.

Literaturverzeichnis

MEW = KARL MARX, FRIEDRICH ENGELS: Werke, Band 1—39. Berlin 1956—1968.

BLEICH, K. E., 1965: Vierundzwanzig Versuche zur Technik der Steinzeit. In: Technische Beiträge zur Archäologie 2, 102—125. Mainz.

BORISKOVSKIJ, P. I., 1970: Problemy stanovlenija čelovečeskogo obščestva i archeologičeskie otkrytija poslednich desjati let. In: Leninskie idei v izučenii istorii pervobytnogo obščestva, rabovladenija i feodalizma, 58—75. Moskva.

BUNAK, V. V., 1966: Reč' i intellekt, stadii ich razvitija v antropogeneze. In: Iskopaemye gominidy i proischoždenie čeloveka, 497—555. Moskva.

CAMPBELL, B. G., 1972: Entwicklung zum Menschen. Stuttgart.

ČERNYŠ, A. P., 1965: Rannij i srednij paleolit pridnestrov'ja. Moskva.

DART, R., 1957: The osteodontokeratic culture of Australopithecus prometheus. Pretoria.

DASTUGUE, J. u. M.-A. DE LUMLEY, 1976: Les maladies des hommes préhistoriques du Paléolithique et du Mésolithique. In: La préhistoire française, tome I, 612—622. Paris.

DUBININ, N. P., 1973: Soziale Umwelt und die Evolution des Menschen (1). In: Urania 49, 28—33. Leipzig—Jena—Berlin.

ENGELS, F., 1876: Anteil der Arbeit an der Menschwerdung des Affen. In: MEW 20, 444—455. Berlin.

ENGELS, F., 1878: Herrn Eugen Dührings Umwälzung der Wissenschaft („Anti-Dühring"). In: MEW 20, 1—303. Berlin.

FEUSTEL, R., 1968: Evolution und Revolution im Ablauf der Steinzeit. In: Ethnographisch-Archäologische Zeitschrift 9, 120—147. Berlin.

FEUSTEL, R., 1969: Zur Problematik der „Protolithischen Knochenkultur" und der „Osteodontokeratic Culture". In: Alt-Thüringen 10, 7—67. Weimar.

FEUSTEL, R., 1971: Entstehung und Entwicklung sozialer Verhältnisse in der Urgesellschaft. Weimar.

FEUSTEL, R., 1976: Abstammungsgeschichte des Menschen. Jena.

Grundlagen des historischen Materialismus. Berlin 1976.

HERRMANN, J., 1974: Die Entwicklung der Menschheit. Berlin.

ISAAC, G. LL., J. W. K. HARRIS, D. CRADER, 1976: Archeological Evidence from the Koobi Fora Formation. In: Earliest Man and Environments in the Lake Rudolf Basin, 533—551. Chicago—London.

LEAKEY, M. D., 1971: Olduvai Gorge, vol. 3. Cambridge.

LUMLEY, H. DE, 1969: A paleolithic camp at Nice. In: Scientific American 220, 5, 42—50. San Francisco.

LUMLEY, H. DE, B. PILLARD, F. PILLARD, 1969: L'habitat et les activités de l'homme du Lazaret. In: H. DE LUMLEY u. a., Une cabane acheuléenne dans la grotte du Lazaret (Nice), 183—222. Paris.

MARX, K., 1867: Das Kapital, Band 1. MEW 23. Berlin.

MARX, K. u. F. ENGELS, 1845/46: Die deutsche Ideologie. MEW 3. Berlin.

MÜLLER-KARPE, H., 1966: Handbuch der Vorgeschichte, Band 1. München.

OAKLEY, K. P., 1969: Man the Skilled Tool-maker. In: Antiquity 43, 222—223. Cambridge.

PADBERG, W., 1967: Annidation und Hominisation. In: Ethnographisch-Archäologische Zeitschrift 8, 1—14, Berlin.

PORSCHNEW, B. F., 1956: Materialismus und Idealismus zur Frage der Entstehung des Menschen. In: Sowjetwissenschaft, Gesellschaftswissenschaftliche Beiträge 1956, H. 3, 569—592. Berlin.

READ-MARTIN, C. E. u. D. W. READ, 1975: Australopithecine Scavenging and Human Evolution: An Approach from Faunal Analysis. In: Current Anthropology 16, 359—368. Chicago.

RENSCH, B., 1968: Manipulierfähigkeit und Komplikation von Handlungsketten bei Menschenaffen. In: Handgebrauch und Verständigung bei Affen und Frühmenschen, 103—126. Bern—Stuttgart.

SELLNOW, I., 1961: Grundprinzipien einer Periodisierung der Urgeschichte. Berlin.

SEMENOV, JU. I., 1962: Vozniknovenie čelovečeskogo obščestva. Krasnojarsk.

SEMENOV, S. A., 1965: Eksperimental'nyj metod izučenija pervobytnoj techniki. In: Archeologija i estestvennye nauki, 216—222. Moskva.

SEMENOV, S. A., 1968 (a): Trud i intellekt na rannich etapach razvitija. In: Trudy VII meždunarodnogo kongressa antropologičeskich i etnografičeskich nauk, tom 3, 417—422. Moskva.

SEMENOV, S. A., 1968 (b): Razvitie techniki v kamennom veke. Leningrad.

SOLECKI, R., 1971: Shanidar. New York.

WOLBERG, D. L., 1970: The Hypothesized Osteodontokeratic Culture of the Australopithecinae: A Look at Evidence and the Opinions. In: Current Anthropology 11, 23—37. Chicago.

Zur Technologie und Wirtschaft des Homo erectus von Bilzingsleben

Von DIETRICH MANIA, Halle/S.

In der Fundschicht auf der „Steinrinne" bei Bilzingsleben, Kr. Artern, hat sich ein beachtlicher Anteil einer ehemaligen materiellen Kultur des Altpaläolithikums erhalten. Sie wird in das 4. Jahrhunderttausend vor heute datiert und stammt aus einer warmen, relativ trokkenen Klima-Phase des Holstein-Interglazials (vgl. MANIA, 1974, 1975). Es sind nicht nur steinerne Artefakte, wie wir das sonst von altpaläolithischen Fundstellen kennen, sondern darüber hinaus auch Artefakte aus Knochen, Geweih und Zahnbein; dazu kommen noch die knöchernen Überreste der Jagdbeute, Spuren des Lebens und Wirkens des frühen Menschen, der diese Kulturreste hinterlassen hat, sowie zahlreiche Hinweise auf seine natürlichen Umweltverhältnisse. Schließlich ist in Form einiger typischer Schädelreste dieser frühe Mensch selbst bekannt und als ein *Homo erectus* diagnostiziert worden (GRIMM, MANIA u. TOEPFER, 1974; MANIA, 1975; MANIA, GRIMM u. VLČEK, 1976). Dadurch ist es möglich, alle Funde und Befunde diesem späten Vertreter der Formen-Gruppe der Archanthropinen zuzuweisen, worin die große Bedeutung dieser mitteleuropäischen Fundstelle liegt.

Wohl die meisten Funde, die auf der Steinrinne vorkommen, hängen direkt oder indirekt mit der menschlichen Arbeit zusammen. Es sind erhalten gebliebene Zeugnisse von Gerätschaften (Abbn. in MANIA, 1974, 1975, 1977), deren Herstellungstechniken und Verwendungspraktiken auf der einen Seite sowie Zeugnisse der Art und Weise frühmenschlicher Nahrungsgewinnung auf der anderen Seite.

Das Fundmaterial ist bei weitem noch nicht vollständig untersucht. Auch stehen die morphometrischen Untersuchungen an den Artefakten wie auch die häufigkeitsstatistischen Analysen der Jagdfauna aus. Wenn wir dieses Material hier einer Betrachtung über seine Aussagekraft hinsichtlich der Art und Weise frühmenschlicher Arbeit untersuchen wollen, können also nur vorläufige und empirisch gewonnene Angaben gemacht werden.

Zum wirtschaftlich-technologischen Aspekt

Alle Artefakte, die uns auf der Fundstelle „Steinrinne" überliefert sind, stellen nur einen Ausschnitt des ehemaligen technischen Inventars des Bilzingslebener *Homo erectus* dar. Bei den Steinartefakten überwiegt als Ausgangsmaterial bei weitem sprödes Gestein in Gestalt nordischen Feuersteins (Silex), mehr als zahlenmäßig 90% sind daraus hergestellt. Der Rest an Artefakten besteht aus zähen Gesteinen, wie Quarz, Quarzit, Muschelkalk, kristallinen Gesteinen und Travertin.

Artefakte aus sprödem Gestein

Die Feuersteinartefakte sind als eine „Trümmer-Abschlag-Industrie" zu kennzeichnen. 73% der Geräte sind Kerngeräte und wurden aus Trümmerstücken, seltener Geröllen, hergestellt. Nur bei 26% der Geräte läßt sich als Ausgangsstück der Abschlag erkennen. Auch unter dem unbearbeiteten Material überwiegen Trümmerstücke gegenüber gebrauchsfähigen Abschlägen von mehr als 2—3 cm Größe. Die Hälfte des Silexmaterials besteht aus Abschlägen; allerdings sind 85—90% davon kleiner als 1 cm und deshalb als Abfallmaterial, das bei der Gerätebearbeitung entstand, zu betrachten. Vorwiegend wurden also die zur Verfügung stehenden Feuersteinknollen vor der weiteren Verarbeitung grob zertrümmert. Von größeren Trümmerstücken und Geröllen hat man auch Abschläge gewonnen. Diese überschreiten nicht die Länge von 6—7 cm und sind fast ausnahmslos auch zu Geräten zugerichtet.

Die bevorzugt angewandte Schlag- und Bearbeitungstechnik war die des Schlagsteins. Schlagsteine sind daher auch häufige Fundobjekte. Sie bestehen meist aus länglichen, ovalen Quarzgeröllen von ca. 4—8 cm Länge und weisen an Ecken und Enden weiße Narbenfelder, Schlagaugen und Zersplitterungen auf. Der Schlagsteintechnik entsprechend sind die Abschläge vorwiegend kurz und dick und besitzen Schlagwinkel von 110—140°. Die Abschlagflächen haben tief-muschelige Form.

Die Geräte sind intensiv kantenbearbeitet, selten tritt Flächenbearbeitung auf. Diese Sekundärbearbeitung der Feuersteinstücke wurde auch mit dem Schlagstein, seltener durch direkten oder indirekten Druck erreicht. Auffällig ist die Kleinheit der Geräte: ihre Größe liegt unter 6—7 cm, im Durchschnitt bei 2—3 cm Länge; die kleinsten Geräte besitzen eine Länge von 8—10 mm. So sind viele ausgesprochen mikrolithisch.

Formtypen können nur in wenigen Fällen unterschieden werden. Aber nach Art der Kantenbearbeitung und Form der jeweiligen Nutzkante ist eine Unterscheidung möglich. Die Kanten verlaufen gerade, konvex oder konkav, können gezähnt, gekerbt oder tief gebuchtet sein. Es treten schlanke Stücke auf mit besonders retuschierten Schneiden am Ende. Andere haben steilretuschierte Kanten und besitzen daher einen kratzerartigen Charakter, andere sind flacher und wirken schaberartig. Die kleinsten Kratzer besitzen 8 mm Durchmesser. Bei wieder anderen treten kombinierte retuschierte Kanten auf. Oft laufen sie in Spitzen zusammen. Kleinere Spitzen zeigen auch flächige Bearbeitung und erinnern in ihrer Form an Faustkeile. Zahlreiche kleinere Stücke tragen sorgfältig herauspräparierte bohrerartige Fortsätze. Neben Langbohrern kommen vor allem Feinbohrer vor.

Es handelt sich ganz offensichtlich um Spezialgeräte zur Herstellung von Gerätschaften aus anderem Material, z. B. Holz, Rinde, Fasern, Felle, Häute, Därme, Sehnen u. dgl. Nur zum kleinen Teil dienten sie — wohl die größeren — auch zur Nahrungsgewinnung, z. B. die Schneidwerkzeuge.

Es lassen sich Rückschlüsse auf Funktionen ziehen, wie Schneiden, Sägen, Reißen, dazu Spanen, Schaben, Kratzen, Stechen und Bohren. Die meisten Kleingeräte dienten zum Abspanen — auch ihre Abnutzungsspuren deuten darauf hin — und wurden daher wohl besonders zur Holzbearbeitung verwendet.

Artefakte aus zähen Gesteinen

Aus Geröllen der bereits genannten zähen Gesteine wurden gröbere Geräte mit einfachen Schlagtechniken hergestellt. Die Schlagsteine aus Quarz sind meist unbearbeitet. Bei den anderen handelt es sich durchweg um große und grobe Geräte, die einseitig oder zweiseitig zugeschlagene Nutzkanten, hackmesserartige Schneiden oder stumpf-kegelförmige Spitzen besitzen. Manche Geröllgeräte sind aus großen Quarzitgeröllen angefertigt und mehr als 5—6 kg schwer. Viele haben durch langen Gebrauch verrundete Arbeitskanten. Daneben treten grobe schaberartige Geräte auf. Große Gerölle mit Hiebmarken und Narbenfeldern dienten wohl als Ambosse. Abgesehen von diesen lassen sich als Funktionen bei den Geröllgeräten Zertrümmern, Hacken, Schlagen und Hämmern erkennen.

Geräte aus Geweih, Knochen und Zahnbein

Das Artefaktinventar wird ganz wesentlich durch Geräte aus erhalten gebliebenem organischem Material — Skelettresten der Jagdtiere — bereichert.

Die Herstellungs- und Bearbeitungstechniken bestanden in gezieltem Spalten, Hacken, Zuschlagen, seltener Anschleifen des Materials. Daß gezielt aus größeren Langknochen Späne beabsichtigter Form herausgespalten wurden, zeigen Einschlagreihen längs auf dem Knochenschaft. Allerdings konnte ein solches Spalten nicht mit dem Hiebgerät allein, sondern nur mit einem Zwischenstück erfolgen. Es kommen Keile und Meißel in Frage, die wohl oft aus Silextrümmern bestanden. Keile und Meißel aus Knochen wurden gefunden. Sie könnten auch zum Spalten anderen Materials, z. B. von Holz, gedient haben. In ihrer Form erinnern sie an die sog. ausgesplitterten Stücke des Jungpaläolithikums, sind aber wesentlich größer (10—25 cm lang). Sie tragen ausgesplitterte Schneiden sowie diesen gegenüberliegende, stumpf ausgesplitterte oder zermalmte Enden, die infolge kräftigen Aufschlagens mit einem Schlegel oder Hammer entstanden.

Die durch Spalten gewonnenen Knochenspäne wurden oft mit dem Hackmesser durch Abhacken überstehender Enden in Form gebracht, z. B. flache Späne aus gespaltenen Rippen. Oft ging dem Spalten eines Langknochens dessen Bearbeitung mit einem kräftigen Geröllgerät voraus. So wurden die Gelenkenden abgehackt, aber auch große Teile des Knochens zertrümmert, um handliche Splitter zu erhalten. Das wahllose Zertrümmern von Knochen, das sonst beobachtet werden kann, hatte wohl die Gewinnung des schmackhaften Markes zur Ursache. So ist fast das gesamte Skelettmaterial der Jagdbeute kurz und klein geschlagen.

Handliche Späne wurden in einer weiteren Phase mit dem Schlagstein bearbeitet. Die Geweihe wurden ebenfalls mittels Hack- und Schlagtechniken zugerichtet. Doch meist zeigen sie Bruchflächen, die auf vorheriges Erweichen der Geweihsubstanz durch langfristiges Wässern hinweisen.

Während eine Kategorie der Geräte aus Knochen und Geweih durch ihre Zurichtung erkennbar ist, so fällt eine andere durch ihre Abnutzungsspuren auf. Diese bestehen in Schnitt- und Kratzlinien, Narbenfeldern, Schlag- und Drucknarben, Glättungen und Schliff.

Geweihgeräte

Durch Abtrennen von Kronenteilen und einer oder beider Basissprossen entstanden aus Abwurfstangen und schädelechten Stangen des Edelhirsches hacken- und keulenartige Hiebgeräte. Die hackenartigen besitzen an der noch vorhandenen Sprosse als Zeugnis ihrer Verwendung starke Zersplitterungen. Neben ca. 45 derartigen bisher gefundenen Werkzeugen verschiedenster Größe treten zahlreiche abgeschlagene oder abgebrochene Sprossen und Kronenteile auf.

Knochengeräte

Vielgestaltig sind die aus Knochen hergestellten Geräte. Die Meißel und Keile wurden schon genannt. Aus bis 60 cm langen Spänen bestehen schlegelartige Hiebwerkzeuge mit ausgesplitterten Kanten. Mittels Schlagsteinretusche wurden aus breiten Splittern ca. 15 bis 25 cm lange Bogen- und Geradschaber hergestellt. Die gleiche Bearbeitung lassen etwa 50 bis 80 cm lange hobelartige Geräte aus längs halbierten Oberschenkeldiaphysen vom Elefanten erkennen. Zum Schneiden geeignete Geräte bestehen aus scharfkantigen Splittern oder dünnen Rippen. Pfriemartige Geräte besitzen durch Benutzung völlig überglättete Spitzen. Aus großen Ellen wurden durch Abschlagen des Gelenkendes und Längsspalten des Knochens dolchartige Geräte mit handlichen Griffen und entsprechend ausgesplitterten spitzen Enden erzeugt. Schmale spitzenartige Geräte bestehen aus Splittern von Diaphysen der Metapodien von Hirsch, Rind oder Pferd. Sie sind regelrecht retuschiert, gelegentlich an den Bruchflächen überschliffen. Häufig begegnen wir Arbeitsunterlagen. Den Schulterblättern vom Nashorn wurde die Mittelrippe ausgebrochen, damit die Blätter gut aufgelegt werden konnten. Ihre glatte Innenseite ist übersät mit geradelaufenden dünnen Schnittspuren. Auf ihnen wurden weiche Materialien, eventuell Fleisch, geschnitten. Flache Beckenstücke vom Nashorn oder Elefanten tragen auch kräftige, tief eingedrungene Schnittlinien. Auf ihnen schnitt man zähe Rohstoffe, offenbar Häute. Andere Unterlagen, so breite Diaphysensplitter vom Elefanten oder die würfelförmigen Fußwurzelknochen der gleichen Tiere, auch abgespaltene Gelenkkugeln von Großsäugern, tragen Narbenfelder und Einschlagspuren. Sie stellen z. T. amboßartige Unterlagen dar.

Elfenbeingeräte

Bisher erschienen neben zahllosen Spaltstücken und Spänen aus den Lamellen von Elefantenstoßzähnen einige schlanke, abgebrochene Spitzen, die nach dem Querschnittsverlauf ihrer Lamellen aus dickeren Mittelstücken von Stoßzähnen stammen müssen. Sie scheinen gänzlich überschliffen zu sein. Wie diese Geräte aussahen, wissen wir nicht. Eventuell waren es stoßlanzenähnliche, stabförmige Geräte.

Hinweise auf andere Gerätschaften

Zahlreiche, durch schnelle Versinterung mit Kalk konservierte Holzreste, vor allem flache Späne, könnten Abfallprodukte darstellen, die am Rastplatz der Steinrinne bei Bearbeitung dieses Werkstoffes entstanden. Holzbearbeitung ist auch aus den Spezialwerkzeugen des Silex erschließbar. Man kann annehmen, daß vor allem hölzerne Speere, Stoßlanzen, angespitzte Pfähle und dergleichen täglich auf der Jagd gebraucht und kontinuierlich hergestellt wurden.

Die Schneidunterlagen, die großen und geglätteten Instrumente aus Knochen, die kleinen

Bohrer aus Feuerstein und entsprechende zernarbte Unterlagen aus Gelenkköpfen und Knochenplatten lassen an Bearbeitung von Fellen oder ungegerbten Tierhäuten denken.

Hinweis auf Feuernutzung

Daß dem Bilzingslebener Frühmenschen auch das Feuer als Produktivkraft bekannt gewesen sein muß, zeigen im Feuer veränderte, stark brandrissige Silexwerkzeuge sowie mehrere Holzkohlestücke, die bisher gefunden wurden.

Hinweise auf spezielle Arbeiten am Aufenthaltsplatz

Nach der Masse der Geräte und Abfallsplitter zu urteilen, wurden diese an Ort und Stelle auch hergestellt. Das bedeutet, daß in der Umgebung gesammelte geeignete Rohstoffe — in einem Falle stammen sie aus 5 km Entfernung — an Schlagplätzen verarbeitet und zu Geräten zugerichtet wurden. Das gleiche gilt für die Knochengeräte, deren Rohstoff aus den Abfallhaufen der Jagdbeutereste stammt, wie auch die Geweihgeräte, deren Rohstoff zu einem großen Anteil auch erst gesammelt wurde. Das betrifft die Abwurfstangen. Mit den meisten Geräten — aus Silex, zähem Gestein und organischem Material — hat *Homo erectus* auch am gleichen Ort gearbeitet. Ihre vielfältigen Abnutzungsspuren lassen es erkennen. Demnach hat er an seinem Rastplatz am Seeufer in Nähe einer Bacheinmündung — das sind die für die Steinrinne erschließbaren Standortsbedingungen — herantransportierte Jagdbeute zerlegt. Darüber hinaus handelt es sich überwiegend um den Ausschnit eines großen Arbeitsplatzes, an dem mittels Spezialwerkzeugen Holz, Rinden, Knochen, Geweihe, Felle, Häute und andere organische Rohstoffe bearbeitet wurden. Leider ist bis auf Knochen- und Geweihgeräte nichts von diesen Gerätschaften erhalten geblieben. Sie haben bestimmt einen sehr umfangreichen Teil der ehemaligen materiellen Kultur ausgemacht.

Stand der Technologie als Ausdruck der Entwicklung der Produktivkräfte

Der uns überlieferte Anteil der Produktionsinstrumente des Frühmenschen von Bilzingsleben läßt erkennen, daß die Geräte gezielt und absichtlich für bestimmte Tätigkeiten bzw. Arbeitsverfahren hergestellt worden sind. Sie verraten genaue Kenntnis der Werkstoffe und deren spezifischer Bearbeitungsmöglichkeiten. Auffällig ist der relativ hohe Spezialisierungsgrad der Geräte. Er offenbart sich in folgenden Erscheinungen:

- Für verschiedene Kategorien von Geräten wurden auch verschiedene, jeweils der Artefaktnatur spezifisch entsprechende Rohstoffe ausgewählt.
- Die einzelnen rohstoffspezifischen Artefaktbestände ergänzen sich nach ihrem Verwendungszweck.
- In der Mikrolithik und Vielgestaltigkeit von Nutzkanten geben sich die Feuersteingeräte als Spezialgeräte zur Herstellung weiterer Gerätschaften aus anderen Materialien zu erkennen.
- Die Geräte aus Geweih, Knochen und Zahnbein, vor allem die Knochengeräte, zeigen ebenfalls eine große Zahl von eindeutig auf spezifischen Gebrauch gerichteten Formen.

— Es tauchen neuartige Bearbeitungstechniken, z. B. gezieltes Spalten mit Zwischenstück sowie Anwendung mehrerer Bearbeitungstechniken bei der Herstellung eines Gerätes auf. Auch darin kommt die Spezialisierung zum Ausdruck.

In gewisser Weise war diese Spezialisierung auch rationell. So wurden die Großgeräte nicht mit hohem Aufwand aus Silex hergestellt, sondern aus relativ schnell und einfach zu bearbeitenden Rohstoffen mit ähnlichen Qualitäten. Zur Herstellung der Kleingeräte aus Feuerstein war wiederum nur wenig Aufwand bei einfachen Bearbeitungstechniken nötig.

Alle diese Gerätschaften und ihre spezialisierte Herstellung und Anwendung lassen in gewissem Maße vorausplanende Handlung beim späten *Homo erectus* von der Steinrinne erkennen. Seine Kenntnis der Feuernutzung brachte nicht nur gesellschaftliche Folgen, z. B. engeren Zusammenhalt, sondern hatte auch direkte wirtschaftliche Bedeutung. Diese liegt darin, daß mit der Schaffung einer Heimbasis eine stärkere Arbeitsteilung unter den Geschlechtern möglich wurde als zuvor, eine größere Unabhängigkeit und Beweglichkeit der Jäger möglich war, aber auch in der Anwendungsmöglichkeit des Feuers als technisches Mittel zur Geräteherstellung oder bei bestimmten Jagdmethoden.

Zum wirtschaftlich-produktiven Aspekt

Eine große Zahl von Skelettüberresten erjagter und zum Rastplatz gebrachter Tiere legt Zeugnis davon ab, daß die Jagd als wesentliche Existenzgrundlage eine große Rolle gespielt hat. Daneben wurden sicherlich auch Nahrungsmittel gesammelt, z. B. pflanzliche und tierische Nahrung, wobei berücksichtigt werden muß, daß das natürliche pflanzliche Nahrungsangebot in den gemäßigten Breiten geringer als in den subtropischen oder gar tropischen Klimagebieten und von den Jahreszeiten abhängig ist. Sammeln von pflanzlicher Nahrung kann also nicht die Existenzgrundlage gewesen sein. Diese wurde allein von der Jagd geschaffen.

Eine jagdökonomische Analyse des Fundmaterials von Bilzingsleben liegt noch nicht vor. Also können wir uns auch hier zunächst nur auf allgemeine Angaben stützen. Folgende Jagdtiere wurden bisher erkannt: Waldelefant, Steppenelefant, Waldnashorn, Steppennashorn, Auerochs, Bison, großes Wildpferd, verschiedene Hirsche, besonders Rothirsch, dazu Reh, Wildschwein, Biber, Altbiber (*Trogontherium*), Bär, Höhlenlöwe, Wildkatze, verschiedene hundeartige Raubtiere (z. B. Wolf), weitere katzenartige Raubtiere, Greifvögel, Sumpf- und Wasservögel. Dazu kommen noch große Fische.

Die ganze offensichtliche Bevorzugung einer bestimmten Jagdtierart, wie wir das im Jungpaläolithikum bei den Mammut-, Rentier- und Wildpferdjägern kennen, ist nicht festzustellen. Aber häufig wurden Hirsche gejagt, dazu Elefanten, Nashörner, Bären und Biber. Wisente und Wildpferde wurden in geringerem Umfang, gelegentlich nur Reh und Wildschwein, gejagt. Große Raubtiere — abgesehen von Bären — sind selten. Sie mied man lieber und erlegte sie nur, wenn man durch Angriff des Tieres gezwungen wurde, so beim Höhlenlöwen, oder wenn sie zu aufdringlich wurden, so bei Wolf und Fuchs, die sicherlich die Abfallhaufen besuchten.

Es überwiegen größere Säuger. Der Bilzingslebener Homo erectus ist deshalb als Großwildjäger anzusehen. Den Knochen nach zu urteilen, hat er große Beutetiere, die in einer kooperativen, vorausgeplanten Jagd erlegt wurden, ebenso gemeinschaftlich zerlegt und teilweise oder hin und wieder auch in ihrem gesamten Umfang zum Rastplatz gebracht. Kleinere Tiere wurden unzerteilt transportiert. Vom Bären liegen vor allem die Knochen des Schädels und der Pratzen vor; offenbar hat man bei dieser Beute mehr Wert auf die Felle als auf das Fleisch gelegt.

An Schnittspuren, die in der Gegend von Muskel- und Sehnenansätzen liegen, können die Zerlegungspraktiken studiert werden. Daß das Wild ganz rationell aufgebraucht wurde, zeigen nicht nur die kurz und klein geschlagenen Knochen, sondern auch Schnittspuren an Fuß- und Handwurzelknochen, die darauf deuten, daß selbst noch Knorpelpartien gewonnen wurden. Da von einigen besonders großen Exemplaren des Waldelefanten fast alle Skelettelemente nachweisbar sind, liegt die Frage nahe, ob nicht Homo erectus schon einfachste Konservierungsverfahren von Fleisch kannte, z. B. in Art des Trocknens. Derart große Fleischvorräte konnte er nicht sofort bewältigen; und ein Verderb hätte nicht den körperlichen und technischen Einsatz bzw. Aufwand an gemeinschaftlicher Arbeit gerechtfertigt.

Niederwild hat *Homo erectus* von der Steinrinne, mit Ausnahme des wohl häufig vorkommenden Bibers, nur gelegentlich gejagt, dann, wenn sich eine günstige Gelegenheit dazu bot. Sonst war sie zu unergiebig.

Aber große Fische wurden erlegt, wohl mit dem Speer, denn ihre Reste kommen wieder häufiger vor.

Angesichts der primitiven Jagdwaffen, die dem Frühmenschen zur Verfügung standen, war das Ergebnis seiner Jagd weitgehend abhängig von seiner Kenntnis des Wildes und dessen Verhalten, von seiner Fähigkeit, sich an Orte und Landschaften zu erinnern, dann von Geländegegebenheiten, von der jeweiligen Jahreszeit und ähnlichen anderen Bedingungen. Für die relativ kleinen Jägergemeinschaften, die wir voraussetzen müssen, war allerdings die Großwildjagd trotz ihrer Gefahren und ihres Aufwandes die rationellste, d. h. ergiebigste Methode der Nahrungsbeschaffung im gemäßigsten Klimagebiet. Hand in Hand mit ihr ging die Entwicklung von Gerätetechnik und technologischer Methodik; weiter wirkte sich für sie die Kenntnis der Feuernutzung vorteilhaft aus. Sie selbst rief neue gesellschaftliche Normen hervor und wird insgesamt zu einem wesentlichen Faktor in der weiteren Evolution des Menschen und seiner Gesellschaft.

Wie vorteilhaft die Großwildjagd gewesen sein muß, kann folgende, allerdings spekulative Überlegung erkenntlich machen: nehmen wir an, eine Jägergruppe hat aus 30—40 Individuen verschiedenen Alters bestanden und setzen wir — ohne Rücksicht auf die Zusammensetzung nach Altersgruppen — einen individuellen täglichen Mindestbedarf von durchschnittlich 2000 kcal bzw. 60000 kcal für die ganze Gruppe voraus, muß täglich eine Mindestmenge von 30 kg Fleisch bzw. 60 kg Lebendgewicht eines Beutetieres zur Deckung dieses Kalorienbedarfs vorhanden gewesen sein. Also mußten die Jäger mindestens 2 große Biber oder einen kleinen Hirsch pro Tag erlegen. Ein großer Edelhirsch mit 270 kg Lebendgewicht reichte schon mehrere Tage, während ein Bison mit 800—1000 kg über eine Woche Fleischvorrat bot. Noch länger kann der Vorrat nicht gereicht haben, auch bei noch größeren Beutetieren nicht, da er nach dieser Zeit sicherlich in Verwesung überging. Aber man konnte sich mit Aufhängen von Fleischfetzen an luftigem und trockenem Ort oder überhaupt dem Fleischtrocknen behelfen und auf diese Weise die 2—4 Mio Kilokalorien, die ein Nashorn oder Elefant bot, ausnützen. Aber das Beispiel zeigt bei aller Spekulation, wie vorteilhaft der Einsatz auf der Großwildjagd gewesen sein muß, denn er brauchte durchschnittlich nur alle 5—10 Tage einmal durchgeführt zu werden, ergab Nahrung für die ganze Gemeinschaft auf längere Zeit, beschränkte den Zeitaufwand der Nahrungsgewinnung auf eine kleinere Zeitspanne, so daß die Jäger mehr Zeit fanden, und verhalf dazu, daß die Gegend nicht zu schnell abgejagt und das Wild vergrämt wurde.

Zusammenfassung

Trotz des z. Zt. noch ungenügenden Auswertungsstandes kann aus dem Fundmaterial und den Befunden von der Steinrinne für den späten Vertreter des *Homo erectus* im Vergleich zu anderen altpaläolithischen Fundgruppen eine relativ weit spezialisierte Technologie sowie rationelle Nahrungsmittelbeschaffung mittels kooperativen Jagens auf Großwild ermittelt werden. Darüber hinaus war offensichtlich die Feuernutzung bekannt. Im Prozeß der aktiven Auseinandersetzung mit den Umweltverhältnissen des kühleren Klimagebietes tritt eine bewußt einwirkende und in gewissem Maße vorausplanende Form frühmenschlicher Arbeit auf.

Literaturverzeichnis

GRIMM, H., D. MANIA u. V. TOEPFER, 1974: Ein neuer Hominidenfund in Europa. Nachtrag zum Vorbericht über Bilzingsleben, Kr. Artern. In: Zeitschrift für Archäologie, 8, 175—176. Berlin.

MANIA, D., 1974: Bilzingsleben, Kr. Artern — eine altpaläolithische Travertinfundstelle im nördlichen Mitteleuropa (Vorbericht). In: Zeitschrift für Archäologie 8, 157—173. Berlin.

MANIA, D., 1975: Bilzingsleben (Thüringen): Eine neue altpaläolithische Fundstelle mit Knochenresten des *Homo erectus*. In: Archäologisches Korrespondenzblatt 5, 263—272. Mainz.

MANIA, D., H. GRIMM u. E. VLČEK, 1976: Ein weiterer Hominidenfund aus dem mittelpleistozänen Travertinkomplex bei Bilzingsleben, Kr. Artern. In: Zeitschrift für Archäologie 10, 241—249. Berlin.

MANIA, D., 1977: Die altpaläolithische Travertinfundstelle von Bilzingsleben, Kr. Artern. In: Ethnographisch-Archäologische Zeitschrift 18, 5—24. Berlin.

Der Übergang vom Mittelpaläolithikum zum Jungpaläolithikum: seine ökologischen, anthropologischen, archäologischen und sozialen Aspekte

Von KAREL VALOCH, Brno

Die klassische These von FRIEDRICH ENGELS, die Hand sei nicht nur das Organ der Arbeit, sie sei auch ihr Produkt, drückte zum ersten Male die Gesetzmäßigkeit der Wechselbeziehungen zwischen dem menschlichen Wesen und dessen Tätigkeit aus. Diesen Ausspruch kann man heute als eine nicht nur die Hand und die manuelle Auswirkung betreffende Formel betrachten, sondern als ein Prinzip der gesamten Entwicklung schlechthin. Dieselben Wechselwirkungen bestanden letzten Endes zwischen der physischen und kulturellen Entwicklung allgemein (FEUSTEL, 1976).

Während der einige Millionen Jahre dauernden physischen Entwicklung der Menschen gab es mehrere für uns besonders wichtige und interessante Abschnitte, in denen es zur Ablösung einzelner Menschentypen gekommen war. Diese Übergangsphasen umfassen meist ziemlich lange Zeitperioden, während welcher sich der Entwicklungsprozeß zu einer höheren Form vollzog, wobei wohl die morphologischen Änderungen so allmählich vor sich gingen, daß es für uns, auch wenn man eine ununterbrochene Fossilienserie zur Verfügung hätte, sehr schwer fallen würde, eine Grenzlinie zwischen zwei aufeinander folgenden Formen zu ziehen.

Ein besonderes Interesse ruft der letzte Wendepunkt in der Entwicklung hervor, nicht zuletzt auch deswegen, weil er wegen der relativ zeitlichen Nähe und der doch gewissen Fundanhäufung eine tiefere Betrachtung mit manchen Rückschlüssen gestattet. Es ist die Zeit des Verschwindens der Paläanthropinen (*Homo sapiens neandertalensis* sensu lato) und des Antritts der Neanthropinen (*Homo sapiens sapiens*), die Zeit, wo sich eine neue Kultur des fossilen Menschen in ganz Europa ausgebreitet hat: das Jungpaläolithikum. Die stattgefundenen Änderungen waren durchgreifender denn je zuvor, so daß R. FEUSTEL von einer jungpaläolithischen Revolution spricht. Wenn man als Revolution einen mehrere Jahrtausende fortschreitenden Prozeß betrachten mag, dann besteht dieser Begriff, ebenso wie der der Neolithischen Revolution, zu recht.

Mit den Erscheinungen dieser jungpaläolithischen Revolution wollen wir uns näher befassen; es sind ökologische, anthropologische, archäologische und soziale Aspekte, die uns den gesamten Prozeß beleuchten können. Dabei werden wir uns auf die Ergebnisse des 1969 in Paris unter der Leitung von Prof. F. BORDES stattgefundenen und 1972 von der UNESCO veröffentlichten Kolloquiums über die Entstehung des modernen Menschen sowie auf die beiden neuen Publikationen von R. FEUSTEL (1975, 1976) stützen.

Ökologische Aspekte

Der moderne Mensch, *Homo sapiens sapiens*, erschien in Europa vor rund 40000 Jahren, etwa in der Mitte der letzten, der Würm- oder Weichseleiszeit. Das Klima der ersten Würmhälfte kann man auf Grund paläopedologischer und paläontologischer Indizien als durch zahlreiche, relativ kurz andauernde Schwankungen gekennzeichnet darstellen. Wie alle vorangehenden Eiszeiten des Pleistozäns durchlief auch die letzte Kaltzeit mehrere Schwankungen, wobei das Kälteminimum in diesem Abschnitt nicht erreicht wurde; es gipfelte erst in der zweiten Würmhälfte vor rund 25 bis 16000 Jahren. Das Biotop Mitteleuropas war während der ersten und so bedeutenden Hälfte des Würm keinesfalls unfreundlich. Kühlfeuchte Grassteppen der Kälterückstände wechselten mit parkartigen Wäldern der Wärmeschwankungen. Es gab zu jeder Zeit genügend Wild: Die kaltzeitliche Gemeinschaft von Mammut, Ren und Pferd wurde um zahlreiche Cerviden und Boviden in den wärmeren Perioden bereichert.

Die Ausbreitung des modernen Menschen wird mit dem Hengelo-Interstadial (Schwankung Königsaue III), während dem — nach R. Musil — zum letztenmal diese altwürmzeitliche Gemeinschaft von Pferden, Boviden und Cerviden auftrat, in Zusammenhang gebracht. Seine Entstehung mußte jedoch schon vorher erfolgt sein.

Dieser Einblick in die altwürmzeitliche Ökologie soll nur zeigen, daß die Umwandlung der Paläanthropinen zum modernen Menschen durch keine extremen oder außergewöhnlichen Umweltbedingungen hervorgerufen sein konnte. Der Faktor der Anpassung an die Umwelt konnte dabei praktisch keine Rolle gespielt haben; es war eine Umwelt, in welcher die Menschen schon durch Jahrtausende hindurch vorher gelebt haben.

Anthropologische Aspekte

Das Stadium der dem modernen Menschen vorangehenden Paläanthropinen ist relativ gut bekannt und durch zahlreiche Fossilfunde belegt. Bei ihrer näheren Betrachtung ergibt sich jedoch, daß es sich um eine morphologisch sehr uneinheitliche und variable Population handelte, für die das Vorbild des „klassischen Neandertalers“ kaum repräsentativ sein kann. Diese Variabilität macht sich nicht nur im Spätstadium der Paläanthropinen, sozusagen vor der Schwelle der Herausbildung des modernen Menschen, sondern ebenso in sehr frühen Entwicklungsstadien bemerkbar.

Die Zeitabfolge der wichtigsten anthropologischen Funde Europas bietet das folgende Bild: Das Stadium des *Homo erectus* wird durch die cromerzeitlichen Skelettreste von Mauer und Vértesszöllös vertreten, die keine Schädelrekonstruktion gestatten.

Aus der Holstein-Warmzeit des ausgehenden Altpaläolithikums stechen die beiden als Präsapiens-Formen bezeichneten Funde von Steinheim und Swanscombe hervor. Aus derselben Zeit stammen jedoch die mit erectoiden Merkmalen versehenen Reste von Bilzingsleben, wahrscheinlich der erectoide Schädel von Petralona und der archaische Unterkiefer von Montmaurin.

Im Mittelpaläolithikum der Riß-(Saale)Eiszeit wächst diese Variabilität noch an. Der älteste Fund, der Gesichtsteil von Arago, ist sehr altertümlich mit erectoiden Zügen. In diese Eiszeit gehört nach neuesten Erkenntnissen auch Fontéchevade mit seinen Präsapiens-Menschenresten (Chaline, 1972) sowie La Chaise, an dessen Skeletteilen fortschrittliche Merkmale festzustellen sind, wogegen aus der Grotte du Lazaret ein altertümlicher Unterkiefer vorliegt.

Aus der letzten Warmzeit stehen nur wenige Funde zur Verfügung. Die Schädel von Saccopastore und aus der Grotta Quattari am Monte Circeo scheinen den klassischen Neandertalern nahe zu stehen, der endocraniale Travertinausguß von Gánovce weist nach Vlček erectoide Züge auf, und die Menschenfunde von Ehringsdorf dürften indifferenten Paläanthropinen mit sapientoiden Merkmalen gehören.

Im Altwürm häufen sich die Funde. Hierher gehören nicht nur alle „klassischen" Neandertaler (La Ferrassie, La Chapelle-aux-Saints, La Quina, Neandertal, Spy, Hortus), aber auch alle mehr oder weniger als progressiv angesehenen Fossilfunde Mittel-, Südost- (z. B. Krapina) und Osteuropas sowie die aufschlußreichen Funde des Nahen Ostens, wo den typischen Neandertalern nahe Formen (Shanidar, Amud) gleichzeitig mit sapientoiden (Skhul, Kafzeh) lebten.

Somit scheinen die Paläanthropinen als eine im Wandel der Zeit variabel ausgebildete Gruppe zu sein, aus welcher sich die modernen Menschen entwickelt haben. Man kann annehmen, daß es innerhalb dieser Gruppe Populationen gab, bei denen altertümliche (erectoide), progressive (sapientoide) und hochspezialisierte (neandertaloide sensu stricto) Merkmale in unterschiedlicher Anzahl und Anordnung vorhanden waren. Insgesamt also bot die Subspezies der Paläanthropinen ein mosaikartiges, höchst plastisches Bild verschiedener Merkmale, deren günstigste Kombination jene entwicklungsfähigen Formen hervorgebracht hat, die zum modernen Menschen führten.

Archäologische Aspekte

Ungefähr gleichzeitig mit dem Beginn der vorletzten Eiszeit setzt auch die verästelte Entwicklung, die „évolution buissonante" von F. Bordes, der mittelpaläolithischen Industrien ein, deren untere Grenze durch das Auftreten der präparierten Schildkerne der Levallois-Technik gekennzeichnet wird. Die typologische und technologische Vielfältigkeit der mittelpaläolithischen Industrien übertrifft die Variabilität der menschlichen Populationen. Aber auch das vorangehende Altpaläolithikum war keinesfalls nur monoton: In Europa muß man mit etwa drei technologischen Traditionen rechnen, die das Altpaläolithikum überlebt haben. Während des Mittelpaläolithikums gab es in Europa eine ganze Reihe von Technokomplexen, von denen einige uralte Traditionen verkörpern, andere aber als technologische oder typologische Fazies im Laufe dieser Entwicklung entstanden sind.

Ähnlich wie bei den menschlichen Populationen begegnet man im Altwürm einer Häufung von verschiedenen, nur mit Hilfe statistischer Angaben unterscheidbarer Industriefazies. Darunter sind solche, die hochspezialisiert und kaum weiter entwicklungsfähig zu sein scheinen, andere, die in ihrer Technologie eine Tradition urtümlicher Geröllbearbeitung aufbewahren, ferner Industrien mit progressiver Technologie oder fortschrittlichem Typenspektrum. Außerdem kommt es zu zahlreichen Kreuzungen und Kombinationen, so daß ein Gesamtbild von großer Plastizität entsteht.

Aus dieser Situation heraus entwickelt sich das Jungpaläolithikum, welches sich innerhalb von wenigen Jahrtausenden über ganz Europa und den östlichen Mittelmeerraum ausgebreitet hat. Es ist in seinen frühesten Phasen nur gering gegliedert und besteht in diesem ganzen Raum nur aus ganz wenigen typologisch und technologisch unterschiedlichen Technokomplexen. Die Genese einiger davon scheint bereits klar zu sein. Aber ehe wir zu ihrer Umschreibung gelangen, sollen die von uns theoretisch erarbeiteten fünf Varianten der möglichen Verbindungen des Mittel- und Jungpaläolithikums erörtert werden, die am bereits erwähnten Kolloquium 1969 in Paris vorgebracht wurden:

a) Mittelpaläolithische Industrien, die sich nicht weiter entwickeln, keinen Kontakt mit dem Jungpaläolithikum aufnehmen und mit dessen Antritt verschwinden.

b) Mittelpaläolithische Industrien, die einen Kontakt mit progressiven Industrien erleben, neue Elemente aufnehmen, selbst aber nicht entwicklungsfähig sind und verschwinden.

c) Industrien, deren Tradition nach einem Kontakt als eine altertümliche Komponente im Jungpaläolithikum weiterlebt.

d) Industrien, die sich typologisch zum Jungpaläolithikum zwar nicht entwickelt haben, deren progressive Technologie sich jedoch nach einem Kontakt an dem Prozeß der Leptolitisation mitbeteiligen konnte.

e) Industrien, die Träger der progressiven Elemente waren und sich direkt und allein zum Jungpaläolithikum entwickelt haben. Auf ihre Existenz gehen die Varianten b—d zurück.

Die älteste Industrie Frankreichs, die das Jungpaläolithikum einleitet, ist das Châtelperronien (Périgordien I), welches F. Bordes schon 1958 aus dem bodenständigen Moustérien mit Acheul-Tradition abgeleitet hat (Bordes, 1958). Diese Auffassung wurde inzwischen von den meisten westeuropäischen Forschern akzeptiert. Diese Entwicklung ist ein Beispiel der Variante e, obzwar darauf hingewiesen werden muß, daß das Châtelperronien relativ spät, etwa vor 33000 Jahren, erscheint. In Italien gibt es das Uluzzien, welches wahrscheinlich eine dem Châtelperronien verwandte Parallelerscheinung darstellt (Palma di Cesnola, 1965/1966). Das ostmitteleuropäische Szeletien erscheint in einer Levallois- und einer Nicht-Levallois-Fazies. Seine Genese dürfte ziemlich kompliziert gewesen sein. Die Herkunft der Blattspitzen als der auffallendsten Typen des Szeletien, wie auch des übrigen moustéroidem Inventars, ist wohl im mitteleuropäischen Micoquien zu suchen, worauf als erster G. Bosinski hinwies (Bosinski, 1967). Dieses Micoquien enthält nirgends eine größere Anzahl jungpaläolithischer Typen. Im Gegenteil, sie sind dort auch in den jüngsten Phasen viel seltener, als z. B. im interglazialen Taubachien der Kůlna-Höhle (Schicht 11, etwa 10%). Es ist doch kaum glaubwürdig, daß es innerhalb dieses Komplexes plötzlich zu einer Entwicklung gekommen ist, auf Grund welcher sich das Typenspektrum binnen kurzer Zeit und nur auf bestimmtem Gebiet — in einer Randzone des gesamten Verbreitungsareals — grundsätzlich geändert hätte. Viel eher läßt sich hier ein Kontakt mit Trägern einer anderen Industrietradition vermuten, durch welchen der weitere Entwicklungslauf modifiziert wurde. Diese zweite Population war Träger eines reinen Jungpaläolithikums — des Aurignacien —, und das Ergebnis dieses Kontakts ist das Szeletien, in dem die altertümliche Komponente in allen weiteren Phasen zur Geltung kommt. Das wäre ein Beispiel der Variante c.

Die Geschichte der Levallois-Fazies des Szeletien dürfte noch verwickelter sein. Das Micoquien kennt auch die Levallois-Technik nicht; es scheint daher, daß an dem Prozeß noch eine dritte Komponente mitbeteiligt war, von der die Levallois-Technik übernommen wurde. Diese im Prinzip progressive Technik, die ja sehr früh die Klingenerzeugung zu erfinden ermöglicht hat, beteiligte sich dann selbst an der weiteren Leptolitisation, da die Levallois-Fazies des Szeletien einen bedeutend höheren Klingenanteil aufweist als die Nicht-Levallois-Fazies (Variante d).

Der urtümliche jungpaläolithische Technokomplex Ostmittel- und Südosteuropas ist das

Aurignacien, welches am besten die Variante e verkörpert. Der ausschlaggebendste Zug des Aurignacien ist seine progressive Technologie, die ohne Kenntnis und Anwendung der Levallois-Technik zur Klingenerzeugung mit nur geringster Präparation der ursprünglich überwiegend unidirektionellen Kerne kam. Das Typenspektrum ist anfangs sehr einfach: Kratzer an Abschlägen, Stichel, darunter auch Kielstichel, gezähnte, gekerbte und sonstige indifferente Typen, sowie wenige und meist atypische moustéroide Schaber. Als mittelpaläolithischen Vorläufer des Aurignacien kann man Industrien vermuten, die die erwähnte technologische Disposition aufweisen: das Krumlovien in Mähren und das Inventar von Fontéchevade in Frankreich.

Auch im Nahen Osten sind es aurignacoide Komplexe, die am Beginn des Jungpaläolithikums stehen (Levantine-Aurignacien I nach Hours und Copeland); ihre Genese ist kompliziert, da sie einerseits typologische Beziehungen zum vorangehenden Levallois-Moustérien aufweisen, andererseits aber vom frühwürmzeitlichen Präaurignacien (im Sinne von A. Rust) oder Amudien (im Sinne von D. Garrod) angekündigt werden. Unterschiedlich, aber von großer Bedeutung ist das Dabban Lybiens, wo erstmals vor 38000 Jahren ein Komplex mit Rückenmessern auftritt (McBurney, Hey, 1955).

Nur so viel läßt sich aus dem bisher bekannten Mittelpaläolithikum in einen direkten Zusammenhang mit dem Jungpaläolithikum bringen. Unter den übrigen Gruppen gibt es gewiß eine Reihe von Beispielen der Variante a, zu denen wir z. B. das mitteleuropäische Taubachien sowie das westeuropäische Charentien rechnen, als auch der Variante b (z. B. das sehr späte, gezähnte Moustérien der Šipka-Höhle in Mähren mit relativ hohem Anteil jungpaläolithischer Typen); auch in Westeuropa gäbe es bestimmt derartige Beispiele.

Verknüpfung anthropologischer und archäologischer Befunde

Nun wollen wir überprüfen, ob die Verknüpfung anthropologischer Funde mit archäologischen Inventaren brauchbare Aussagen gewähren kann. Es handelt sich um jene Menschenreste, die einem klassifizierbaren Inventar zugefügt werden können. Der älteste aus einem klaren Zusammenhang stammende Skelettrest ist jener von Vértesszöllös. Die dortige reiche Steinindustrie stellt eine besondere kleinförmige Fazies der Geröllgeräte dar; sie leitet einen in Mitteleuropa sich über das gesamte Alt- und Mittelpaläolithikum entwickelnden Technokomplex — das Taubachien — ein. Ihm gehören auch Bilzingsleben und Gánovce an, deren Träger gewisse erectoide Merkmale aufzuweisen scheinen.

Der nächste Fund ist Swanscombe; er stammt aus einem älteren Acheuléen und ist bisher der einzige bekannte Träger dieser Industrien in Europa. Das ist ein sehr bedeutsamer Mangel, denn das an das Acheuléen anknüpfende Moustérien mit Acheul-Tradition führt direkt ins Jungpaläolithikum hinein, und dessen Träger bleiben uns unbekannt. Auf diesen Umstand verwies F. Bordes bereits vor mehr als 20 Jahren, als er die vermutete Variabilität der Neandertaler behandelte.

Der Schädelteil von Arago stammt aus dem südfranzösischen Tayacien (im Sinne von H. de Lumley), einer Industrie, die dem mitteleuropäischen Taubachien sehr ähnlich und wohl auch verwandt ist. Der Fundbestand von Fontéchevade wurde von der Ausgräberin Mlle G. Henri-Martin als „Tayacien" bezeichnet, de Lumley fügt ihn nun seinem Evenosien ein. Ohne auf die archäologische Problematik beider Begriffe eingehen zu wollen, soll nur betont werden, daß weder der eine noch der andere die progressive Technologie des Inventars genügend berücksichtigt.

In die letzte Warmzeit gehört auch Ehringsdorf, dessen Typengemeinschaft ohne Analogien dasteht, obzwar sie gewisse charentoide Züge aufweist. Der Neandertaler von Monte Circeo (Grotta Quattari) schuf seine durch eine besondere Technologie charakteristische Fazies, das Pontinien, die dem typischen Moustérien, jedoch ohne Levallois-Technik, ähnlich ist.

Im Altwürm kommen wir zu für unser Hauptthema wichtigen Menschenresten. Man muß die vor Jahren von BORDES getroffene Feststellung wiederholen: die bekannten „klassischen" Neandertaler gehören alle einem und demselben Technokomplex an, nämlich dem Charentien, Fazies Quina oder Ferrassie. Dieses Charentien ist eine hochspezialisierte Industrie in Technik und Typologie, in der mit schuppenförmiger Stufenretusche konvexe Längs- und Querschaber wie genormt erzeugt wurden. Es ist kaum anzunehmen, daß sich diese Industrie in irgendeiner Weise an der Entstehung des Jungpaläolithikums beteiligt hätte.

Den Träger des gezähnten Moustérien kennt man aus mehreren Resten aus der Höhle Hortus in Südfrankreich und in Mitteleuropa aus der Šipka-Höhle. Die leider geringen Schädelteile aus der Kulna-Höhle stellen den einzigen bekannten Menschen des mitteleuropäischen Micoquien dar. Die morphologisch wichtigen Funde von Krapina lassen sich weder stratigraphisch noch kulturell genau einordnen; zwar machte der zum 70. Entdekkungsjubiläum herausgegebene Sammelband (MALEZ, 1970) wahrscheinlich, daß die Skelettreste aus dem Altwürm stammen und durch eine vielleicht charentoide Industrie begleitet werden. Doch mit Gewißheit sind diese Fragen nicht zu beantworten.

Man sieht, daß die aussagefähigen Menschenfunde aus dem Mittelpaläolithikum sehr rar sind und besonders in jenen Industrien fehlen, die für die Weiterentwicklung zum Jungpaläolithikum von Bedeutung wären. Günstiger ist aber auch nicht die Lage im frühen Jungpaläolithikum. Dem älteren Périgordien wird nur das Skelett von Combe-Capelle zugewiesen, obzwar seine stratigraphische Position nicht belegt ist. Das ältere Aurignacien representieren nur die Schädel aus der Höhle von Mladeč in Mähren, eine jüngere Phase des Aurignacien jene von Cro-Magnon. Das ist alles, was man zum Thema des Überganges vom Mittel- zum Jungpaläolithikum bieten kann. Die neuen sehr bedeutsamen anthropologischen Funde aus dem frühen Jungpaläolithikum Nordjugoslawiens von M. MALEZ sind noch nicht veröffentlicht und können daher nicht einbezogen werden.

Nun kann die Frage entstehen, warum aus einigen Technokomplexen viele Reste, ja sogar ganze Skelette, erhalten geblieben sind und aus anderen gar nichts. Dies ist bestimmt durch Bräuche im Kultbereich erklärbar. Die Menschen des Charentien und vielleicht des typischen Moustérien bestatteten ihre Toten direkt in den Wohnhöhlen und verbargen sie sorgfältig, so daß sie erhalten und auch gefunden werden konnten. Wenn jedoch eine andere Menschengruppe, z. B. jene des Moustérien mit Acheul-Tradition, ihre Toten außerhalb der Siedlungsplätze beigesetzt hat, ist die Wahrscheinlichkeit ihrer Entdeckung, auch wenn sie erhalten geblieben wären, sehr gering.

Für diese unterschiedliche Verhaltensweise kann man ebenfalls aus dem Jungpaläolithikum ein Beispiel bieten. Im Pavlovien, einer mitteleuropäischen Fazies des gravettoiden Komplexes, pflegte man ebenfalls die Toten im Bereich der Siedlung zu bestatten. Deshalb konnte man auf allen drei mährischen Fundstellen (Dolní Věstonice, Předmostí, Pavlov) mehrere Skelette bergen. Dagegen kennt man aus dem gesamten Magdalénien Mitteleuropas mit vielleicht 50 erforschten Höhlensiedlungen keinen einzigen Skelettrest. Die Zugehörigkeit der Funde aus der Urd-Höhle und aus der Klausennische ist nicht ganz eindeutig.

Die Kultbräuche, der Bestattungsritus, bilden also einen bedeutenden Auslesefaktor, der es unter Umständen bewirken kann, daß man von einer bestimmten Menschenpopulation gar keine Skelettreste findet, von einer anderen jedoch mehrere, die dann als ein repräsentativer Typus der gesamten Periode betrachtet werden.

Diese Verknüpfung anthropologischer und archäologischer Funde verfolgte den Zweck, auf die Wahrscheinlichkeit aufmerksam zu machen, daß der morphologisch stark differenzierten Paläanthropinengruppe ein noch mehr variierender materieller Kulturbestand entspricht. Es wäre anzunehmen, daß unterschiedliche Populationen auch verschiedene technologische und typologische Traditionen angezeigt haben, welche im Sinne der Engels'schen These von der Wechselwirkung zwischen Organ und Produkt nicht nur gewissermaßen ein Abbild des psychischen und manuellen Könnens der Menschen sind, sondern auch gewisse Rückschlüsse auf deren physischen und psychischen Stand gestatten müßten.

Soziale Aspekte

Aus der dürftigen materiellen Hinterlassenschaft der Paläolithiker Schlüsse auf ihre sozialökonomischen Verhältnisse zu ziehen, ist ein gewagtes und weitgehend nur ein spekulatives Vorgehen. Doch gibt es archäologisch erfaßbare Befunde, die ein solches ermöglichen.

In den vergangenen drei Jahrzehnten wurde die Grabungstechnik derart verfeinert, daß man imstande ist, Behausungsgrundrisse zu unterscheiden. Dies gelang nicht nur im Jungpaläolithikum, sondern auch im frühen Mittelpaläolithikum. Dort kann man zwei unterschiedliche Arten von Wohnanlagen feststellen: Relativ große, längliche (bis 11 m Länge) (Terra Amata und und Grotte du Lazaret in Nice) und ziemlich kleine, rundliche (Bečov A, Molodova V). Die kleinen konnten nur von einer Kleinfamilie, die großen aber von einer Sippe benützt worden sein. Dasselbe zeigt sich auch im Jungpaläolithikum, wo ziemlich große einer Sippe dienende Behausungen z. B. in Pincevent, Gönnersdorf und Kostjenki IV, die kleinen z. B. am Pinnberg, in Pavlov, Dolní Věstonice, Mezin und Mezirič entdeckt worden sind. Daraus könnte man schließen, daß es schon seit dem frühen Mittelpaläolithikum (Bečov A ist interrisszeitlich, bisher unveröffentlicht) auch Kleinfamilien gab. Wie die Funktion dieser beiden sozialen Einheiten, einer Sippe und einer Kleinfamilie, war, ob die Bindung einer Kleinfamilie vielleicht nur zeitlich, etwa zur Betreuung der Kinder, begrenzt blieb, muß offen bleiben (vergl. Feustel, 1975).

Eine andere Quelle bilden Gräber, die leider noch seltener als Behausungen sind. Sie zeugen aber von verschiedenartigen Riten, welche die urtümliche Auseinandersetzung des Menschen mit der Natur, seine Weltanschauung im modernen Sinne, widerspiegeln. Es wurde schon angedeutet, daß man bei unterschiedlichen Populationen mit verschiedenen Bestattungsriten rechnen kann. Dies muß hier ergänzt und gewissermaßen eingeschränkt werden. Die Anzahl der entdeckten Bestattungen ist überraschend gering auch in jenen Fällen, wo nach einem Ritus die Beerdigung im Raume der Siedlung stattgefunden hat.

In Pavlov z. B. müßte es innerhalb der Besiedlungszeit — die gewiß ziemlich lange dauerte, da die Wohnanlagen wiederholt erneuert wurden — mehrere Bestattete geben; gefunden wurden aber nur zwei Gräber. Ähnlich ist die Situation in Dolní Věstonice, wo nur ein Grab, Reste eines Kindes und weitere Spuren entdeckt wurden. In Předmostí war es ein Massengrab mit 20 Individuen, ein europäisches Unikum für damalige Zeit. Aufschlußreich ist der Grabfund von Brno II. Es war ein reich ausgestattetes Grab, völlig isoliert im Gelände fern von einer heute bekannten Siedlung. Es wurde zufällig bei Bauarbeiten entdeckt.

Das zwingt zu der Annahme, daß auch jene seltenen Fälle, wo Gräber überhaupt gefunden wurden, eigentlich Ausnahmen sind, daß nicht alle Sippenmitglieder in dieser Art bestattet worden sind, sondern im Gegenteil nur ganz wenige Personen so ehrenvoll und mit zahlreichen Beigaben, wie in Brno II, beigesetzt worden sind. Alle anderen Verstorbenen wurden dann so behandelt, daß sich ihre Überreste überhaupt nicht oder nur in Fragmenten erhalten konnten.

Dasselbe gilt bestimmt auch für die Zeit der Paläanthropinen, ob es sich nun um mehrere Gräber von La Ferrassie, um das Begräbnis mit Blüten in Shanidar oder um das Kindergrab von Tešik-Taš handelt.

Man steht hier vor dem notwendigen Schluß, daß diese Personen — und mögen es auch Kinder gewesen sein — eine besondere Stelle in der Gesellschaft eingenommen haben. Das würde eine einfache Gesellschaftsgliederung voraussetzen, deren Beginn — nach heutigen Befunden — etwa im Altwürm zu beobachten wäre und die sich im Jungpaläolithikum weiter gefestigt hat. Man kann sich schwer vorstellen, was der Maßstab dieser Gliederung war, ob besonderer Jagderfolg, Schamanentum oder sonstige ungewöhnliche Fähigkeiten. Das mag aber zweitrangig sein; die Vermutung einer derartigen frühen Gesellschaftsgliederung ist jedoch von grundsätzlicher Bedeutung.

Das archäologische Material erlaubt uns noch einen Schluß über das Verhalten verschiedener Paläanthropinen-Populationen untereinander. Über die Vielfältigkeit der mittelpaläolithischen Steinindustrien wurde die Vermutung ausgesprochen, daß sie zum Teil durch gegenseitige Beeinflussung und durch Übernahme einzelner Elemente zustande kam. Dies läßt sich auf analytischem Wege unter der Voraussetzung nachweisen, daß bestimmte Populationen eine bestimmte technologische und typologische Tradition bewahrten. Es sei erinnert, daß bereits A. Rust von dieser Voraussetzung ausging, als er Inventare von gemischtem Charakter als Acheuléo-Jabrudien u. dgl. bezeichnet hat.

Die Existenz von gemischten Inventaren erlaubt uns anzunehmen, daß verschiedene, gegebenenfalls auch morphologisch differente Menschengruppen, miteinander friedliche Kontakte aufrecht erhalten haben, was zur Übernahme technologischer, aber gewiß auch anderer Traditionen geführt hat. Ob diese Kontakte durch Tauschbeziehungen, Gebote der Exogamie, zeremonielle Treffen u. a. ermöglicht waren, bleibe dahingestellt. Die ökologischen Bedingungen in Europa sprechen jedenfalls dafür, daß kaum Gründe für eine feindselige Konkurrenz vorhanden waren.

In ökonomischer Hinsicht ist mit dem Beginn des Jungpaläolithikums mit einem beträchtlichen Anstieg der Produktivkräfte zu rechnen. Das verbesserte Spaltverfahren ermöglichte eine serienweise Klingenerzeugung sowie die Herstellung von leistungsfähigeren Werkzeugen. Weittragende Waffen mit scharfen, oft zusammengesetzten Geschoßköpfen bewirkten einen Anstieg der Jagdproduktion. Die erhöhte Arbeitsproduktivität ist eine markante Begleiterscheinung der jungpaläolithischen Revolution.

Literaturverzeichnis

Bordes, F., 1958: Le passage du Paléolithique moyen au Paléolithique supérieur. In: Hundert Jahre Neanderthaler, 175—181. Köln.

Bordes, F. (ed.), 1972: Origine de l'Homme moderne. Écologie et conservation 3, UNESCO. Paris.

BOSINSKI, G., 1967: Die mittelpaläolithischen Funde im westlichen Mitteleuropa. Fundamenta Reihe A, Band 4. Köln.

CHALINE, J., 1972: Le Quaternaire. L'histoire humaine dans son environment. Paris.

FEUSTEL, R., 1975: Urgesellschaft. Entstehung und Entwicklung sozialer Verhältnisse. 2. Aufl. Weimar.

FEUSTEL, R., 1976: Abstammungsgeschichte des Menschen. Jena.

MALEZ, M. (ed.), 1970: Krapina 1899—1969. Zagreb.

MCBURNEY, C. B. M., HEY, R. W., 1955: Prehistory and Pleistocene Geology in Cyrenaican Libya. Cambridge.

PALMA DI CESNOLA, A., 1965/1966: Il Paleolitico superiore arcaico (facies Uluzziano) della Grotta del Cavallo, Lecce. In: Rivista di Scienze Preistoriche 20, 33—62; 21, 3—59. Firenze.

Familie und Gens im Werk von L. H. Morgan

Von GÜNTER GUHR, Dresden

I.

Ich darf daran erinnern, daß das Hauptwerk des amerikanischen Ethnologen und Rechtsgelehrten LEWIS HENRY MORGAN, Ancient Society or Researches in the Lines of Human Progress from Savagery through Barbarism to Civilization, gerade vor 100 Jahren, 1877, in New York erschienen war. Daher mag unsere heutige Beschäftigung damit zugleich als kleines Gedenken daran zu verstehen sein.

Dieses Werk war seit etwa 1880 in die historische Konzeption von MARX und ENGELS einbezogen worden (ENGELS, Ursprung; Notebooks). Es ist ins Deutsche übersetzt und seit 1892 unter dem Titel „Die Urgesellschaft" allgemein verbreitet (MORGAN, 1921)[1]. Nach etwa einem viertel Jahrhundert systematisch betriebener Ethnologie war es entstanden und stellte eine Revolution auf dem Gebiet der Geschichts- und Gesellschaftswissenschaft dar. Es öffnete den Geist für die Betrachtung einer urgeschichtlichen Entwicklung der menschlichen Gesellschaft und schuf zugleich die sachlichen Voraussetzungen und methodischen Mittel, diese urgeschichtliche Entwicklung zu erforschen und darzustellen (ENGELS, Ursprung, 28).

Ein weiter Weg war in der europäischen Geschichte zurückgelegt, ehe die Auffassung vom biblischen Urgeschichtsbild des christlichen Altertums und Mittelalters durch die Geschichtsauffassung der späten Aufklärung gewandelt worden war. Sie hatte mit den modernen welt- und kulturgeschichtlichen Darstellungen erstmals die biblische Auffassung durchbrochen, wenn auch noch nicht überwunden. Die Zustände der verschiedenen Völker der Erde, auf unterschiedlich fortgeschrittenen Entwicklungsstufen stehend, wurden zur Darstellung früher Entwicklungen des Menschengeschlechts herangezogen. Es handelte sich um Forschungsergebnisse auf ethnographischer Grundlage, die seitdem neben der Geschichtsbetrachtung i. e. S. bestanden (vgl. FERGUSON, 103ff.; FORSTER, 254ff.; ACHELIS, Kapitel 1, 2, 3; GÜNTHER, 47ff.).

In der offiziellen Geschichtsdarstellung allerdings wurde die Geschichte mit dem Urelternpaar begonnen, und der ursprüngliche Geschichtsraum blieb in den Grenzen des Vorderen Orients und Nordostafrikas, so wie er vom Alten Testament gezeichnet war, und sich etwas, entsprechend den Quellen des antiken Griechenlands, erweiterte (vgl. GATTERER, SCHLÖZER, HERDER, ROTTECK, PÖHLITZ, zit. in: GUHR, 1972, 157 Anm.; GÜNTHER, 127ff.). Erstmalig fand sich eine Ausdehnung darüber hinaus in der Darstellung der Alten Geschichte durch Schlosser. Seit Leibnitz waren die ostasiatischen Völker zunehmend in die europäischen Gelehrtenbetrachtungen einbezogen, und Schlosser hatte — seit 1815 — die Entwicklung der Alten Welt von China über Indien, Persien, Westasien, Ägypten an die

Antike des alten Griechenland herangeführt. Es war das Vorbild für die geschichtliche Entwicklungsreihe bei HEGEL: Die orientalische Welt, die griechische und römische Welt, die mohammedanische Welt, die germanische Welt. Auf der historischen Erdkunde von Ritter fußend, zog HEGEL die Stämme und Völker Amerikas und Afrikas in seine Geschichtsbetrachtung nur nach dem geographischen Gesichtspunkt ein. Sie galten ihm als Prinzip des Nichtfertigseins (Amerika) und der Sinnlichkeit (Afrika) auf vor- oder urgeschichtlichen Gesittungsstufen stehend — Tier- oder Paradiesstufe, Stufe der Zauberei, Stufe der Religion —, die vor der des Geistes oder der eigentlichen Geschichte gelegen sind (SCHLOSSER, I, 15ff.; HEGEL, I, 200, 212, 218f.). War durch SCHLOSSER und HEGEL die Geschichte nach unten ausgedehnt und auch die Betrachtung der Alten Welt um Asien erweitert worden, so erreichte sie die Urgeschichte im allgemeinen Sinn nicht. Allerdings fand sich die Urzeit oder der Anfang der konkreten Geschichte der einzelnen Völker bereits eruiert durch die Betrachtung der mythologischen, heroischen und frühhistorischen Stufen, wie sie für die griechische Vorgeschichte wohl am klarsten erarbeitet worden waren (SCHLOSSER, I, 146ff., 152ff., 168ff.; Allg. Encyclop., 209ff., 219ff.).

Hiermit hätten wir den ersten Knotenpunkt erreicht, der für das Verständnis des Morganschen Werkes von Bedeutung ist. MORGANS „Ancient Society" stellt das erste Werk dar, das nun systematisch und geschlossen die weitere Ausdehnung der Geschichte nach unten vornahm und sogleich die urgeschichtliche Menschheitsentwicklung den damals gegebenen Möglichkeiten gemäß erforschte und darstellte. Hatten zwar WAITZ, LUBBOCK und TYLOR den Naturzustand bzw. den Urzustand mit den Stufen Wildheit und Barbarei in umfassender Weise durch ethnographische und frühhistorische Fakten erläutert, so fehlte doch bei ihnen die geschlossene und systematische Betrachtung des Entwicklungsganges der Gesellschaft (GUHR, 1978). Verschiedene Momente zog Morgan heran, um die Verknotung ursprünglicher und geschichtlicher Entwicklung vorzunehmen. Dabei ragten in der allgemeinen Kulturentwicklung vor allem die Schrift, das Eisen und eiserne Werkzeuge und Waffen, militärische Organisation und Befestigungswesen bis zur Stadt, demokratische Regierungsformen mit verschiedenen Verfassungselementen, Privateigentum, die patriarchalischen und monogamischen Familienformen, Anfänge von Wissenschaft, Götterhierarchie und organisierte Priesterschaft heraus (MORGAN, 1921, 24ff.). Das am besten bekannte und erforschte Heroenzeitalter, durch Homers Ilias und Odyssee belegt, bildete für die althistorische Forschung den Übergang von der vorhistorischen zu der ersten hellenischen Periode (Allg. Encycl., 225). Für Morgan war es gewissermaßen die Drehscheibe, auf der sich urgeschichtliche und geschichtliche Entwicklung zusammenführen ließen. Während die Althistoriker (MORGANS Kontrahenten waren im besonderen die Engländer Grote und Gladstone) die Heroenzeit von oben, von der feudalen Geschichtsinterpretation her analysierten, nahm MORGAN diese Interpretation erstmals in der Geschichtsforschung überhaupt von unten, von der Gentilgesellschaft her vor (GROTE, I, 380; zit. bei MORGAN, 1921, 209, 232).[2]

Im Unterschied zu den welthistorischen Darstellungen, die auf Grund der speziellen schriftlichen Quellen doch mehr oder weniger an dem konkreten Ereignisverlauf orientiert waren, war MORGANS Darstellung von gänzlich anderem Charakter. Er erarbeitete ursprüngliche Entwicklungsstufen weitgehend auf der Grundlage von Materialien der außereuropäischen, schriftlosen Völker und ihrer Anordnung nach verschiedenen Entwicklungszuständen. Die Entwicklungsstufen — urgeschichtlich oder archäologisch anonym — füllte er mit ethnologisch und historisch bekannten Stämmen und Völkern aus gleichsam als Illustration der allgemeinen und kulturellen ursprünglichen Entwicklung der Menschheit.

Er führte diese Stufenbetrachtung für die schrifthistorischen Perioden oder die Zivilisation, wie es etwa HEGEL gemacht hatte, nicht weiter aus. Dies geschah nicht nur, weil das Vermögen eines einzelnen Forschers hätte überschritten werden müssen, sondern weil von der unterschiedlichen Quellenobjektivation her eine Vereinigung sehr schwer möglich gewesen wäre. Schließlich hatte HEGEL ja die „Vorgeschichte“ ausgelassen und mit dem Alten Orient (China) begonnen. MORGAN wiederum analysierte konkrete Fälle des Übergangs in die Zivilisation, Griechenland und Rom. Die Evolutionsmethode MORGANS — in vielem immer wieder kritisiert — hatte Berechtigung und bleibenden Bestand. Sie stellt auch heute bei entsprechender Erweiterung nach modernen Gesichtspunkten noch ein grundlegendes Mittel dar, eine entwicklungsgeschichtliche Ordnung des ethnologischen Materials für die allgemeine Urgeschichte zu erarbeiten (I. SELLNOW, 1961, 118ff., 473ff.).

Staat und Familie als gesellschaftliche Tatbestände bildeten seit dem ausgehenden Altertum die soziologischen Bauteile einer Theorie von der Gesellschaft und einer entwicklungsmäßigen Ordnung ihres Vor- und Nacheinanders. Auf Grund der Durchsetzung des biblischen Geschichtsbildes (seit AUGUSTIN und THOMAS; CUNOW, 1920, I, 40ff.) galten die Familie als Einzelfamilie patriarchalischen Charakters, der patriarchalische Stamm als eine zum Stamm erweiterte Familie und der aus dem Stamm hervorgegangene Staat als die ursprüngliche Sozialabfolge in der Menschheitsgeschichte. Daran änderten auch die Erörterungen im Anschluß an HOBBES tierischen bzw. ROUSSEAUS einzelnen Wilden nichts, denen der ursprüngliche Zustand des Menschen als Horde oder Gesellschaft entgegengehalten wurde (MONTESQUIEU, zit. b. CUNOW I, 99; FERGUSON, 21ff.). Die historische Sozialwissenschaft des späten 18. und der ersten Hälfte des 19. Jh. gab Familie, Stamm, Staat als organische Wachstums- und Entwicklungsreihe an (SCHMITTHENNER, 205ff.; VON MOHL, 15ff., schon abgeschwächt 17, 32; vgl. auch W. SELLNOW u. a., 218ff.). Die Familie enthielt im Keim die Institutionen des Staates vorgezeichnet, z. B. Vater, Patriarch, Häuptling, König (CUNOW, I, 101). Sie war auch die Bauzelle, die zum Stamm anwuchs und deren Vereinigung durch Übereinkunft oder Vertrag (!) den Staat bildete, womit Stamm und Staat familialen Charakter besaßen.

Damit hätten wir den zweiten Knotenpunkt zum Verständnis der soziologischen Theorie MORGANS gefunden. MORGAN stellte nämlich gegen diese herrschende Auffassung

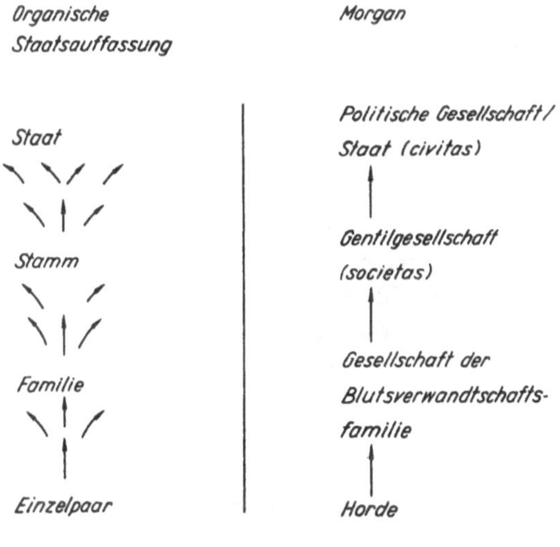

Abb. 1. Schema der Entwicklung zum Staat

die Familie (1921, 395ff.) als selbständige Sozialinstitution heraus, er zog sie gewissermaßen vom Stamm und vom Staat ab. Weiterhin erarbeitete er im Rahmen seiner Erforschung der Verwandtschaftssysteme und der Urgesellschaft eine eigenständige Entwicklungsreihe der Familie, die nicht mehr mit dem monogamischen Paar anfing. Was ihm von manchen Fachgelehrten später und teils noch heute als evolutionistischer Mangel vorgeworfen wurde und wird (z. B. GORBATSCHEWA, zit. bei I. SELLNOW, 1970), nämlich die separate Reihung einer einzelnen Institution, wie Familie, Gesellschaft, Eigentum, erweist sich als eine notwendige methodologische Maßnahme im fortschreitenden Erkenntnisprozeß der urgeschichtlichen Sozialinstitutionen.

Die Auffassung über die Identität von Staat und Gesellschaft bestand in der Gesellschaftstheorie seit der Antike, man denke vor allem an die Begriffe Polis und Civitas. Übereinkommen durch Vertrag und Recht regelten das Zusammenleben der einzelnen Teile (CUNOW, I, 58f.). Erst allmählich bildete sich mit zunehmender bürgerlicher Entwicklung in der Neuzeit der Begriff von der bürgerlichen Gesellschaft heraus. Zunächst wurde er noch mit dem Gesellschafts- und Staatsbegriff zusammen verwendet, wie etwa bei LOCKE, ROUSSEAU, KANT (CUNOW, I, 219: — man denke an „Vertrag" als Gesellschafts- und Staatsvertrag). Bei FERGUSON hat er sich verselbständigt und deckt bereits die ganze Gesellschaftsgeschichte. Doch anders wieder bei HEGEL, wo im Unterschied zur politisch-staatlichen agrarischen Adelsgesellschaft, die auf der bäuerlichen Arbeit beruhte, die bürgerliche Gesellschaft auf Handwerk, Industrie, Arbeitsteilung und Handel gegründet war. Sie stellte zwar einen eigenen Organismus dar, dessen Ökonomie völlig neue gesellschaftliche Bedingungen hervorbrachte, wurde aber unter den Staatsbegriff als umfassenden Gesellschaftsbegriff subsumiert (MARX, Staatsrecht, 203ff.; HEGEL, I, 135ff., 243). Doch setzte sich in der historischen Rechtsschule die Trennung des Gesellschaftsbegriffs vom Staatsbegriff Mitte 19. Jh. durch (v. MOHL, 18ff., 27 Anm. 1).

Hier ist nun der dritte Knotenpunkt zum Verständnis der MORGANschen Soziologie verankert. MORGAN nämlich, der die Familie vom Staatsbegriff getrennt hatte, trennte auch Gesellschaft und Staat voneinander, und zwar in besonderer Weise. Er stellte sie nicht schlechthin nebeneinander, wie etwa HEGEL oder MOHL, sondern ordnete sie nacheinander an als zwei Gesellschaften unterschiedlicher Qualität. Die erate, ältere, die auf Personen und Blutsverwandtschaft beruhte und urgeschichtliche Perioden einnahm, nannte er societas. Die zweite, jüngere, auf politischer und lokaler Organisation beruhend und die Periode der schriftlich erforschten Geschichte einnehmend, nannte er civitas, womit er den alten Staatsbegriff verwendete.

II.

Welche Umstände hatten MORGAN dazu geführt, in diesen Strom sich entwickelnder soziologischer Konstellation einzugreifen und mit völlig neuen und eigenständigen Theorien aufzutreten? Morgans ethnologische Arbeiten (dazu HILDEBRANDT, 7ff. u. LEACOCK, I, 1ff.; PENNIMAN, 163ff.) begannen mit den Studien über die Irokesen Mitte der 40er Jahre des vorigen Jahrhunderts. Er interessierte sich als Anwalt für die Rechtspraxis der Indianer und erforschte besonders die gesellschaftliche Struktur und Rechtsverhältnisse bei ihnen. 1851 erschien das Buch „League of the Ho-de-no-sau-nee, or Iroquis", in dem er u. a. die Verwandtschaftsterminologie als einzigartig dargestellt hatte, vor allem aber das System der Sippen- und Stammesorganisation genauestens erarbeitete. Es wollte der

Zufall, daß er auf einer seiner Reisen als Direktor einer Eisenbahngesellschaft Informationen über das Verwandtschaftssystem der Sioux und später auch über das der Ojibwa erhielt und dabei feststellte, daß die Verwandtenklassifikation der Irokesen in gleicher Weise nur mit Worten der anderen Sprachen in anderen Stämmen vorkam. Aus diesem Umstand erwuchs ihm das Forschungsziel, die Einheit der indianischen Rasse und — entsprechend seiner monogenetischen Auffassung — ihre Herkunft aus Asien nachzuweisen. Mit Hilfe von Fragebögen und auf eigenen Studienreisen bekam er ein Material zusammen, das auf Grund der einheitlichen Klassifikation für ihn bald das Zeugnis für die gemeinsame Abstammung der Indianer war.

Die zweite Etappe seiner Studien war auf das Problem des weltweiten Zusammenhangs der Verwandtschaftssysteme gerichtet, zu welchem Zweck er mit Unterstützung des Smithsonian Institution die bekannte umfangreiche Fragebogenaktion durchführte, die auch von der USA-Regierung gefördert wurde. 139 Beschreibungen von Verwandtschaftssystemen aus der ganze Welt hatte er schließlich zusammenbekommen und ihre Nomenklatur miteinander verglichen und geordnet. Sie bilden das 1868 fertiggestellte Werk „Systems of Consanguinity and Affinity of the Human Family“, das 1871 in der berühmten Reihe „Smithsonian Contributions to Knowledge“ erschien. MORGAN begründete damit die ethnologische wissenschaftliche Erforschung von Verwandtschaftssystemen. Es handelte sich um die Leitgerüste in der gesellschaftlichen Organisation der ursprünglichen Menschheitsgeschichte. Ihre Erforschung hat seitdem zahlreiche Nachfolger in allen ethnologisch forschenden Ländern gefunden.[3]

Einige weitere Entdeckungen boten die Grundlage dafür, daß MORGAN seiner Erkenntnis über das Wesen der menschlichen Urgesellschaft evolutionäre und urgeschichtliche Tiefe geben konnte. Seit 1856 hatte VIRCHOW die Theorie von der Zelle, ihrem Wachstum und ihrer Teilung auszuarbeiten begonnen und damit ein Grundgesetz biologischen Entwicklungsverlaufs formuliert. 1861 hatten A. SCHLEICHER und MAX MÜLLER für den indogermanischen oder arischen Sprachzweig die Theorie soweit ausgearbeitet, daß die Ursprache und Sprachfamilie — die einem Baum gleich gewachsen und in einzelne Gruppen und Sprachen verzweigt waren — zum System erhoben hatten (PENNIMAN, 198). Diese „Wachstumsprinzipien“ kehren in den von MORGAN dargelegten Entwicklungsstufen der Familien- und Gentilorganisation wieder. 1859, in dem Jahr, in dem DARWINS „Origin of Species“ erschien, konnten die von BOUCHER DE PERTHES gemachten Abbeville-Funde von Menschenknochen und Artefakten durch CHARLES LYELL mit den Perioden der Geologie und Paläontologie in Beziehung gesetzt werden. Damit war der „Anschluß der Menschengeschichte an die Naturgeschichte“ gewonnen, und MORGAN konnte seine hypothetischen Anfangsstadien der Unterstufe und Mittelstufe der Wildheit skizzieren. Und nach HUXLEYS „Man's Place in Nature“ (1863) war 1871 DARWINS „The Descent of Man“ erschienen, von der MORGAN die bekannte Urmenschenhypothese von den Baumvorfahren entlehnte (vgl. PENNIMAN, 90, 93ff., 100, 222). MORGAN selbst hatte sich mit speziell biologischen Forschungen durch eine Kritik am Instinktbegriff beschäftigt.[4] Er war bemüht, den Nachweis zu führen, daß sich Tiere nicht instinktiv, sondern durch Denkprozesse ihrer Umgebung anpassen (HILDEBRANDT, 9). Es handelt sich um einen Gedankengang, den er beispielsweise bei der Begründung der Inzestscheu anwendete.

Drei Werke begründeten vor und teils mit MORGAN die moderne Erforschung der ursprünglichen Sozialorganisation auf evolutionistischer Grundlage. 1861 erschien das Buch des Engländers HENRY MAINE, „Ancient Law“ und im gleichen Jahr „Das Mutterrecht“ des Schweizers J. J. BACHOFEN. Beide stellten Stufenfolgen auf, die von bekannten Zuständen ausgingen und in typologischer Weise rückwärts schreitend Reihen formierten, die von einfachen zu komplizierteren Sozialformen fortschritten. Indem MAINE vom Römischen Recht und dem Alten Testament ausging und die indo-europäischen Völker allgemein zum Vergleich heranzog, konstruierte er die Entwicklungsstufen generell in vaterrechtlichen Formen. Aus der ursprünglichen primitiven Einzelfamilie sollte durch natürliches Wachstum der Bevölkerung die Gens, dann der Stamm und schließlich der Staat hervorgegangen sein (PENNIMAN, 156f.). Hier ist sehr klar das Vorbild der organischen Staatslehre zu erkennen, die oben erwähnt wurde (vgl. MORGAN, 1921, 433f.). Anders bei BACHOFEN, der originale Erkenntnisse formulieren konnte. Von den vaterrechtlichen Zuständen der Antike ausgehend, erschloß er hauptsächlich aus Zuständen benachbarter Völker (Lykier) und solchen, die in der griechischen Mythologie zu erkennen sind, mutterrechtliche Verhältnisse und konstruierte die folgenden Entwicklungsstufen: Der Hetärismus bildete mit Promiskuität und einem ursprünglichen Kommunismus die unterste Stufe gesellschaftlicher Verhältnisse. Das Mutterrecht war aus religiösen Gründen aus einer Revolte der Frauen gegen die ursprünglichen Zustände hervorgegangen und damit waren die mutterrechtliche Familie und das Eigentum entstanden. Es setzte sich bis zur Gynäkokratie, der Mutterherrschaft, zuerst in der Familie, dann im Staat, fort und wurde schließlich wieder aus religiösen Gründen gestürzt und das Vaterrecht eingeführt (BACHOFEN, 118ff.). Schließlich hatte MCLENNAN, von dem die Begriffe Endogamie und Exogamie erfunden wurden, in seinem 1868 erschienenen „Primitive Marriage" die erste Theorie auf speziell ethnologischer Grundlage veröffentlicht. (MORGAN hatte seine Verwandtschaftssysteme" ebenfalls 1868 fertiggestellt gehabt.) Von primitiven Stammesgruppen (stock groups) ohne organisierte Heirat, also mit promiskem Charakter, soll sich nach MCLENNAN die Entwicklung wegen Frauenmangel und Weiberraub zur Exogamie, zum Mutterrecht und zur Einzelehe vollzogen haben; durch diese wurde die Vaterschaft sicher, was zur Durchsetzung des Vaterrechts führte. Der Begriff der Gruppenehe schließlich wurde auf der Grundlage australischer Materialien von FISON durch LUBBOCK eingeführt (vgl. hierzu PENNIMAN, 157f.; ENGELS, Urfamilie). 1870/71 hatte MORGAN eine Reise nach Europa unternommen, wo er mit DARWIN, MAINE, MCLENNAN und LUBBOCK persönlich zusammengetroffen war.

III.

MORGAN entdeckte auf der Grundlage seines umfangreichen Materials der Verwandtschaftsnomenklaturen und der blutsverwandtschaftlichen Organisationsformen der ganzen Welt drei Typen von Verwandtschaftssystemen, die er zur Grundlage von Entwicklungsstufen der Urfamilie machte. In der „Liga der Irokesen" gewann er die Erkenntnis der Gens und des Gentilsystems. Von dieser Erkenntnis aus und in Auswertung der ersten Ergebnisse dieser speziellen Fachforschung faßte er den Plan, die ursprüngliche Gesellschaft, oder ancient society, nicht nur als alleinige Entwicklungsreihe zu ordnen, wie BACHOFEN oder MCLENNAN, sondern sie in eine entwicklungsgeschichtliche Gesamtordnung zu fügen. Zu diesem Zweck erarbeitete er die Entwicklungsstufen der menschlichen Gesellschaft nach den Grundlagen und Fortschritten in den Unterhaltsmitteln der Menschen und ordnete sie in den bekannten Stufen der Wildheit und Barbarei mit je einer Unter-, Mittel- und Oberstufe. Damit hatte er eine gesamte Systematik ursprünglicher Menschheitsentwicklung von den frühesten Anfängen bis zur Entstehung des Staates im Bereich von

Erfindungen und Entdeckungen, gesellschaftlicher Organisation, Familie und Eigentum erarbeitet und die bereits über 200 Jahre andauernden vorwissenschaftlichen Erörterungen und wissenschaftlichen Versuche zur Erklärung des Naturzustandes des Menschengeschlechts in eine erste Urgeschichte auf ethnologischer Grundlage geführt.

Die Gesellschaft im engeren Sinn trennte MORGAN entschieden von der Familie ab. Beide sind unabhängig voneinander (1921, 192). Er unterschied verschiedene Stufen der Gesellschaftsentwicklung: die Gesellschaft auf dem Geschlecht beruhend, wofür ihm Vorbild die australischen Heiratsklassen waren (MORGAN, 1921, 51) und auch die Hawaiischen Punalua-Gruppen (ebd., 60); die Gesellschaft auf Personen und Verwandtschaft beruhend, wofür ihm die irokesische Gens und Gentilorganisation Grundlage war; die auf Landgebiet und Eigentum beruhende Gesellschaft, wofür ihm die staatlichen Gesellschaften der historischen Zeit Vorbild waren (ebda., 52).

Die auf dem Geschlecht beruhende Form war ihm nur eine Art von Ahnung über die Gesellschaft, wo sie noch dem Urzustand nahe war. Erst die zweite und dritte Stufe haben Grundformen der gesellschaftlichen Verfassung entwickelt. Die ältere war eine rein gesellschaftliche, er nannte sie societas, die zweite eine politische, die er civitas nannte.

Die Gens war für ihn die Urgesellschaft im eigentlichen Sinn (ebenda, 318). Sie stellt eine Gesamtheit von Blutsverwandten dar, die von einem gemeinsamen Urahnen abstammen,

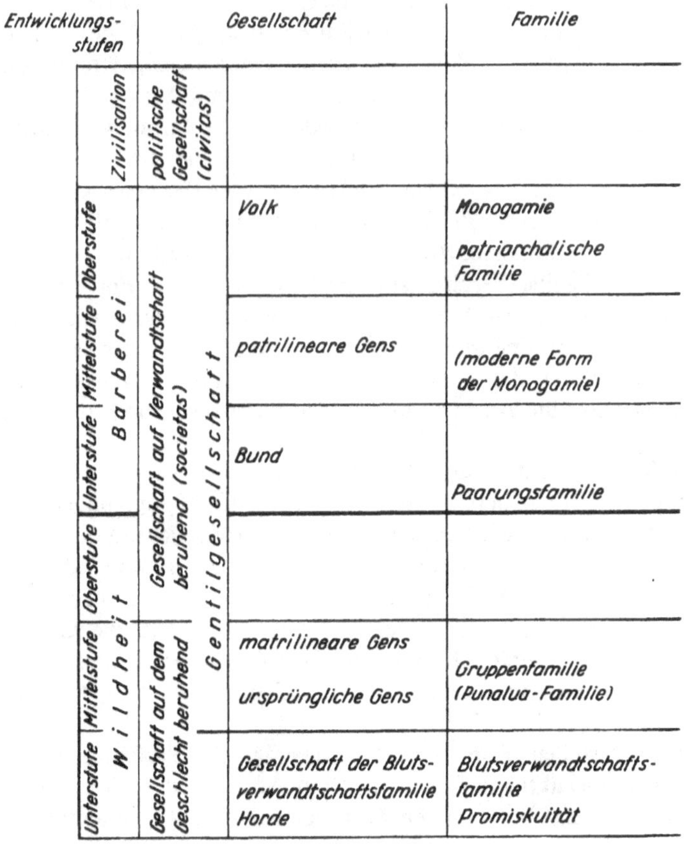

Abb. 2. Entwicklungsstufen nach MORGAN für Gesellschaft und Familie

mit einem Gentilnamen bezeichnet und durch die Blutsbande zusammengehalten werden. Die Gens, so möchte ich ergänzen, ist damit ein Stammwesen, und zwar besonderer Art. Es ist nicht in sich geschlossen, denn durch das Gesetz der Außenheirat geht eine Hälfte der Deszendenten, Männer oder Frauen, hinaus. Aus der Gens wird nach MORGAN die Gentilgesellschaft aufgebaut mit Gentes und Phratrien und dem Stamm. Phratrien sind Vereinigungen herkunftsverwandter Gentes, und der Stamm ist eine Vereinigung meist in Phratrien organisierter Gentes mit gemeinsamem Dialekt. Die Gentilgesellschaft kann schließlich den Bund verwandter Stämme mit gleicher Grundsprache bilden. Diese Organisationen stellen eine organische Reihenfolge dar, die aus Wachstum und Teilung der Bevölkerung hervorgegangen ist (MORGAN, 1921, 54—56). Sie stellen nicht — das möchte ich betonen — die Entwicklungsstationen der Gentilgesellschaft dar, wie das manchmal angenommen wird[5], sondern Größenverhältnisse der Gentilgesellschaft. Ihr Grundprinzip war mit der Entstehung der Gens und der Exogamie gegeben, die von Anfang an den Dualismus einschloß und damit die Organisierung in einem größeren Ganzen (Phratrie, Stamm).

Entstanden war die Gens nach MORGAN auf drei Grundlagen. Erstens hatte sich das Band, d. h. zugleich das Bewußtsein der Blutsverwandtschaft gebildet. Zweitens war eine reine Stammlinie in der Mutterfolge formiert worden. Drittens wurde die Ehe innerhalb der Gens verboten. Die Gens muß demnach als paarweise Gentes geformt worden sein, ein Gedanke, mit dem MORGAN das Dualprinzip, das sich später als weltweit verbreitet herausgestellt hat, vorweggenommen hatte (1921, 58). Ursache ihrer Entstehung war der wegen Inzestschäden vorgenommene Ausschluß der Heirat von leiblichen Brüdern und Schwestern, was wahrscheinlich, wie er sich ausdrückt, auf den Scharfsinn einer kleinen Horde von Wilden zurückzuführen ist (ebenda, 63). Daraus ging dann die Exogamie hervor. — Diese „Inzestschäden" haben später mannigfache Kritik erfahren, jedoch ist die definitive Ursache für die Entstehung der Exogamie heute genau noch so ungeklärt wie damals.

Nach den von MORGAN aufgestellten Entwicklungsstufen entstand die Gens etwa im Verlauf der Mittelstufe der Wildheit (1921, 364ff., 426) und hat ihre Entwicklung entsprechend der Kulturentwicklung genommen. Auf der älteren Stufe galt nur die Abstammung in der Mutterfolge. Dieselbe beruhte auf den ursprünglichen Formen der Gruppenehen, wie MORGAN meinte, in denen wohl die Mutter der Kinder, nicht aber der Vater zu erkennen war (ebenda, 57). Erst in der Paarungsehe wurde der Vater bekannt. Daher setzte sich in der jüngeren Stufe, die mit Entstehung des Privateigentums etwa in der Mittelstufe der Barbarei begann, die Abstammung in der Vaterfolge durch (ebenda, 290ff.).

Die höchste und letzte Stufe der Gentilgesellschaft stellt der Bund verwandter Stämme dar, der in seinen Verfassungsmomenten bereits über die organischen Bedingungen der Gens hinausgeht. MORGAN setzte ihn mit dem Beispiel der Irokesen frühestens in die Mitte der Unterstufe der Barbarei bis hin zum Ende ihrer Oberstufe, wo er in das Volk oder die Nation übergeht. Gentilversammlung, Gentilvorsteher und Häuptlinge verschiedener Funktion bilden die natürlichen Regierungselemente. Im Stammesrat sind die Gentes durch ihre Vorsteher und Häuptlinge organisch vertreten. Der Bund aber verlangt eine Vereinigung durch Vertrag, was bereits ein Element der politischen Gesellschaft oder des Staates ist (MORGAN, 1921, 103, 114, 157ff., 216ff.).

Blutsverwandtschaft und Gens stellen in der Organisierung der Gesellschaft und der daraus erwachsenden Verfassungsstruktur auf der niederen Stufe, der societas, und Landgebiet und politische Leitung auf der höheren Stufe, der civitas, die wesentlichen

Merkmale dar. Damit sind auch die Unterscheidungsmerkmale zwischen beiden Stufen nicht in erster Linie Klassenschichtung und Privateigentum, die am Ende der Urgesellschaft bereits auftreten (MORGAN, 1921, 103, 224).

Die bekannte Entwicklungsreihe der Familie oder genauer der Urfamilie hat bei MORGAN fünf Stufen und lautet:

— die Blutsverwandtschaftsfamilie, die auf einer endogamen Generationsgruppenehe von Brüdern und Schwestern beruht;
— die Punaluafamilie (nach einem hawaiischen Terminus) hat zum Inhalt die Generationsgruppenehe mit Ausschluß der Verbindung von eigenen Brüdern und Schwestern — ist also exogamen Charakters;
— die syndiasmische oder Paarungsfamilie, beruhend auf einer losen Paarungsehe bei exogamen Bedingungen;
— die patriarchalische Familie, die die Ehe eines Mannes mit mehreren Frauen und die Abschließung der Frau zur Grundlage hat;
— und endlich die monogamische Familie, die sich auf der festen Ehe zwischen einzelnen Paaren bei ehelicher Treue gründet (MORGAN, 1921, 323f., 426f.).

Dem Zustand der Familie ging ein Zustand des unterschiedslosen Geschlechtsverkehrs voraus, in dem der Mensch kaum von den nicht mit Sprache begabten Tieren zu unterscheiden war. Ohne Ehe lebte er wahrscheinlich hordenweise innerhalb der ursprünglichen Wohnsitze, wo er sich von Früchten auf dem denkbar niedrigsten Stadium der Wildheit nährte. Dieser Zustand am Anfang der Wildheit überhaupt bildet die Kennzeichnung des frühesten sozialen Zustandes der Menschheit (ebenda, 427f.).

Mit der Ausbreitung des Menschengeschlechts über die Erde (der Mensch war Fischer geworden) mußten die Menschen nach MORGAN notwendigerweise in Gruppen auseinanderfallen. Ihre Angehörigen waren Blutsverwandte und alle Mitglieder zueinander Eheleute. Es waren Gruppen, die ähnlich dem unterschiedslosen Geschlechtsverkehr lebten, nur generationsweise, und damit zur Bildung blutsverwandter Familien in den Generationen führten. Dieser erste Familientyp, die Blutsverwandtschaftsfamilie, war für MORGAN zugleich die Art der ältesten Gesellschaftsform. Ihr Wesen bestand im Bündnis mehrerer Männer zur gemeinsamen Erhaltung der Gruppe und zur Verteidigung ihrer gemeinsamen Frauen gegen die Gewalttätigkeiten der Gesellschaft (MORGAN, 1921 428). Wie zu ersehen ist, fallen bei MORGAN Familienbegriff und Gesellschaftsbegriff auf dieser frühesten Stufe, auf der Unterstufe der Wildheit, zusammen (ebenda, 428f.).

Auf der Mittelstufe der Wildheit entstand dann — wie MORGAN vermutete — wahrscheinlich die Punaluafamilie, die auf der Gruppenehe bei Ausschluß der Verbindung leiblicher Schwestern und Brüder beruhte. Dies geschah allmählich in dem Maße, wie die schädlichen Folgen dieser leiblichen Vereinigung erkennbar wurden und somit das Prinzip der natürlichen Zuchtwahl wirkte. Das war zugleich die Entstehung der Exogamie. Hierin berühren sich die Entwicklung des Familienbegriffs und die Entwicklung der Gesellschaftsverfassung (MORGAN, 1921, 357ff., 430), Gesellschaft und Familie aber trennen sich zugleich konstitutionell, denn die Gens ist, wie MORGAN betont, nicht Familie (ebenda, 192, 396).

Die Gens war nach Ansicht MORGANS der mächtige Hebel dafür, daß sich die Entwicklung aus der Punalua- oder Gruppenfamilie in die Paarungsfamilie vollzog. Bestand in der Gruppenfamilie von vornherein die Tendenz, daß ein Mann aus mehreren Frauen eine Hauptfrau und umgekehrt eine Frau aus mehreren Männern einen Hauptgatten erwählte, so wurde dieses Verfahren durch die exogame Gens und ihre Teilungen weiter eingeengt.

Der wirtschaftliche, gesellschaftliche und biologische Fortschritt, den die Gesellschaft der Gentes hervorbrachte, führte die Einengung schließlich bis zur Paarungsfamilie. Es handelt sich um die Einzelehe eines Mannes und einer Frau aus einer Gruppe mehrerer möglicher Ehepartner heraus, die verhältnismäßig leicht gelöst werden konnte, und wobei die Partner eine neue Verbindung eingehen konnten (MORGAN, 1921, 327, 384ff., 430f.). Mit dem Übergang von der Wildheit in die Barbarei, unter besonderer Wirkung des entstehenden Bodenbaus, vollzog sich die Herausbildung dieser Paarungsfamilie. Sie bildete Teil eines

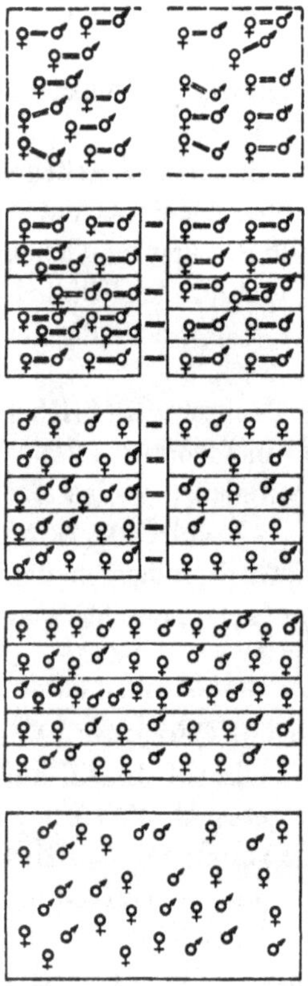

Eheform	Familienform	Verwandtschaftssystem nachlebend	Verwandtschaftssystem ursprünglich gebildet
Monogamie	*monogame Familie*	*arisches Verwandtschaftssystem*	*arisches Verwandtschaftssystem*
Paarungsehe	*Paarungsfamilie (syndiasmische)*	*turanisch-ganovanisches Verwandtschaftssystem*	—
Gruppenehe nach Generationen exogam (Punalua-Ehe)	*Gruppenfamilie (Punalua-Familie)*	*hawaiisches Verwandtschaftssystem (australische Heiratsklassen)*	*turanisch-ganovanisches Verwandtschaftssystem*
Gruppenehe nach Generationen endogam	*Blutsverwandtschaftsfamilie*	—	*hawaiisches Verwandtschaftssystem (australische Heiratsklassen)*
promisker Verkehr	*Promiskuität*	—	—

Abb. 3. Schema der Familienentwicklung nach MORGAN
(Der patriarchalische Familientyp ist kein Durchgangsstadium von der Paarungsfamilie zur monogamischen Familie)

gemeinsamen Haushalts, der noch aus der Punalua-Gruppe stammte (ebenda, 390), und sie wurde allmählich selbständige wirtschaftliche Einheit (ebenda, 430).

Die patriarchalische Familie war für MORGAN durch das Hirtenwesen hervorgebracht worden. Sie bestand seit Mitte der Oberstufe der Barbarei bis in die Anfänge der Zivilisation, und hatte einen nur begrenzten Einfluß auf das Menschengeschlecht. Die Besonderheit dieser Familie lag in der wirtschaftlichen und gesellschaftlichen Organisation sowohl freier als auch unfreier Personen unter der väterlichen Gewalt (MORGAN, 1921, 431, 341, 396). Anders die monogamische Familie, ihre Anfänge gehen in die späte Oberstufe der Barbarei zurück. Sie entstand in einer niederen Form aus der Paarungsfamilie auf Grund der immer stärkeren Gewißheit der Vaterschaft, des Anwachsens des Reichtums und der Einführung der Linearerbfolge (ebenda, 395ff., 431f.). MORGAN betonte, obwohl jede Form typisch für bestimmte Entwicklungsabschnitte der Kultur sei, daß bestimmte Typen auch nebeneinander vorkommen konnten (ebenda, 391).

Entscheidend für MORGANS Methode der Rekonstruktion der Entwicklung der Urgesellschaft und der Urfamilie war seine Annahme eines bindenden Zusammenhangs von Eheform, Familienform und Verwandtschaftssystem. Drei Formen von Verwandtschaftssystemen hatte er erarbeitet, das malaiische oder hawaiische, vielen polynesischen Gruppen eigen, das ganovanische[6] oder turanische, das in Amerika und Asien am weitesten verbreitet war, und das arische oder semitische oder uralische bei indogermanischen, europäischen finnisch-ugrischen sowie semitischen Völkern. Die beiden erstgenannten, weil sie die näheren Verwandtschaftsgrade (Vater, Mutter, Bruder, Schwester, Sohn, Tochter, Gatte, Gattin) mit Verwandten der Seitenlinien zusammen klassifizieren, nannte er klassifikatorische Verwandtschaftssysteme, das letztere, weil sie die Verwandtschaftsgrade im einzelnen Sinn beschrieben, nannte er beschreibendes Verwandtschaftssystem (MORGAN, 1872, 3ff.; 1921, 325ff.). Diese Bezeichnungen werden in diesem Sinne heute nur mit Vorbehalt verwendet oder nicht mehr akzeptiert (PENNIMAN, 165).

Nach MORGAN verändert sich in der gesellschaftlichen Entwicklung die Art der Ehebindung und der daraus erwachsenen Familienform schneller, entsprechend der raschen Veränderung des Lebens, als das Verwandtschaftssystem. Als ein ideelles System der Nomenklatur spiegelt es diese Veränderungen nicht sofort wider, so daß Familienform und Verwandtschaftssystem nicht übereinstimmen. Anhaltspunkt für diese These war ihm das scheinbare Auseinanderfallen von Familienform und Verwandtschaftssystem in den genannten drei Systemen. So wichen beispielsweise die Gruppenbedeutung der Termini in dem turanischen Verwandtschaftssystem und die ausgeübte einzelne Paarungsehe voneinander ab. Andererseits jedoch fand sich die Übereinstimmung dieses turanischen Gruppencharakters mit der scheinbar ausgeübten Gruppenehe von hawaiischem und australischem Typ. Die Gruppenehe glaubte er zudem mit dem sogenannten Punalua-Brauch der Hawaier und der sogenannten Pirauru-Ehe der australischen Dieri erwiesen zu haben. Stimmten die Klassifikationen mit der Eheform nicht überein, so zeigte für MORGAN die Nomenklatur einen früheren Ehezustand an, der bestanden haben mußte, als das System gebildet worden war (MORGAN, 1921, 327). Den frühesten Zustand widerspiegelte daher für MORGAN das hawaiische Verwandtschaftssystem (ebenda, 337ff.). Es bezeichnete nur fünf Klassifikationen, mit männlicher und weiblicher Spezifizierung, gemäß den fünf lebenden Generationen von Großeltern bis Enkeln. Ihre Eheform war für ihn die exogame Punalua-Gruppe und die vielleicht noch älteren australischen Heiratsklassen, die mit dem System nicht übereinstimmten. Dieses mußte daher aus einer noch umfassenderen Form der Gruppenehe hervorgegangen sein, die er Blutsverwandtschaftsfamilie nannte. Und weil er die Polynesier wegen der fehlenden Keramikherstellung in das Stadium der Wildheit gesetzt hatte, setzte er dieses hawaiische Verwandtschaftssystem als Nachweis dieser hypothetisch erschlossenen Blutsverwandtschaftsfamilie in die Unterstufe der Wildheit (Abb. 2 u. 3).

IV.

Alle ethnologischen Prämissen für diese Retrospektie der Urfamilienstufen und andere zur Rekonstruktion der ursprünglichen Familie sind als nicht gültig erkannt worden. Von unserem heutigen Standpunkt aus ist entscheidend, daß die rezenten ethnologischen Materialien nicht unter das archäologisch erschlossene Jungpaläolithikum gesetzt werden können (I. SELLNOW, 1961, 120f.).

Die Verwandtschaftsnomenklatur der Urgesellschaften entspricht in der Regel den familial-gesellschaftlichen Verhältnissen. Die Anwendung dieser Termini bei urgesellschaftlichen Völkern regelt die sozialen Beziehungen einschließlich der von Ehe und Familie. Gewisse Abweichungen in Heiratsregeln und Termini können der Nachweis für verdrängte oder nicht sehr alte frühere Formen sein (vgl. RIVERS; GUHR, 1959; LÁNG, 220f., 228; BODROGI).

Die Polynesier zeigten einen Zustand der Endphase der Urgesellschaft (I. SELLNOW, 1961, 209ff.), nicht aber der Mittelstufe der Wildheit, wie MORGAN annahm.

Die Gruppeneheformen vom Punalua-Typ (Hawai) oder vom Pirauru-Typ (Dieri) erweisen sich als Arten der sogenannten Sippenfreundschaft, die eine engere Gemeinschaft der gegenseitigen Hilfe und Unterstützung darstellen, wie sie vergleichsweise bei den Banaro existierte (THURNWALD).

Die vermeintlichen Geschlechterklassen in Australien waren nur feminine bzw. maskuline Formen der Heiratsklassennamen, die selbst wiederum Dualsysteme darstellen und damit in das Prinzip des Gentilsystems gehören.

MORGANS Entdeckung der blutsverwandtschaftlichen Gentilorganisation, in die die umfangreichen Arbeiten über das sog. turanisch-ganovanische Verwandtschaftssystem gehören, hat bleibenden Bestand. Seine Analyse, die zeigte, daß die ursprüngliche Gesellschaft mit Mitteln der Abstammung und Heirat, also mit familialen Mitteln, aus Stammesgruppen gebaut wird, kann nicht überschätzt werden (STERNBERG, 1913). Zugleich liegt hierin der grundsätzliche Mangel seiner Erkenntnisse. Denn er hat die Verwandtschaftsnomenklatur als Widerspiegelungen von Familienformen und nicht von Gentilsystemen gesehen und damit „Gruppenfamilien" rekonstruiert, die in dieser Weise nicht existieren. Die familialen Mittel sind auf Grund der Blutsverwandtschaftsorganisation verschiedener Typen sowohl die gesellschafts- als auch familienbildenden Mittel. Nach den Fakten des weltweiten ethnographischen Materials entspricht der Gentilorganisation in etwa eine Ehe- und Familienform, die der von MORGAN gekennzeichneten Paarungsfamilie gleichzusetzen ist, wobei manche Variante konkret vorhanden ist (WESTERMARCK). Das Urgesellschaftsgesetz der Exogamie kennzeichnet in jedem Fall die Gruppenbeziehung, die in der Regel vorgeschrieben ist, weshalb diese Paarungsehe oder Einzelehe nur die Gerontokratische realisiert (GUHR, 1963, 169, 173; KABO). Polygame Züge, wie etwa die Gruppenbeziehung sukzessive Polygynie, patriarchalische Polygynie, Levirat oder Sororat, ergänzen den Gruppenaspekt dieser Paarungsfamilie (ebenda; ROSE, 1960a, 481ff.; 1968).

Da nun für die Perioden vor dem Jungpaläolithikum keine ethnographische Parallele und keine anderen soziologischen Quellen der Urgeschichtsforschung zur Verfügung stehen, steht das MORGANsche Schema von Familien- und Gesellschaftsentwicklung vor der Gens und der Exogamie als eine logische Hypothese immer noch zur Verfügung gleich der von BACHOFEN, MCLENNAN, MAINE u. v. a. Es baute ja auch auf den Entwicklungsgesetzen vom Einfachen zum Komplizierten auf, wobei der Endpunkt, nämlich die historische Gesellschaft mit monogamischer und patriarchalischer Familie, bekannt war und der gentilgesellschaftliche Fixpunkt mit Paarungsfamilie bekanntgemacht wurde. Wie aus der Diskussion der frühesten menschlichen Sozial- und Familienorganisation aus der heutigen Urgesellschaftsforschung auch bei uns bekannt ist (ROSE, 1960b, 431 ff.; W. SELLNOW, 799 ff.; SEMENOV; FEUSTEL, BEHRENS), kommen alle neueren Forscher über das spekulative Moment bei der Rekonstruktion nicht wesentlich hinaus.

Anmerkungen

1 Die erste Auflage erschien 1892 und war von sozialistischer Seite besorgt, d. h. im Dietz-Verlag Stuttgart erschienen und von K. EICHHOFF unter Mitwirkung von KARL KAUTSKY übersetzt worden. Das Werk erlebte bis 1921 vier Auflagen. In der deutschen bürgerlichen Ethnographie hat es kaum Anhänger gefunden, im Gegenteil. Beispielsweise baute die von SCHMIDT und KOPPERS begründete Kulturhistorische Richtung der Ethnologie ihr eigenes ethnologisches Urgeschichtssystem als ein Antiwerk, gegen MORGAN und ENGELS gerichtet, auf (vgl. z. B. W. SCHMIDT und W. KOPPERS, Völker und Kulturen, Regensburg 1924). FRIEDRICH ENGELS erarbeitete, „im Anschluß an L. H. MORGANS Forschungen", wie er formulierte, seine Schrift „Der Ursprung der Familie, des Privateigentums und des Staats", die 1884 erschien. Darin übernahm er die Theorien zur Gens und Familie von MORGAN und ergänzte sie in geringem Maße, beispielsweise die Darlegungen zur Gens mit dem Beispiel der Germanen und der Familienentwicklung mit Erörterungen zur Tiersoziologie nach Espinas und zur Hausgenossenschaft nach KOWALEWSKI. ENGELS' Schrift gab in meisterlicher Weise die MORGANsche soziologische Entwicklungslehre wieder. So trug er wesentlich für die wohl weiteste Verbreitung eines ethnologischen Sachbuches auf der Welt überhaupt bei. ENGELS arbeitete selbständig an dem Gegenstand weiter und überarbeitete die 4. Auflage des „Ursprung", 1891, vor allem mit dem Vorwort, das separat unter dem Titel „Zur Geschichte der Urfamilie (BACHOFEN, MACLENNAN, MORGAN)" in der „Neuen Zeit", Jg. 1890/91 erschienen war (MEW 22, 211 ff.). „Ein neu entdeckter Fall der Gruppenehe" betitelte ENGELS schließlich einen kleinen Aufsatz über das Ehesystem der sibirischen Giljaken nach L. J. STERNBERG (MEW 22, 351 ff.), der 1892/93 in der „Neuen Zeit" erschien. MORGANS „Ancient Society" ist erst wieder in den 60er Jahren in den USA von L. WHITE bzw. E. B. LEACOCK neu aufgelegt worden. Nach der 2. Auflage der „Urgesellschaft" wurde 1976 erstmals eine deutsche Neuausgabe des MORGANschen Werkes besorgt. — Die ausführlichste Betrachtung des MORGANschen Werkes bei uns wurde von I. SELLNOW (1961, 118 ff.) vorgenommen. Weitere Erörterungen in W. SELLNOW (1963, 546 ff.), auch I. SELLNOW (1970).

2 „Nach PRELLER (Griechische Mythologie, 1. Bd., 6f.; auch Bd. 2, 1—7) „ist die Heldensage der Abschnitt der Mythologie, wo das wirkliche Leben der Nation und dessen früheste Geschichte am unmittelbarsten an den Tag tritt, in aller seiner Eigenthümlichkeit, und mit dem ganzen natürlichen Gerüste seiner landschaftlichen Wohnsitze, seiner Stämme und edlen Geschlechter, seiner ältesten Wanderungen und Kriege". Aber die Vorzeit der Heroen ist noch keineswegs „eine historische und reale; sondern auch sie ist eine ganz und überwiegend ideale, nur daß sie mehr als alle andere Mythologie mit historischen und realen Verhältnissen durchwachsen ist." Die alten Götter und Naturkräfte sind „aus dem übersinnlichen Dasein ihrer göttlichen Verehrung und einer bildlichen Deutung auf den wirklichen Boden des irdischen und menschlichen Daseins hinübergetreten, vermittelst einer kühnen Vermischung der idealen Welt des Glaubens mit der nationalen Geschichte und der wirklichen Gegenwart" (Allg. Encyclop., T. 80, 219f.). — Der durch Homer gezeichnete Zustand der Altgriechen wurde als „die auf göttlicher Ordnung beruhende ‚heroische' Monarchie der hochgefeierten Könige, um welche sich die einflußreichen Edlen, des Königs Rath, der kriegerische Herrenstand, gruppiren; und ihnen gegenüber die Masse der gemeinen Freien, die schon damals, obwohl ohne nennenswerthen Einfluß ausüben zu können, zur Volksversammlung berufen wurden u.s.w." (ebenda, 225).

3 Obwohl es in der modernen Ethnographie keinen Zweifel gibt, daß MORGANS „Systems" Grundlage und Verständnis für die urgesellschaftliche Sozialstruktur gegeben haben (STERNBERG, 1913; W. SCHMIDT, Anthropos 47, 1952, 774) werden seine Materialien und vor allem seine Auswertungen selten noch verwendet (zusammenfassende Arbeiten: MURDOCK, Socialstructur, 1949; LEVI-STRAUSS, Les Structures

Elementaires, 1949), auch nicht immer genügend gewürdigt — und das allerdings ganz zu Unrecht. Denn sie eröffneten eine fruchtbare Tätigkeit der weiteren Erforschung sozialer Systeme der Urgesellschaft und frühen Klassengesellschaft. Unmittelbar wirkten sie vor allem auf ethnologische Feldarbeiten, bes. in Australien, ein (FISON, HOWITT, SPENCER, GILLEN u. a.). Neben Arbeiten, die in Urgesellschaftstheorie und Methode seine Ergebnisse anwendeten, teils weiterentwickelten, wie die von KOHLER, DURKHEIM, CUNOW, MÜLLER-LYER u. a., brachte das zweite Jahrzehnt des 20. Jh. eine Reihe bedeutender Aufnahmen von Verwandtschaftssystemen und ihre auswertende Darstellung, deren Erforscher alle an der Weiterentwicklung der Theorie der Verwandtschaftssysteme arbeiteten. Es sei vor allem auf STERNBERG, (Systeme in Nordost Asien, 1912/13), RADCLIFFE-BROWN (Westaustralien, 1913), LOWIE (Nordamerika, 1912, 1917), RIVERS (Indien, Oceanien, 1914), KROEBNER (Kalifornien, 1917), SAPIR (Nordamerika 1915, 1926) hingewiesen. Wie weit auch die Evolutionstheorien kritisiert, teils verbessert wurden (STERNBERG, RIVERS), entscheidend war, daß die Beschäftigung mit den Verwandschaftssystemen und anderen Erscheinungen der sozialen Organisation in der Ethnologie sowohl in der Feldforschung als auch in den auswertenden und vergleichenden Arbeiten ihren Niederschlag fanden. Neue konkrete Systeme und die Ergänzung der durch MORGAN gesammelten führten zur Erkenntnis weiterer Strukturierungen. Die Aufnahme immer genauerer Heiratsregeln und die dazugehörige Rolle der Verwandtschaftstermini führte zur Entdeckung der bilateralen und unilateralen Vetter-Base-Heirat, zum Dual- und Tripelsystem. Diskussionen erfolgten um das Vater- und Mutterrecht, um die Bedeutung der Termini und um Einzel- und Gruppenfamilie. Das gerontokratische Prinzip wurde aufgegriffen. Die Zahl der Arbeiten wuchs in den folgenden Jahren beständig an, viele Namen, besonders von Amerikanern, wären zu nennen. Ende der 20er und Anfang der 30er Jahre kommt es zu weiteren umfassenden Systematisierungen einzelner historisch-ethnographischer Gebiete, wie durch RADCLIFFE-BROWN und ELKIN für Australien (Oceania I u. II, 1930/31), durch KIRCHHOFF für Südamerika (ZfE, 1932), durch STERNBERG (postum) für Sibirien (Semja i rod, 1933); andere, vor allem für Afrika, folgen noch später, durch LAUMANNS (Verwandtschaftsnamen im Bantugebiet, 1941) und durch RADCLIFFE-BROWN und FORDE (African Systems of Kinship, 1950). In Einzelarbeiten und zusammenfassenden Werken werden zahlreiche Probleme durchgearbeitet, teils im Detail weitergebracht, teils nicht immer mit produktiven Ergebnissen. Die Gefahr eines beträchtlichen Auseinanderfließens ist groß geworden, so daß die beiden genannten umfassenden Arbeiten von MURDOCK und LEVI-STRAUSS (1949) für eine gewisse Periode der Gegenwart einen Überblick über die Forschungen zu den Verwandtschaftssystemen gestatten. Allerdings ersetzen sie — auch mit ihren späteren Auflagen — im Hinblick auf das Verständnis der sozialen Organisation der Urgesellschaft als Ganzes nicht bedeutende führende Werke wie von LOWIE (Primitive Society; Social Organization), THURNWALD (Menschliche Gesellschaft Bd. 2), FIRTH (Elements of Social Organisation) o. a. Der Versuch einer abstrakten Systematisierung der „Grundformen der Verwandtschaft" durch C. A. SCHMITZ (1964) soll erwähnt sein.

Eine wiederholt vorgetragene Deutung der Verwandtschaftsklassifikation bei uns führt F. G. G. ROSE vom australischen Material aus durch. Bereits 1960 (a) stellte er die genealogische (von MORGAN, STERNBERG, RIVERS u. v. a. verwendete) Methode der Erforschung der Verwandtschaftsstruktur in Frage und kam gleichzeitig zu dem Ergebnis, daß die einzelnen Stämme keinen der einheitlichen Verwandtschaftstypen aufweisen würden (164f.). Damit würde sich aber das von MORGAN entdeckte Grundprinzip der Urgesellschaftsorganisation, nämlich die Bluts- und Schwiegerverwandtschaft, als null und nichtig erweisen. Später betonte er in der Diskussion (1968) die nicht erwiesene Vermutung einer Reihe von Ethnologen, daß die australischen Ureinwohner den Zusammenhang von Zeugung und Geburt nicht kennen würden. Daraus resultiere natürlich, daß sie mit Heirat und Abstammung nicht ihre soziale Organisation bilden könnten. Neuerdings (Australien und seine Ureinwohner, Berlin 1976, 54ff.) stellt er den biologischen Untergrund des Verwandtschaftssystems überhaupt in Frage. Er polemisiert beispielsweise dagegen, daß das klassifikatorische Verwandtschaftssystem die Ehe nicht bestimme, sondern umgekehrt, die Gesamtheit der Ehen bestimmten das Verwandtschaftssystem. Aber gerade das haben Morgan und die übrigen Entdecker der Verwandtschaftssysteme auch gesagt, indem sie darauf hinwiesen, daß das Nomenklatursystem durch die Eheform hervorgebracht wurde. Als Namens- oder Begriffssystem, als Zeichen, wird es natürlich von den Menschen wieder eingesetzt, um die Eheschließungen usw. zu lenken. Der Begriffsinhalt dieses Verwandtschaftssystems sei für die Ureinwohner „eine Formulierung der Gesamtheit der Produktionsverhältnisse". Dazu muß gesagt werden, daß es außer Produktionsverhältnissen noch andere soziale Beziehungen gibt und daß nicht alle Produktionsverhältnisse im Verwandtschaftssystem erfaßt werden (z. B. der intertribale Austausch nicht). Woher weiß man aber, ob die Ureinwohner eine Vorstellung von Produktionsverhältnissen hatten, wenn sie eben auch keine von Verwandtschaftsverhältnissen gehabt hatten? Die früher schon von Potechin vorgebrachte Auffassung (Sowjetwissenschaft, Gewi. Abt., H. 2, 1954), wonach mit dem Verwandtschaftssystem alle Seiten sozialer Beziehungen im Einzugsbereich der Verwandten erfaßt werden, familiäre, ökonomische, ideologische, geographische o. a., scheint wohl die richtigere zu sein. Erinnert werden soll in diesem Zusammenhang an die seit den 80er Jahren des vorigen Jh. geäußerte Auffassung von KAUTSKY (KAUTSKY an ENGELS v. 29. 5. 84; ENGELS Briefwechsel mit KAUTSKY, Wien 1955, 116), wonach das klassifikatorische System entstanden sein sollte zu einer Zeit, als dem sozialen Zusammenhang zwischen Kindern und Vater bzw. einem genaueren zwischen Kindern und Mutter noch keine Bedeutung geschenkt wurde. Und TOKAREV, der an KAUTSKY (Entstehung von Ehe und Familie) anschließt, meint, daß ursprünglich das Geschlechtsleben überhaupt nicht mit den Familienbeziehungen — Gruppenbeziehungen sind hier gemeint — zusammengefallen sei (Etnografija 1929, No 1, Moskau).

4 1843 ein Artikel: Mind or Instinct, An Inquiry Concerning the Manifestations of Mind by the Lower Order of Animals; 1868 in dem Buch: The American Beaver and His Work.

5 Beispielsweise hat die Vorstellung einer Entwicklung von Gentes zu Stämmen (GORBATSCHEWA, TOLSTOW, zit. in I. SELLNOW, 1961, 98ff.) oder von „Sprachen der Gentilgemeinschaften zu den Sprachen der Stämme" (STALIN, J. W., Über den Marxismus in der Sprachwissenschaft, Sonderbeilage zur Einheit, 5. Jg., H. 8, Berlin 1950), in der MORGANschen Theorie der Gentilgesellschaft keine Grundlage. In MORGANS Analyse über die frühesten Sozialzustände gibt es auch Formulierungen, die von einem Übergang aus dem Zustand der Horde in den von in Gentes organisierten Stämmen sprechen, die demnach ein separates Stadium der Gens nicht bezeugen (1921, 454).

6 Das Wort ganovanisch, das aus einem indianischen Idiom stammt, wendete MORGAN für die Kennzeichnung der amerikanischen Indianerstämme an. Er hatte diese ursprünglich in den Rang einer besonderen Völkerfamilie der Menschheit unter der Bezeichnung „ganovanische Familie" = „Familie des Bogens und Pfeiles" erhoben (MORGAN, 1871, 131; 1931, 129).

Literaturverzeichnis

ACHELIS, TH., 1896: Moderne Völkerkunde, deren Entwicklung und Aufgaben. Stuttgart.

BACHOFEN, J. J., 1927: Mutterrecht und Urreligion. Eine Auswahl hrg. von Rudolf Marx. Leipzig.

BEHRENS, H., 1977: Die Lokalgruppe — die sozialökonomische Grundeinheit in der Steinzeit. In: Archaeologia Austriaca, Beiheft 13/14 (Pittioni-Festschrift), 47—55. Wien.

BODROGI, T., o. J.: Die Gesellschaftsorganisation der Finnisch-ugrischen Völker. Zur Frage des Verhältnisses des ungarischen und „uralischen" Verwandtschaftssystem. In: Különlenyomat a Congressus Quartus Internationalis Fenno-Ugristarum I. kötet tanulmanyaiból, 103—120. Budapest.

CUNOW, H., 1920: Die Marxsche Geschichts-, Gesellschafts- und Staatstheorie, Bd. I u. II. Berlin.

ENGELS, F., 1962: Der Ursprung der Familie, des Privateigentums und des Staates (1884/91). In: MEW 21, 25—173. Berlin.

— 1963a: Zur Geschichte der Urfamilie (BACHOFEN, MACLENNAN, MORGAN) (1890/91). In: MEW 22, 211—222. Berlin.

— 1963b: Ein neu entdeckter Fall der Gruppenehe (1892/93). In: MEW 22, 351—354. Berlin.

ERSCH, J. S. und J. G. GRUBER (Hrsg.), 1862: Allg. Encyklopädie der Wissenschaften und Künste, 1. Section, 1—G, Hrsg. H. Brockhaus, 80. Theil, Alt-Griechenland (G. Fr. Hertzberg). Leipzig. (S. 203 bis 444).

FERGUSON, A., 1923: Abhandlung über die Geschichte der bürgerlichen Gesellschaft (1767), aus d. Engl. von V. Dorn, eingel. von H. Waentig. 2. Aufl. Jena.

FEUSTEL, R., 1975: Urgesellschaft. Entstehung und Entwicklung sozialer Verhältnisse. 2. Auflage. Weimar.

FORSTER, G., 1783: Johann Reinhold Forster's Bemerkungen über Gegenstände der physischen Erd-

beschreibung, Naturgeschichte und sittlichen Philosophie auf seiner Reise um die Welt gesammelt. Übers. u. mit Anm. von G. Forster. Berlin.
GUHR, G., 1959: Die Geistheirat der Banaro (Neuguinea). In: Ethnographisch-Archöologische Forschungen 6, 161—191. Berlin.
— 1963: Heirat und Verwandtschaftssystem bei den Aranda in Zentralaustralien. Abhandlungen und Berichte des Staatl. Museums für Völkerkunde Dresden, 23. Berlin.
— 1972: Die ökonomische Gesellschaftsformation als Grundlage der marxistischen ethnographischen Strukturauffassung. In: Jahrbuch des Museums für Völkerkunde zu Leipzig 28, 89—163. Berlin.
— 1979: Die Ethnologie in der Urgeschichtsforschung. In: Von der archäologischen Quelle zur historischen Aussage. Hrsg. J. Preuß. Berlin.
GÜNTHER, F., 1906: Die Wissenschaft vom Menschen. Ein Beitrag zum deutschen Geistesleben im Zeitalter des Rationalismus mit bes. Rücksicht auf die Entwicklung der deutschen Geschichtsphilosophie im 18. Jahrhundert. (Inaug. Diss. Uni. Leipzig). Gotha.
HEGEL, G. W. F., 1970: Vorlesungen über die Philosophie der Weltgeschichte, Bde. I—IV. Berlin.
HILDEBRANDT, H.-J., 1976: Einführung in: L. H. Morgan, Die Urgesellschaft. Lollar/Lahn.
KABO, V. R., 1976: Die Geschichte der Urgesellschaft und die Ethnographie. In: Ethnographisch-Archäologische Zeitschrift 16, 253—269. Berlin.
LANG, J., 1968: Das System der Urverwandtschaftstermini. In: Ethnographisch-Archäologische Zeitschrift 9, 219—244. Berlin.
LEACOCK, E. B., 1963: Introduction. In: L. H. Morgan, Ancient Society, Edited by E. B. Leacock. Cleveland and New York.
MARX, K., 1964: Kritik des Hegelschen Staatsrechts (1843). In: MEW 1, 201—333. Berlin.
MEW = Karl Marx, Friedrich Engels Werke, 40 Bde., 2 Erg.bde. und Verzeichnisbd., Berlin (seit) 1956.
MOHL, R. VON, 1859: Enzyklopädie der Staatswissenschaften. Tübingen.
MORGAN, L. H., 1871: Systems of Consanguinity and Affinity of the Human Family. Smithsonian Contributions to Knowledge 218. New York.
— 1880: Prefatory Note. In: L. Fison and A. W. Howitt, Kamilaroi and Kurnai, 1—20. Melbourne u. a.
— 1921: Die Urgesellschaft (Ancient Society). Untersuchungen über den Fortschritt der Menschheit aus der Wildheit durch die Barbarei zur Zivilisation. 4. Auflage. Aus d. Engl. übertr. v. W. Eichhoff unter Mitw. v. K. Kautsky. Stuttgart.
Darin (435—450): Herrn J. F. MacLennans „Primitive Marriage".
Notebooks, The Ethnological ... by Karl Marx, 1972. Transcribed, edited, Introduction by L. Krader. Assen.
PENNIMAN, T. K., 1952: A Hundred Years of Anthropology. 2. Auflage. London.
RIVERS, W. H. R., 1914: Kinship and Sozial Organization. London.
ROSE, F. G. G., 1960a: Classification of Kin, Age Structure and Marriage amongst the Groote Eylandt Aborigines. Völkerkundliche Forschungen 3. Berlin.
— 1960b: The Australian Aboriginal Family: Some Theoretical Considerations. In: Forschen und Wirken, Festschrift zur 150-Jahr-Feier der Humboldt-Universität zu Berlin III, 415—435. Berlin.
— 1968: Die Familie und die Periodisierung der Urgeschichte. In: Ethnographisch-Archäologische Zeitschrift 9, 148—156. Berlin.
SCHLOSSER, FR. CHR., o. J.: Weltgeschichte. Bde. I—VI. Neu durchgesehen u. ergänzt von O. Jäger und F. Wolff. 28. Aufl. Berlin.
SCHMIDTHENNER, F., 1839: Zwölf Bücher vom Staate oder systematische Encyklopädie der Staatswissenschaften, der Ethnologie, des Naturrechts und der Nationalökonomie. 2. Auflage. Gießen.
SELLNOW, I., 1961: Grundprinzipien einer Periodisierung der Urgeschichte. Berlin.
— 1970: Das Problem des Widerspruchs und die evolutionistische Methode Morgans. In: VII. Internationaler Kongreß der anthropologischen und ethnologischen Wissenschaften, Moskau vom 3. bis 10. August 1964, Bd. 4, 474—479. Moskau.
SELLNOW, W., 1963: Gesellschaft, Staat, Recht. Zur Kritik der bürgerlichen Ideologen über die Entstehung von Gesellschaft, Staat und Recht. Berlin.

Semjonow, J. I., 1966: Die Entstehung gesellschaftlicher Verhältnisse. In: Sowjetwissenschaft, Ges. wiss. Beiträge, 879—898. Berlin.
Sternberg, L., 1913: The Turano-Ganovanian System and the Nations of North-East Asia. In: Intern. Congress of Americanists, Proceed. of the XVIII. Sess., London 1912, 319—333. London.
Thurnwald, R., 1921: Die Gemeinde der Banaro. Stuttgart.
Westermarck, E., 1893: Geschichte der menschlichen Ehe. Aus dem Engl. von L. Katscher u. R. Grazer mit Vorw. von A. R. Wallace. Jena.

Herausbildung von Bewußtseinsformen

Von FRIEDRICH SCHLETTE, Halle/S.

Fragen nach der Herausbildung des Menschen führen zwangsläufig auch zur Frage nach den ersten Bewußtseinsformen. Ein Bewußtsein ist nur dem Menschen eigen und auch von Anbeginn des Menschen vorhanden. Denken und Bewußtsein entstehen und entwickeln sich im Prozeß der menschlichen Arbeit. Dabei ist die Arbeit primär im Sinne des philosophischen Grundgesetzes des Materialismus; „es ist nicht das Bewußtsein der Menschen, das ihr Sein, sondern umgekehrt ihr gesellschaftliches Sein, das ihr Bewußtsein bestimmt" (MARX, MEW 13, 9). So ist auch die idealistische Anschauung (etwa von TEILHARD DE CHARDIN) abzulehnen, daß allein das Denken den Menschen vom Tiere trennt (dagegen schon MARX/ENGELS, MEW 3, 21).

Es hat keine spontane Entstehung oder gar im Sinne der päpstlichen Enzyklika „Humani generis" (1950) eine Schöpfung des Geistes gegeben, sondern das menschliche Bewußtsein hat in der Tierpsyche seine „Vorgeschichte" (ENGELS, MEW 20, 468). Die Entwicklungstheorie DARWINS hat auch die Grundlage gegeben für die „Vorgeschichte des Menschengeistes, für die Verfolgung seiner verschiednen Entwicklungsstufen vom einfachen strukturlosen, aber Reize empfindenden Protoplasma der niedrigsten Organismen bis zum denkenden Menschenhirn. Ohne diese Vorgeschichte aber bleibt das Dasein des denkenden Menschenhirns ein Wunder" (ebda.).

Die bekannte Feststellung vom gesellschaftlichen Bewußtsein als der Widerspiegelung des gesellschaftlichen Seins darf nicht zu der primitiven Vorstellung eines mechanisch-optischen Bildes im Gehirn wie in einem Spiegel führen. Vielmehr wirkt diese Widerspiegelung, also das Bewußtsein, sehr aktiv auf das Leben des Menschen ein. So sagt LENIN (Werke 38, 203): „Das Bewußtsein des Menschen widerspiegelt nicht nur die objektive Welt, sondern schafft sie auch".

Für uns heißt es, daß wir die Frage nach der Bewußtseinsform in der Frühgeschichte der Menschen nicht isoliert, sondern nur in Verbindung mit dem materiellen Sein, also den materiellen gesellschaftlichen Verhältnissen, betrachten können und müssen. „Das Bewußtsein kann nie etwas Andres sein als das bewußte Sein" (MARX/ENGELS, MEW 3, 26).

Zum zweiten müssen wir uns darüber klar werden, daß es uns in unseren Überlegungen immer nur um das gesellschaftliche Bewußtsein geht, genau wie sich der Prozeß der Menschwerdung im sozialen Rahmen vollzogen hat und ebenso wie das Sein auch das Bewußtsein „von vornherein schon ein gesellschaftliches Produkt" ist (MARX/ENGELS, MEW 3, 31).

Selbstverständlich besitzt jedes menschliche Individuum ein individuelles Bewußtsein, das aber wegen der Quellenlage nur für die jüngeren Perioden der Menschheit (Klassengesellschaft und kommunistische) zu erforschen möglich ist. Auch in der Urgesellschaft hat es ein individuelles Bewußtsein gegeben, weil genau so wie in den nachfolgenden Gesellschaftsformationen der Einzelne jeweils unter bestimmten unterschiedlichen Lebensumständen aufwächst und sich entwickelt. Das Bewußtsein der Frau und des Mannes ist unterschiedlich gewesen, des Jägers anders als des Viehzüchters, das des jungen Menschen hat sich von dem des alten unterschieden usw. Immer aber prägte und prägt sich das individuelle Bewußtsein unter dem Einfluß des Kollektivbewußtseins. Und keinesfalls ist das gesellschaftliche Bewußtsein einfach eine Summierung des Bewußtseins der einzelnen Mitglieder des Kollektivs.

Nicht alle heute fixierten Bewußtseinsarten waren in der Urgesellschaft, geschweige denn von Anfang an vorhanden. Weder das politische, das Rechtsbewußtsein noch das philosophische Bewußtsein (Aufgliederung nach ULEDOW, 1973, 59ff.) gab es, diese entwickelten sich erst mit der Klassengesellschaft. Auch das ästhetische Bewußtsein hat sich zwar in der Urgesellschaft, aber erst in einer bestimmten Phase (nachweisbar durch die ersten Schmuck- und Kunstgegenstände) entwickelt. Ähnlich verhält es sich mit dem religiösen Bewußtsein, auch im weiteren Sinne, also einschließlich Magie, Animismus usw. Denn trotzdem oder vielleicht gerade weil diese Art des Bewußtseins eine phantastische, illusionäre Widerspiegelung der objektiven Umwelt ist, erfordert es einen bestimmten Grad des geistigen Niveaus der Menschen, um diese zweite illusionäre Welt sich ideell aufzubauen. Die Anfänge des religiösen Bewußtseins dürften jedenfalls noch jünger als das ästhetische sein, auf jeden Fall aber noch im Jungpaläolithikum liegen. Es ist hier nicht der Platz, auch nur Andeutungen über mögliche Entwicklungsstufen zu machen (Fetischismus, Magie, Zauber, Animismus, Totemismus). Da sich das religiöse Bewußtsein im Kult, dieser wiederum in Idolen, magischen Zeichen, Felszeichnungen, Kultplätzen u. a. niedergeschlagen hat, ergeben sich für den Archäologen Möglichkeiten, dieser Bewußtseinsart nachzuspüren — hier wie überhaupt in diesen Fragen in Zusammenarbeit mit der Ethnologie.

Die früheste Art des Bewußtseins dürfte das ökonomische Bewußtsein gewesen sein, also die Vorstellungen, die mit der Produktion, der Arbeit, unmittelbar zusammenhängen. Bis in die Anfänge der Menschheitsgeschichte mag auch das sittliche (moralische) Bewußtsein zurückreichen. In dem Augenblick, als der animalische Zustand überwunden und erste spezifisch menschliche, soziale Beziehungen aufgenommen wurden, traten zwangsläufig auch einfachste sittliche Verhaltensnormen und damit auch ein sittliches Bewußtsein auf. Das begann mit der praktischen Tätigkeit des Kollektivs, die die Grundlage des Kollektivbewußtseins bildete und der sich das Individualbewußtsein unterordnen mußte. Das setzte sich in bestimmten Sexualbeziehungen fort, die ebenfalls durch das Kollektivbewußtsein gelenkt wurden. Auch diese Bewußtseinsart steht in engstem Verhältnis zur materiellen Basis.

Zunächst zum ökonomischen Bewußtsein — einem Begriff, der bei uns m. E. noch gar nicht, in der sowjetischen Literatur erst in den Anfängen, eingeführt ist (ULEDOV, 1973, 125).

In Anlehnung an MARX (MEW 23, 192f.) hat J. HERRMANN die Entstehung der Arbeit in 3 Stufen dargestellt (vgl. in seinem Beitrag S. 15ff.):

1. tierartig instinktmäßige Form der „Arbeit“,
2. menschlich bewußte Arbeit mit noch teilweise instinktmäßigen Formen,
3. Einheit von Denken und manueller Tätigkeit.

Danach sollte man auch von 3 Stufen in der Entwicklung der ökonomischen Bewußtseinsart sprechen:

1. Die instinktiven arbeitsähnlichen Prozesse bei den Primaten — als Anpassung an die Umwelt — waren biologisch nicht spezialisiert, konnten sich also gut und vielseitig entwickeln. Dafür besaßen sie eine höhere Nerventätigkeit. Als weiterer günstiger Faktor kam hinzu, daß die frei gewordenen vorderen Extremitäten ebenfalls nicht spezialisiert waren. Die Folgen dieser günstigen Voraussetzungen waren ein zweckgerichtetes Verhalten und ein gegenständlich-anschauliches, ein „manuelles Denken" (PAVLOV).

Die auch für uns sichtbare Folge war der verhältnismäßig rasch zunehmende **regelmäßige** Gebrauch von Hilfsmitteln (geeignete Steine, Knochen, hölzerne Hilfsmittel) und die zeitig einsetzende Auswahl **geeigneter** Materialien. Es führte zur spontanen Bearbeitung der aufgelesenen Steine mit wenigen Schlägen, zu immer den gleichen, weil geeigneten Formen (zu „Typen") und zum **Behalten** (= Aufbewahren) in der Voraussicht späterer ähnlicher Verrichtungen. Es ist die Zeit der Geröllgeräte.

Die Jagd war nur im Kollektiv erfolgreich. Erfahrungen konnten zunächst nur optisch (Mitbeobachten) ausgetauscht werden. Die Jagd selbst — und andere Arbeiten — wurden durch Zeichen oder einzelne Laute unterstützt. Aus der Erkenntnis von der großen Bedeutung der Sprache für die Entstehung des Menschen heraus dürfte bereits in dieser Phase mit der Fähigkeit gerechnet werden, daß gewisse Erfahrungen weitergegeben wurden. Inhalt der Informationen können solche gewesen sein wie über den Platz zahlreichen Wildvorkommens, über den besten Weg, die Tiere zu erlegen, über die Anwesenheit fremder Horden, über die Lage von Wasserquellen, von gutem Steinmaterial usf. Die Weitergabe solcher Informationen mag sowohl optisch, aber auch akustisch erfolgt sein. So benutzte man sicherlich einzelne Laute bestimmter Bedeutung, aber auch vermutlich bereits eine Aneinanderreihung von Lauten, die Auskunft in komplexer Form gaben: wo, wann, was ist. Veranlassung und Triebkraft waren anfangs noch der Instinkt zur Nahrungsaufnahme und Beschaffung. Entsprechende Reize der Umwelt riefen im Gehirn gespeicherte Verfahrensmethoden und sonstige Erfahrungen ab, die als erste Denkprozesse interpretiert werden können.

So wurden Hand und Hirn durch die alltägliche Arbeit „trainiert". Die ersten Bewußtseinsformen standen jedenfalls in engstem Zusammenhang mit der Arbeit. „Arbeit zuerst, nach und dann mit ihr die Sprache — das sind die beiden wesentlichsten Antriebe, unter deren Einfluß das Hirn eines Affen in das bei aller Ähnlichkeit weit größere und vollkommnere eines Menschen allmählich übergegangen ist" (ENGELS, MEW 20, 447).

Die fehlende Spezialisierung hatte auch den Vorteil, daß sich die fünf Sinne gleichmäßig gut entwickelten, daß sie sich gegenseitig ergänzten. Im Gegensatz dazu hat jedes Tier meist nur **ein**, aber dafür sehr gut entwickeltes Sinnesorgan, während die anderen zurücktreten oder gar nicht entwickelt sind. Beim Menschen sind Sehen, Hören, Riechen, Fühlen (Tasten) und Schmecken mehr oder weniger gleichmäßig gut entwickelt (aber der Adler sieht besser, der Hund besitzt eine bessere Spürnase, viele Kleintiere haben ein besseres Tastvermögen, zahlreiche Tiere ein besseres Hörvermögen usw.).

Die ohnehin bei Primaten hoch entwickelte Nerventätigkeit wurde dadurch weiterhin gesteigert. Der werdende Mensch hatte die Möglichkeit, eine vielfältige und umfangreiche Informationsmenge zu speichern (was große Anforderungen an das Gedächtnis stellte, da die Informationen noch nicht logisch geordnet werden konnten), zum gegebenen Zeitpunkt abzurufen und damit zu nutzen (vgl. J. HERRMANN, 1974, 53). So wurde ein jagdbares Tier vom Menschen gesehen, gehört und oft auch zeitig gerochen; der Zustand des erlegten Tieres konnte gefühlt, geschmeckt, aber auch gesehen und gerochen werden. Erfahrungswerte von vier Sinnesorganen wurden damit zu **einer** Erkenntnis kombiniert. Noch aber erfolgten alle Denkprozesse aus der akuten Situation heraus, sie waren konkret-anschaulich.

2. Aus dem im Augenblick des Arbeitsvorganges entstandenen Werkzeug, aus dem nur in diesem Augenblick gereizten und abgerufenen Erfahrungsschatz und diesem manuellen Denken entstand die Fähigkeit, das Ziel des Arbeitsprozesses, die notwendigen Vorbereitungen vorher zu planen und zu durchdenken. (Marx, MEW 23, 193: „Was aber von vornherein den schlechtesten Baumeister vor der besten Biene auszeichnet, ist, daß er die Zelle in seinem Kopf gebaut hat, bevor er sie in Wachs baut"). Auch ohne unmittelbaren Reiz aus der Umwelt konnte der Mensch nun Vorgänge vorher durchdenken und entsprechende Vorarbeiten leisten. Noch war dieses Denken sinnlich-konkret, wenn auch die Denkprozesse kombiniert und komplizierter wurden.

Diese höhere Form des Denkens wurde durch die Kommunikation zwischen den Menschen erleichtert. Nicht nur die Sprache entwickelte sich in diesem nur als gesellschaftlichen Prozeß zu verstehenden Vorgang, sondern erstmalig ein gesellschaftliches Bewußtsein, wenn auch zunächst nur auf dem ökonomischen Gebiet. Bevor es nicht zur Sprache kam, kann es m. E. kein gesellschaftliches Bewußtsein gegeben haben.

Archäologische Beweise für diesen Stand des Denkens und des Bewußtseins sind jene Geräte, die nicht unmittelbar vor ihrem Gebrauch hergestellt wurden, sondern eine längere Vorbereitungszeit erforderten: Faustkeile, Clacton- und Levallois-Geräte; ebenso auch der Fallenbau.

Das Vermögen des Vorausdenkens ermöglichte dem Menschen, auch außerhalb der Vorbereitungszeit sich Gedanken zu seinem Arbeitsprozeß zu machen. Da jede Arbeit letztlich ein gesellschaftlicher Prozeß war, entstanden Vorstellungen über den Menschen neben sich, der ihm helfen, der aber auch sich als Hindernis oder Versager in bestimmten Situationen gezeigt haben konnte. Die unterschiedlichen Fähigkeiten wurden erkannt, so daß neben den ohnehin naturwüchsigen Arbeitsteilungen (zwischen Mann und Frau) nunmehr bewußte, wenn auch nur zeitweise eintraten.

Erfahrungen bei natürlichen Bränden führten zur bewußten Verwendung des Feuers. Der Mensch erkannte die Zusammenhänge von Feuer und Wärme (hier bestand sicherlich ein aus dem Tierreich stammender instinktiver Vorlauf), Feuer als Schutz vor wilden Tieren, Feuer als Lichtquelle, Feuer zum Genießbarmachen von Fleisch. Hier offenbarten sich dem Menschen Zusammenhänge und entstanden gedankliche Kombinationen, die etwa mit dem Begriff von Ursache und Wirkung bezeichnet werden können.

Zusammenhänge und Wechselbeziehungen mögen sich dem Menschen vielleicht schon auf anderen Gebieten erschlossen haben, die sich leider nicht mit unseren Quellen belegen lassen; Erkenntnisse wie: nach dem Blitz folgt der Donner, Wolken bringen Regen (auch hier instinktive Vorläufer: Paviane flüchten bei heraufziehenden dunklen Wolken bereits unter das schützende Felsendach), Kälte bringt Schnee und Eis.

Sie alle wurden primitiv, aber real erfaßt, ohne schon unnatürliche, unsichtbare Geister, Dämonen oder sonstige Kräfte zu Hilfe zu nehmen. Zybkowec hat in seiner Arbeit über die vorreligiöse Epoche (1959) darauf hingewiesen, daß es vor der Zeit religiöser Vorstellungen die Existenz positiver Kenntnisse über die Natur gegeben hat. Erst später kam es „zu einer Spaltung der menschlichen Erkenntnis: Neben dem Wissen um reale Zusammenhänge und reale Einflüsse entstand der Glaube an die Existenz von, gegenüber diesen qualitativ verschiedenen, geheimen, unverständlichen Zusammenhängen und geheimen, unverständlichen Einflüssen" (JU. I. SEMENOV, 1962, 391).

In dieser zweiten Phase war das menschliche Bewußtsein also geprägt durch kombinierte, wenn auch noch stark sinnlichkonkrete Denkprozesse, durch Erkennen von Wechselbeziehungen, durch eine „soziale Vererbung" der Erfahrungen an nachfolgende Generationen und damit erste Vorstellungen auch von sozialen Bindungen. Das Kollektivbewußtsein erhielt durch erste sittliche Normen einen festeren Halt. Man erkannte die Notwendigkeit des Zusammengehens. Man wußte, daß die Sicherung der Existenz nur im Kollektiv gegeben ist.

Es war die Zeit der Archanthropinen.

3. Die neuen Bewußtseinsformen im Stadium des homo sapiens (wohl einschl. des Neandertalers) fußten auf nunmehr abstraktem Denken und sind vor allem im Sozialen erkennbar. Diese neue Qualität ist auf Grund der Quellen nur indirekt faßbar. Das Auftreten von Bestattungen, die Deutung der paläolithischen Kunstwerke und die Spuren der Siedelplätze ermöglichen uns solche Einblicke in die geistige Sphäre des damaligen Menschen.

Das sittliche Bewußtsein führte zu bestimmten Verhaltensnormen, die im Einzelnen höchstens im Analogieschluß aus dem ethnographischen Material zu erschließen sind. Wir haben Hinweise auf totemistische Vorstellungen, die wiederum darauf hindeuten, daß sich die Menschen Gedanken über ihre Herkunft gemacht haben. Außerdem stellten sie Überlegungen an, wie sie den Jagderfolg sichern könnten. In beiden Fällen kam es zu „Fehlleistungen", weil man sich Kräfte und Zusammenhänge vorstellte, die es real nicht gibt. Diese geistigen Fehlleistungen führten auch zu praktischen Maßnahmen, die damit sinnlos waren. Im Laufe der weiteren Entwicklung baute sich der Mensch so eine zweite, aber illusionäre, eine „Scheinwelt" auf.

Es darf aber nicht übersehen werden, daß gleichzeitig in viel stärkerem Maße die realen Kenntnisse und Erkenntnisse wuchsen, die aus der Praxis gewonnen und wiederum in die Praxis umgesetzt wurden. Sonst wäre es ja gar nicht zum Aufstieg der Menschheit gekommen. Am augenfälligsten ist dies wiederum auf dem Gebiet der Ökonomie: starke Differenzierung der Werkzeuge und Geräte, aus verschiedenen Materialien zusammengesetzte Geräte, Ausnutzung mechanischer Gesetze (Fliehkraft, Hebelkraft usw.). Das selbstverständlich nicht als Gesetz erkannte, aber in seiner Wirkung dem Menschen bewußt gewordene Hebelgesetz ermöglichte das Aufbrechen von Steinbrocken und Knochen, das Ausheben von Gruben, das Bewegen von schwerer Jagdbeute, das Herausholen von Wurzeln und Knollen aus dem Erdreich. Der Vorteil des verlängerten Armes machte sich in der Schaffung erster beil- und hackenartiger Gerätschaften bemerkbar.

Die „soziale Vererbung" gewann immer mehr an Bedeutung. Das gesellschaftliche Bewußtsein entwickelte sich vielfältig. Neben dem ökonomischen und dem sittlichen trat nun erstmalig auch das ästhetische Bewußtsein auf, nachweisbar an der Kunst, auch wenn diese keinesfalls als l'art pour l'art aufzufassen ist. Es gab erste ästhetische Normen für die Geräte; soweit es möglich war, wurden sie geschmückt, also vor allem solche aus Holz, Horn, Knochen. Auch wenn die bekannten Frauenplastiken nach den Vorstellungen aus dem Fruchtbarkeitszauber geformt wurden, kann man doch mit ästhetischen Normen für die menschliche Figur rechnen. Man dürfte bestimmte ästhetische Vorstellungen vom gesellschaftlich vollwertigen Menschen besessen haben. Der Körper wurde tätowiert oder bemalt, die Fellkleidung hatte einen bestimmten Schnitt und wurde mit Federn, Applikationen, Muscheln u. a. zusätzlich geschmückt, das Haar erhielt einen möglicherweise nach gesellschaftlichem Rang differenzierten Schnitt.

Die Auseinandersetzung mit der Natur und das Zusammenleben in der Gemeinschaft führten zu bestimmten Formen des gesellschaftlichen Bewußtseins, das wiederum auf die Praxis zurückwirkte. Damit war die Spezifik der Bewußtseinsform der Urgesellschaft geschaffen, die im Wesen während der ganzen Dauer ihrer Geschichte erhalten blieb. „Das Gemeineigentum stellte die Menschen in gleichartige Beziehungen zu den Mitteln und Erzeugnissen der Produktion, und diese Beziehungen widerspiegelten sich deshalb gleichartig im Bewußtsein des Kollektivs wie auch im Bewußtsein der einzelnen Menschen" (ULEDOW, 1973, 200). Erst mit dem Zerfall der Urgesellschaft entstand eine neue, vor allem differenzierte Bewußtseinsstruktur.

Literaturverzeichnis

ENGELS, F., MEW 20 (Dialektik der Natur). Berlin 1975.

HERRMANN, J., 1974: Die Entwicklung der Menschheit. Sitzungsberichte der Akad. d. Wiss. d. DDR 1975/16. Berlin.

LENIN, Werke 38 (Konspekte zu Hegels „Wissenschaft der Logik").

MARX, K., MEW 13 (Zur Kritik der politischen Ökonomie). Berlin 1975.

MARX, K., MEW 23 (Kapital I). Berlin 1975.

MARX, K./ENGELS, F., MEW 3 (Deutsche Ideologie). Berlin 1969.

SEMENOV, JU. I., 1962: Vozniknovenie čelovečeskogo obšestva. Krasnojarsk.

ULEDOW, A. K., 1973: Die Struktur des gesellschaftlichen Bewußtseins. Berlin 1973.

ZYBKOWEC, V. F., 1959: Doreligioznaja epocha. Moskva.

Diskussionsbeitrag

Von Georg Knepler, Berlin

Als Musikwissenschaftler möchte ich die Frage stellen, ob sich aus den archäologischen Materialien nicht Rückschlüsse auf das ästhetische Verhalten des Menschen in seiner Frühgeschichte ziehen lassen. Es ist uns natürlich bekannt, daß Quellen für das ästhetische Verhalten des Menschen wie Ornamente, Begräbnisriten, Knochenflöten und dergleichen verhältnismäßig späten Datums sind. Aber ist nicht ein anderer Zugang zu dem Problem möglich?

Daß Arbeit, Denken und Sprechen in ihrer Genese einander wechselseitig bedingen, gleichsam **einen** Komplex bilden, ist sicher richtig, so sehr diese Feststellung auch noch der Detaillierung fähig und bedürftig ist. Aber Denken heißt auch Fühlen. Wir wissen aus der Psychologie, daß kognitive und emotive Prozesse miteinander untrennbar verbunden sind, obwohl wir über emotive Vorgänge nur wenig wissen. Nun sagt uns, soweit ich sehe, das ethnographische Material, daß es den Menschen nicht bloß um kognitive, sondern in sehr starkem Maße auch um emotionale Aneignung der selbst geschaffenen künstlichen Umwelt, des Verhältnisses zum Tier, der jeweiligen gesellschaftlichen Formation, des eigenen Ichs ging. Unter „emotionale Aneignung" soll ein Prozeß verstanden werden, der es den Menschen ermöglicht, sich mit neuen Situationen, inneren und äußeren, emotional abzufinden, sich in sie emotional einzupassen.

Ich würde vier Hypothesen vortragen:

1. Unter ästhetischem Verhalten sei jener Typus von Verhalten verstanden, bei dem die menschlichen Sinne (in einem weitgefaßten Sinn: die neuronalen Dispositionen), die sich in diesem Prozeß herausbilden und entwickeln, spontane, wertende Urteile abgeben, die es den Menschen ermöglichen — und zwar auf jeder Stufe seiner Entwicklung —, die von ihm jeweils geschaffenen sozialen Verhältnisse in sein Leben emotiv einzuordnen. Die Menschen lernen auf diese Weise, das objektiv für sie Sinnvolle und Nützliche als angenehm, als schön zu empfinden.
2. Ästhetisches Verhalten sollte man als eine Zwillingserscheinung der Arbeit betrachten. Sie muß wohl so alt sein wie diese und weit älter als magische, religiöse etc. Vorstellungen. Daraus ergibt sich eine für Urgeschichtler wichtige Konsequenz: Mimesis, Zeremonien unter Verwendung von Tänzen, Gesten, Lautäußerungen, Kostümen, Requisiten, Körper- und Gesichtsbemalung — alles das braucht keinerlei Spuren hinterlassen zu haben. Die Abwesenheit von Quellen besagt nicht, daß es kein ästhetisches Verhalten gegeben hätte.
3. Die künstlerische Produktion ist ein Sonderfall des ästhetischen Verhaltens.
4. (Diese vierte Hypothese ist spezifischer Natur:) Musik ist so alt wie die Sprache,

aber sie enthält vorsprachliche Elemente, in vergleichbarer, aber viel stärker ausgeprägter Weise, als es ja auch die Sprache selbst tut.

Diese Hypothesen, obwohl sie im Augenblick nicht voll verifiziert, die in ihnen aufgeworfenen Fragen nicht voll beantwortet werden können, könnten dennoch auch praktischen Nutzen haben. Ein Beispiel. Wir hörten über die Ergebnisse der Grabungen in Bilzingsleben. Wir verstanden auch den Sinn der Herstellung rekonstruierender Abbildungen, die ein Künstler nach Angabe der Forscher hergestellt hat. Sie sind imstande, das Leben jener uns zeitlich so weit entrückten Menschen auch dem Laien anschaulich vor Augen zu führen. Aber nicht unbedingt scheint uns dabei die Gefahr vermieden, in das Leben des homo erectus moderne Vorstellungen zurückzuprojizieren. Was scheint uns näher zu liegen als die Annahme, homines erecti hätten sich über eine erfolgreiche Jagd genau so gefreut, hätten beim Lagerfeuer ihrer Freunde in vergleichbarer Weise Ausdruck gegeben, wie es Jäger heutiger Tage tun? Aber können wir da so sicher sein?

Betrachtet man die — aus rezenten Zeiten ja gut bekannten — Zeremonien und Riten, bedenkt man, welche gewaltigen Aufwendungen an Mühe und Zeit bei derartigen Veranstaltungen aufgewendet wurden, wieviel Schmerz, Verstümmelung, selbst rituelle Tötung Menschen, die unter urgesellschaftlichen Verhältnissen leben, auf sich nehmen, so wird man gut daran tun, auch die Sorgen, die Angst (z. B. vor der Rache erlegter Tiere) mit einzukalkulieren, von denen die Menschen erfüllt gewesen sein müssen. Mit einem Wort, die Geschichte der menschlichen Psyche muß ernsthafter betrieben werden, wenn urgeschichtliche Forschung tiefer eindringen will.

Manchmal entsteht der Eindruck, als würde man diejenigen Forscher, die sich vor allem, ja ausschließlich mit der materiellen Kultur, mit den Zeugnissen und Produkten menschlicher Arbeit beschäftigen, als die konsequenteren Materialisten, die besseren Marxisten, gegenüber anderen, die Fragen der psychischen Entwicklung der frühen Menschen, ihres ästhetischen Verhaltens, ihrer emotiven Aneignung und ähnliche Fragen behandelt sehen wollen, betrachten. Das kann selbstverständlich nicht stimmen. MARX hat die materielle und die geistige Entwicklung stets als Einheit gesehen. Mir will es scheinen, als könnte auch auf manche der hier behandelten Fragen neues Licht fallen, wenn man die materielle Kultur auch als Zeugnisse psychischer Vorgänge untersuchte, die die Arbeit unserer Vorfahren begleitet haben.

Literaturzusatz vom Herausgeber:

KNEPLER, G., 1977: Geschichte als Weg zum Musikverständnis. Leipzig.

Primaten-Soziologie im Evolutions-Aspekt

Von GÜNTER TEMBROCK, Berlin

I.

In den Diskussionen über die Anthropogenese haben in den letzten Jahren Erörterungen über die Bedeutung von Sozialfaktoren einen zunehmenden Raum eingenommen (vgl. CROOK, 1970, JOLLY, 1975, VOGEL, 1975, REYNOLDS, 1976, FEUSTEL, 1979). Daraus kann das Erfordernis abgeleitet werden, unsere Kenntnisse über alle damit zusammenhängenden Phänomene planmäßig zu erweitern, um die sehr unterschiedlichen Hypothesen an den Tatsachen validieren zu können. Es ist daher kein Zufall, daß besonders auch die Freilandstudien, über die auch in den oben erwähnten Zusammenfassungen berichtet wird, in den letzten Jahren entscheidend gefördert wurden. Untersuchungen unter Haltungsbedingungen können zwar zur Klassifikation bestimmter Verhaltensmuster im Sozialkontext beitragen, das eigentliche Sozialverhalten, getragen von einer spezifischen Sozialstruktur, ist (bei Primaten) unter diesen Bedingungen nicht erfaßbar. Es ist nur im Zusammenhang mit der Umwelt realisiert, auf die es sich in der Stammesgeschichte (und über Traditionen) angepaßt hat.

In diesem Zusammenhang scheint es angebracht, den sich zunehmend einbürgernden Begriff „Biosoziologie“ beim Studium tierischer Vergesellschaftungen zu verwenden, und damit das Wort „Soziologie“ für den Menschen einzusetzen. Diese Begriffe schließen sich, wie die Wortbildungen bereits andeuten, nicht aus, vielmehr enthält der Begriff „Soziologie“ auch biosoziale Phänomene, erfaßt aber zugleich die überformenden gesellschaftlichen Determinanten des menschlichen Sozialverhaltens. Eine „Biosoziologie“ des Menschen könnte daher nur solche Komponenten seines Sozialverhaltens erfassen, die mit biologischen Parametern definierbar sind und mit biologischen Methoden gemessen werden können. Da der Mensch (zoologisch gesehen) jedoch ein Primat ist, läßt es sich rechtfertigen, auch von einer Primaten-Soziologie zu sprechen, die wir im folgenden unter dem Evolutions-Aspekt in großen Umrissen umreißen möchten, gestützt auf die Freilandforschungen der letzten Jahre (vgl. auch KUMMER, 1975).

II.

Für das Verständnis der biosozialen Grundlagen der Vergesellschaftungen bei Primaten bedarf es einer kurzen Erörterung der Frage nach der Ableitung des Biosozialverhaltens. Dabei stellen sich zwei Teilfragen:

a) Welche Bedingungen fördern die Entstehung von biosozialen Strukturen, b) aus welchen Funktionskreisen des Verhaltens lassen sie sich ableiten?

Zu a: Als Faktorenkomplexe, die zur Herausbildung von Biosozietäten führen können, wären zu nennen:

— Optimierung des Stoff- und Energiewechsels (Biodynamik)
— Optimierung der Orientierung in Raum und Zeit
— Optimierung der Störfreiheit (Schutz des Körpers und des Verhaltens)
— Optimierung der Reproduktion (Anzahl der Jungen, „effektive Generationendauer“, selektiver Genfluß in der Population).

Zu b: Sozialverhalten ist phänomenologisch dadurch gekennzeichnet, daß sich bestimmte Individuen einer Artpopulation von anderen raum-zeitlich abgrenzen und zugleich untereinander ein höheres Maß wechselseitiger Beeinflussung und Abhängigkeit zeigen als gegenüber anderen Individuen derselben Population. Dies drückt sich phänomenologisch in der raum-zeitlichen Ordnung der Individuen, also in ihrer Distanzregulation aus. Über diese könnte man selbst dann, wenn man über Verhaltensbeziehungen der Individuen einer Vergesellschaftung nichts wüßte, die Sozietät als solche bereits erfassen. Diese Distanzregulation enthält drei Parameter: Distanzerhaltung, Distanzverringerung und Distanzvergrößerung; wir bezeichnen (phänomenologisch) diese drei Statusformen als stationär, affin und diffug. Für eine Sozialstuktur ist kennzeichnend, daß diese Distanzregulation ihre Bezugsreize aus den Elementen (Individuen) des Sozialsystems bezieht, während für nicht soziale Arten die Bezugsreize aus dem Ökosystem stammen und nur zeitweise von Artgenossen geliefert werden (Fortpflanzung, Jungenaufzucht). Eine Sozialstruktur dagegen reagiert gegenüber Reizen (bzw. Informationen) aus der Umwelt (dem eigentlichen Ökosystem) als Ganzes, also unter Beibehaltung der dominierenden distanzregulierenden Mechanismen zwischen den Individuen.

Betrachtet man die Sozialstruktur der Primaten unter diesen Aspekten, dann stellt sich die Frage nach der Herkunft dieser Regulationsmechanismen. Für sie kann die Antwort nur im Bereich der beiden Funktionskreise gesucht werden, die generell bei Säugetieren Individuen einer Art raum-zeitlich koordinieren mit dem dominierenden Prinzip der „mutuellen Attraktion“, der wechselseitigen Anziehung (symmetrisch oder asymmetrisch): Das Sexualsystem und das Pflegesystem. Im ersten Fall sind zwei Vorzeichen gegeben: Affiner Status gegenüber (bestimmten) andersgeschlechtlichen Individuen der eigenen Art (selektiver affiner Status), und diffuger Status gegenüber (bestimmten) gleichgeschlechtlichen Individuen (selektiver diffuger Status); die beiden Bezugsformen nennen wir auch „Partnersubsystem“ und „Rivalensubsystem“ im Kontext des Sexualsystems.

Im Pflegesystem besteht ebenfalls eine extreme Tendenz zur Distanzverminderung bis zum Körperkontakt (hier mit ausgesprochener Asymmetrie), wobei das Jungtier die Pflegeansprüche stellt, die der pflegende Erwachsene verwirklicht. Die Pflegeansprüche werden durch die durch Eigenverhalten noch nicht wahrnehmbaren Elementaransprüche (Nahrung, Schutz, Raum) determiniert, während dem Pflegeverhalten selbst eine einheitliche Motivation („Pflegetrieb“) zugrundeliegt. Beiden Funktionskreisen ist etwas gemeinsam: Die Elementarfunktionen sind konnektiver Natur (darunter verstehen wir die Übertragung von Stoffen, im Beispiel: Gameten oder Nährstoffe); ihre Steuerung und Regelung bedarf eines intensiven Informationsflusses, der vor allem durch kommunikative Signale (also echte Nachrichten, vom Sender mit Bedeutung belegt) gewährleistet wird; hier liegt in der Natur das stärkste Aufkommen an Information, es steuert und regelt ja letztendlich die Evolution, die Genverteilung und -transmission innerhalb der Population.

Fassen wir zusammen: Unter diesen Gesichtspunkten kann das biosoziale Verhalten als eine „Generalisation“ des Prinzips der kommunikativen Distanzregulation, wie sie die Funktionskreise Sexualsystem und Pflegesystem erfordern, interpretiert werden. Sozialverhalten verallgemeinert das Prinzip der mutuellen Attraktion und macht diese damit (relativ) unabhängig vom sexuellen und Altersstatus. Gleichwohl ist aber bei dieser Herleitung zu erwarten, daß die dabei eingesetzten Verhaltensmechanismen diese Herkunft noch erkennen lassen, also auch die biosozialen Verhaltensweisen Komponenten des Pflege- und Sexualverhaltens enthalten. Das ist bei Primaten unschwer nachzuweisen. Man wird diesen Aspekt aber auch dann im Auge behalten müssen, wenn man nach biologischen Wurzeln typisch menschlicher Eigenschaften (z. B. Sprache oder Musik) fragt. Dennoch gilt natürlich, daß die biosozialen Phänomene eine eigene Qualität entwickelt haben und sich damit auch eigengesetzlich weiter entwickelten.

III.

Nach der kurzen Kennzeichnung der möglichen Ableitung der Sozialsysteme bei Primaten stellt sich nunmehr die Frage nach den Eigenschaften (Invarianten und Variablen), die diese Formen des Zusammenlebens charakterisieren. Primaten werden in freier Wildbahn gewöhnlich in verhältnismäßig begrenzten Lebensräumen angetroffen, innerhalb derer sie in deutlich abgegrenzte Untereinheiten unterteilt sind (Populationen). Oft liegen ökologische Schranken zwischen diesen Untereinheiten. Zwischen den Individuen dieser Metapopulationen bestehen typische Beziehungen, so daß auch raum-zeitlich beschreibbare Strukturen auftreten. Eine solche Population zerfällt meist wieder in weitere Untereinheiten, und diese sind die eigentlichen Biosozietäten, die sich innerhalb des „home range" bewegen, bei manchen Arten aber auch echtes Territorialverhalten zeigen. Das gilt besonders für Lemuren und Platyrhinen, aber auch zahlreiche Arten der Cercopithecinen, jedoch nicht für die Pongiden (und die Paviane). Bei den (insgesamt bei den höheren Primaten überwiegenden) nicht-territorialen Arten finden innerhalb des home range ständig Wanderungen statt, die zu Begegnungen zwischen Gruppen führen können, auch zu Vereinigungen und wieder Trennungen. Dabei gilt wohl allgemein, daß die elementaren Untereinheiten nicht-anonyme Vergesellschaftungen darstellen, sich alle Individuen untereinander kennen. Wenn man will, kann man bei diesen Primaten biosoziale Elementareinheiten (auch „Schlüsseleinheiten" genannt) und Sozialstrukturen höherer Ordnung unterscheiden, die etwa den Populationen entsprechen, aber dadurch gekennzeichnet sind, daß auch zwischen ihnen bestimmte Beziehungen bestehen und sie sich als Gruppen kennen. IMANISHI (1960) hat die kleinste Einheit bei den Primaten als „Oikia" bezeichnet, die bisexuelle Fortpflanzungsgruppe, die auch „Trupp" oder „Gruppe" genannt wird. Die wichtigsten Variablen in den Populationen der Primaten (in denen es ein biosoziales Relationsgefüge gibt) sind nach CROOK (1970):

- Die Anzahl der Individuen in einem gegebenen Gebiet zu einer bestimmten Zeit
- Das Muster der räumlichen Verteilung der Gruppen
- die Zusammensetzung der Gruppe in Hinblick auf Alter und Geschlecht
- die Substrukturierung der Gruppen auf Grund interindividueller Beziehungen
- die Stabilität der Gruppe als soziale Einheit.

Es ist nicht allein die Artzugehörigkeit, die Unterschiede in Sozialsystemen bedingt, auch ökologische Faktoren üben einen Einfluß aus, so daß in bestimmten Ökotypen auch systematisch nicht näher verwandte Arten ähnliche Sozialstrukturen entwickeln können.

Natürlich lassen sich neben den von Crook zusammengestellten Faktoren noch andere nennen, die auf die Konstitution der Biosozietäten Einfluß nehmen. Parsons (1966) hat versucht, vier Ebenen herauszuarbeiten, die bei der Zusammensetzung der Sozialstrukturen der Primaten (hier den Menschen eingeschlossen) bestimmend sind:

— organismische Eigenschaften
— die Individualität (Personalität) der Mitglieder
— das soziale System
— das kulturelle System (Tradition).

Einen anderen Ansatz zur Kausalanalyse der Struktur und Funktion von Primaten-Sozietäten hat Gartlan (1968) gewählt. Er sieht in der sexuellen Bindung das basale kohäsive Element von Kongregationen bei den Primaten. Das entspräche einem der beiden Faktoren, die wir hier der Ableitung zugrundegelegt haben (vgl. 2). Ferner determiniert seiner Auffassung nach die soziale Dominanz die Struktur der Kongregationen; dabei sind lineare Hierarchien selten, häufig dagegen Dreieck-Beziehungen (trianguläre Beziehungen), auch sog. „zentrale Hierarchien", aber auch Vertauschungen, die vor allem auf Lernvorgänge in diadischen Situationen zurückgeführt werden. Gartlan weist aber auch auf die Befunde zahlreicher Feldstudien der letzten Jahre hin, die neben dem sexuellen Verhalten auch anderen Verhaltensbezügen einen hohen Rang einräumen. So stellt die Geburt eines Jungen einen wichtigen Faktor mit kohäsiver Funktion dar, ähnlich auch die Mutter—Kind-Beziehung; das wäre nach unserer Darstellung die zweite Hauptwurzel der Kohärenz in Primaten-Sozietäten. Auch dem Eindringen fremder Individuen kommt eine erhebliche Bedeutung für die Strukturierung zu. Ferner haben emotionale Reaktionen junger Individuen auf Umwelteinflüsse eine starke Wirkung auf die Soziostruktur. In vielen Fällen ist die soziale Struktur mehr vom Lebensraum als von der Artzugehörigkeit abhängig; in diesen Zusammenhängen sieht Gartlan die Voraussetzungen für die modernen Vorstellungen über die Evolution der Vergesellschaftungen bei Primaten. Er selbst hat bei Meerkatzen (*Cercopithecus*) die sozialen Interaktionen untersucht und faßt sie wie folgt zusammen:

— Territorialverhalten (nur Männchen)
— soziale Vigilanz (alle Individuen)
— sozialer Fokus (alle Individuen)
— „freundliche Annäherung" (alle Individuen)
— territoriales Jagen (nur Männchen)
— „Strafen" (nur dominantes Männchen)
— „Führen" (Einleitung geschlossener Gruppenbewegungen, überwiegend dominantes Männchen und adulte Weibchen).

Eine besondere Bedeutung kommt dabei den sozialen Rollen zu, die vor allem über Lernprozesse bestimmt werden.

Betrachtet man die Primaten als Ganzes, so ergeben sich bestimmte allgemeinere Zusammenhänge, die ökologische und evolutive Trends erkennbar machen. Gerade unter den „niederen" Primaten dominieren nachtaktive Arten, die teilweise noch solitär leben (z. B. Schlanklori, Plumplori, Bärenmaki, Potto, Galago-Arten, Fingertier, Nachtaffe, Katzenmaki); Nachtaffen, Zwerggalago und Zwergmaki zeigen (wie auch einige weitere Arten) Tendenzen zu „Ein-Männchen-Einheiten" („Harems") mit dem Trend, in größeren Gruppen sich zum Schlaf (am Tage) zusammen zu finden.

Bei den tagaktiven Arten (die überwiegende Anzahl aller Primaten) kann man die baumbewohnenden ökologisch zusammenfassen. Einige unter diesen haben sich zu Blattfressern spezialisiert wie Guereza, Nasenaffe, Sifaka, Nilgirilangur und die Brüllaffen; hier treten wieder „Harems" auf, doch überwiegt die Tendenz zur Bildung von Männchen-Gruppen (mit Weibchen), teilweise altersabgestuft, im allgemeinen 4 bis 30 Individuen umfassend (Männchen, Weibchen, Junge). Sehr eingehend hat unlängst VOGEL (1976) den Grauen Languren (*Presbytis entellus*) untersucht. Hier deuten sich biotopabhängige Unterschiede in den Sozialstrukturen an, die von Ein-Männchen-Gruppen bis zur (meist) rangabgestuften Viel-Männchen-Gruppe reichen, wobei, wiederum mit dem Biotop korreliert, das Verhältnis zwischen Männchen und Weibchen Differenzen aufweisen kann. So fand er in einem Biotop die Relation 1:5, in einem anderen 1:2,5; es können aber auch Großgruppen mit nur einem Männchen auftreten. Es ließ sich das ökonomische Prinzip nachweisen: „Je knapper Wasser und Nahrung, desto vorteilhafter ein Verhältnis von wenigen volladulten Männchen zu möglichst vielen reproduktiven Weibchen pro Sozietät". Ferner gibt es auch „Viel-Weibchen-Gruppen", die räumlich das Zentrum bilden und von einer Männchen-Peripherie umschlossen sind. Das war bisher nur von Cercopithecinen bekannt. Die bei diesen Languren beobachteten Gruppengrößen gingen über den oben genannten Durchschnittswert in einigen Fällen erheblich hinaus (über 60 Tiere).

Die meisten baumbewohnenden tagaktiven Primaten-Arten tendieren zur Omnivorie, sind also nicht einseitig auf eine ganz bestimmte Nahrung spezialisiert. Dies gilt für die Marmosetten, Kapuziner, Grauen Springaffen, Geoffroys Perückenaffen, Totenkopfäffchen, Klammeraffen, Mohrenmaki, die Meerkatzen, Gibbon-Arten und den Siamang, um einige Beispiele zu nennen. Hier können Gruppengrößen bis zu 150 Individuen auftreten. Einige Arten (Marmosette, Gibbons, Siamang) leben im monogamen Familienverband, die meisten aber tendieren zu „Wenig-Männchen-Gruppen", die auf ein dominantes Männchen zentriert sind. Auch „Viel-Männchen-Gruppen" kommen vor. Diese ökologisch definierte Gruppe ist durch zwei für die Gesamt-Evolution der Primaten entscheidende Faktorenkombinationen gekennzeichnet: Den Lebensraum, der besondere ökologisch-ethologische Anpassungen mit sich brachte (auf der Grundlage des Baumlebens, der Arboricolie) und die Fähigkeit zum räumlichen Sehen als Voraussetzung für die visuell gesteuerte Bewegung im Lebensraum, die auch die Entwicklung der Handkontrolle entscheidend gefördert hat.

In diesem Zusammenhang sind auch die interessanten Untersuchungen von RICHARZ (1976) an den Spitzhörnchen (*Tupaia glis*) zu erwähnen, die einen wichtigen Beitrag zu den Fragen nach der Primaten-Evolution liefern, da *Tupaia* im Verwandtschaftssystem der rezenten Arten an der Basis steht (und zu den Insectivoren vermittelt). Diese Art bildet eine Elternfamilie, wobei die Tendenz erkennbar wird, daß die weiblichen Nachkommen im Verband bleiben können, doch scheint die Elternfamilie in der Regel nicht über drei Generationen Nachwuchs hinaus zu wachsen. Ein „Oberduft" scheint dabei die Gruppenzugehörigkeit auszuweisen.

Die dritte große und für die Anthropogenese wichtigste Gruppe der Primaten zeigt eine Bivalenz im ökologischen Anspruch, neben der arboricolen Lebensweise eine (bei den einzelnen Arten unterschiedlich ausgeprägte) Tendenz zur Bewegung am Boden. Im Anschluß an JOLLY (1975) lassen sich drei Stufen unterscheiden: Laubfressend, omnivor und im Trockenland lebend. Hierher gehören der Hulman, der Berggorilla, Katta, Drill, zwei Meerkatzen-Arten, die Makaken und Paviane, der Husarenaffe und die Schimpansen (wobei sich die Beispiele auf solche Arten beziehen, die bereits im Freien untersucht wurden). Es gibt hier alle Abstufungen zwischen Harems und Viel-Männchen-Gruppen, wieder mit Gruppengrößen von über 100 Individuen; bei Schimpansen mit ihren „fließenden“ Sozialstrukturen wurden bis zu 80 Individuen in einer Gruppe beobachtet, die häufigsten Werte scheinen aber zwischen 3 und etwa 30 Individuen zu liegen.

Einen Sonderfall stellt der fast rein arboricole Orang Utan dar, der nur in Mutter-Kind-Gruppen beobachtet wird. Beim Gorilla (Berggorilla) scheint die häufigste Gruppengröße zwischen 5 bis etwa 20 Individuen zu liegen. Hier dominiert ein „Silberrücken-Männchen“. Über den interessanten Zwergschimpansen liegen Freilandstudien noch nicht vor.

Vom Schimpansen wurden bislang in freier Natur über 700 Gruppen beobachtet, so daß sich hier ein ungefähres Bild des Soziallebens umreißen läßt, von dem REYNOLDS (1975) annimmt, daß es in gewisser Beziehung ein Modell für die Biosozietäten der Dryopithecinen liefern könnte. Die Schimpansen zeigen keine territorialen Bindungen, wohl aber ein home range, innerhalb dessen sie stetige Wanderungen vornehmen; bei den Waldschimpansen gibt es keine Hinweise darauf, daß sie bestimmte Gebiete gegen Artgenossen verteidigen, wohl aber lassen sich Attraktionen zwischen Gruppen nachweisen. Die Sozialstrukturen sind als „offene nicht-anonyme Vergesellschaftungen“ zu bezeichnen. Kein Schimpanse hat zu bestimmten anderen ständig soziale Beziehungen, die Mutter-Kind-Kohäsion ausgenommen. Während etwa bei den Savannen-Pavianen die Individuen zeitlebens im selben Verband verbleiben, wechseln Schimpansen im Alter von 5—6 Jahren häufig die Gruppe. KAWANAKA und NISHIDA (1974) beobachteten in West-Tanzania (Auwälder-Savanne) Schimpansen-Gruppen; ein Verband erwachsener Männchen konnte über 8 Jahre nachgewiesen werden. Während hier die Männchen verschiedener Gruppen einander meiden, zeigten die Weibchen Neigungen, Gruppen zu wechseln. Während die reinen Männchen-Gruppen ebenso aktiv wie auch geräuschvoll umherziehen, sind Gruppen mit Jungtieren sehr still (Pflege-Gruppen). Es lassen sich matrifokale Familien nachweisen, bei denen die Mutter bis zu ihrem Tode das Zentrum bildet. Die Paarbildung ist offenbar negativ mit dem Grad der Verwandtschaft korreliert, es besteht eine deutliche Tendenz zur Exogamie. Es ließ sich der aus der Humanpsychologie bekannte COOLIDGE-Effekt nachweisen, die Begegnung mit verschiedenen Weibchen erhöht bei den Männchen die sexuelle Bereitschaft, doch ist die sexuelle Partnerschaft durchaus nicht unterschiedslos. Auch LAWICK-GOODALL (1968) beobachtete bei jungen Schimpansen-Männchen die Bereitschaft mit gleichaltrigen oder älteren Weibchen zu kopulieren bei Vermeidung der Geschwister und der Mutter. In diesen Sozialstrukturen tritt sehr deutlich ein Phänomen auf, daß die quantitative Ethologie bislang nicht analysieren konnte, und das mit dem Begriff „Sympathie“ (selektive spontane Partnerwahl), auch über den sexuellen Kontext hinaus, psychologisch umschrieben werden kann. Kennzeichnend für die Schimpansen-Sozietäten (ähnliches scheint bei den Dschelada-Pavianen vorzukommen) ist, daß sich Individuen und Gruppen (vor allem Männchen) zeitweise absondern und auf Nahrungssuche gehen; durch starke Geräusche bei Erfolg veranlassen sie die Pflegegruppen den betreffenden Ort aufzusuchen.

JOLLY (1975) vermutet eine Vergleichbarkeit der Lebensweise der *Ramapithecus*-Arten mit dem heutigen Dschelada (*Thereopithecus*), der ein ausgesprochener Samen-Fresser ist, wodurch die Beweglichkeit der Hand (Ganzhandkontrolle und Feinhandkontrolle) und der Zunge gefördert wurden sowie eine Nahrungsaufnahme in sitzender Haltung. Er postuliert für die ausgestorbenen Formen Ein-Mann-Gruppen; beim *Australopithecus* wird die Adaptationsphase I als Anpassung an die Pflanzensamen (und -früchte) interpretiert, während Phase II mit der Erschließung animaler Kost verbunden gewesen sein soll, Jagd und Säubern des Fleisches als Gruppenleistung. Die Samen-Aufnahme (seed-eater) könnte nach

Jolly (1970) bei *Ramapithecus* zur Reduktion der Canini und Incisivi geführt haben; damit steht die Hypothese zur Diskussion, daß der Werkzeug-Gebrauch hier noch nicht beteiligt ist (allenfalls gelegentliche Werkzeug-Nutzung, wie bei den Schimpansen).

Auf eine für die vergleichende Betrachtung interessante Problematik hat unlängst Berkson (1975) aufmerksam gemacht. Es geht um die Frage des Verhaltens gegenüber geschädigten (defekten) Individuen innerhalb einer Gruppe. Wesentlich ist dabei die Tendenz zur Ausbildung permanenter Gruppen und die Nicht-Anonymität. Bei vielen Primaten wird in Abständen von 1 bis 3 Jahren **ein** Kind geboren; je kleiner die Gruppe ist, desto schwerer wiegt unter diesen Bedingungen der Verlust eines Individuums. Die Jungtiere sind während einer relativ langen Entwicklungszeit von der Gruppe abhängig; daher kann man von der Gruppe Kompensationsleistungen (Hilfe, Förderung) bei chronischen Beeinträchtigungen einzelner Tiere („handicaps") erwarten. Es läßt sich nachweisen, daß diese Bereitschaft mit dem Grad der Verwandtschaft positiv korreliert ist und bei den Weibchen von dem hormonalen Status beeinflußt wird. Es gilt generell, daß Verwandtschaft, Rolle und sozialer Status (Dominanz, relative Dominanz usw.) wichtige Faktoren für die soziale Integration darstellen. Sie bestimmen weitgehend die Art der Mitwirkung des Individuums in der Gruppe. Die Primaten-Gruppen haben eine hochentwickelte Bereitschaft, die Jungen zu schützen; alles das fördert die Neigung, bestimmte Einstellungen gegenüber defekten Individuen zu entwickeln. Dabei müssen diese Defekte im Zusammenhang mit der Umgebung definiert werden, denn sie wirken sich in der Gruppe vor allem in Hinblick auf die Anpassungsfähigkeit des betreffenden Individuums gegenüber der Umwelt aus. Daher hängen auch die sozialen Reaktionen in hohem Maße von der Umgebung ab. Als wichtigste Einflußgrößen auf das Verhalten gegenüber defekten Individuen lassen sich gegenwärtig nachweisen: Verwandtschaft, spezifische Gruppenbindung in Relation zu Alter und Geschlecht sowie der soziale Status (Dominanz).

IV.

Wir möchten anschließend noch einige Folgerungen erörtern, die sich unter dem Aspekt der Anthropogenese aus dem Sozialleben der Primaten ableiten. Ein wichtiger Faktor ist die Tendenz zur Verlängerung der Phase der Verhaltensentwicklung („Retardation"). In freier Natur erreichen Schimpansen mit etwa 12 Jahren die Geschlechtsreife, in Gefangenschaft kann sich die Zeit auf 8 Jahre verkürzen. In der Natur liegen 3—6 Jahre zwischen den Geburten, ein Schimpansen-Weibchen bringt es in seinem Leben daher auf etwa 5—6 Junge. Mit der relativ langen Verhaltensontogenese verändert sich die Zeitdauer sensibler Phasen für genetisch determinierte Lernbereitschaften (obligatorisches Lernen). Das gilt sowohl für die eigentliche Prägung („Objektfixierung") sozialen Verhaltens als auch für das motorische Lernen (Objektbindung von Verhaltensmustern) und schließlich (als späteste Phase) das sensorische Lernen (das beispielsweise das Unterscheiden von Individuen ermöglicht und die Übernahme von Traditionen, beim Menschen das Erlernen der Muttersprache). Hierbei ist zu berücksichtigen, daß die Primaten als „Tragsäuglinge" eine besondere Form des physischen Kontakts entwickelt haben, der für die normale Entwicklung des Verhaltens unerläßlich ist, wie die Versuche unter Erfahrungsentzug (deprivation) etwa der Schule von Harlow (1966) gezeigt haben, so bei Aufzucht mit leblosen Mutter-Attrappen. Solche Individuen erweisen sich als hochgradig „autistisch" und zeigen ein stark gestörtes Verhalten gegenüber der Umwelt.

Damit ist bereits ein eminenter Faktorenkomplex des biosozialen Verhaltens angesprochen: Das Kommunikations-Netz, bei Primaten sowohl über den taktilen, als auch über den chemischen, visuellen und akustischen Kanal gewährleistet. Gerade hier ist die Phylogenese (vgl. 2) zu berücksichtigen; das Grundgerüst dieser Kommunikation leitet sich aus dem Sexual- und dem Pflegesystem ab. Für eine Kennzeichnung der Signalfunktionen im sozialen Kontext könnte folgende Einteilung nützlich sein (Tembrock, im Druck), die entsprechend dem pragmatischen Ansatz Ursache und Wirkung in Beziehung setzt. Dabei liegt die Ursache auf der Sende- die Wirkung auf der Empfängerseite:

— Gleichsinnig: Einstellen der Bewegung — Signale — Einstellen der Bewegung
— gegensinnig: Annäherung — Signale — Distanzvergrößerung
— komplementär: Hungerstatus — Signale — Pflegeverhalten
— diskordant: Dominanz — Signale — Änderung der Herzfrequenz.

Wie bereits oben erwähnt, liegt in der Distanzregulation eine grundlegende Funktion der Kommunikation: Sie steuert und regelt die raum-zeitliche Ordnung der Biosozietät. Daneben hat sie aber auch qualitative Funktionen, die sich in der semantischen Belegung manifestieren. Hier kann man (nach Lyons 1972) etwa folgende semiotische Funktionen unterscheiden:

— Deiktische Signale (Anzeige des Senders, auch orientierend)
— indexikale Signale (Information über den Sender)
— vokative Signale (Lenkung der Aufmerksamkeit auf ein bestimmtes Objekt, einen Gegenstand, ein Individuum)
— nominative Signale (Bezeichnung durch einen Namen; das können Schimpansen lernen)
— desiderative Signale (einen Wunsch anzeigend)
— imperative Signale (objektfreies Verhalten anweisend)
— instrumentelle Signale (objektbezogenes Verhalten veranlassend).

Aktueller Informationsfluß ist positiv korreliert mit dem Grad und der Differenziertheit des Verhaltens. Mit der Anpassungsfähigkeit des Verhaltens (Erwerbmotorik) nimmt auch das Maß der Modifizierbarkeit der kommunikativen Signale zu. Für die höheren Primaten ist kennzeichend, daß (im akustischen Kanal) zahlreiche Modifikationslaute auftreten, die durch gestufte oder kontinuierliche Abwandlung weniger Grundmuster in Hinblick auf Frequenz und Intensität sowie Zeitstruktur ein weites Spektrum erreichen. Mit der Fähigkeit, averbale Begriffe zu bilden (Menschenaffen) wächst auch die Bereitschaft, instrumentelle Signale zu verwenden, wie es die Versuche von Premak (1970), B. und R. Gardner (1969) und Fouts (1975) eindrucksvoll belegt haben. Kennzeichnend ist der starke gestisch-mimische (und damit energetische) Aufwand bei der Kommunikation der Menschenaffen, der in der Sprachentwicklung beim Menschen zunehmend reduziert wird.

Für den funktionellen Aspekt der Kommunikation ist der Zusammenhang zwischen Mutter und Kind, also dem Pflegesystem, von besonderer Bedeutung. Hier entstehen fundamentale Bindungen, die auch den Weg zur Tradition freisetzen. Da gerade die nächsten Verwandten des Menschen keine Monogamie zeigen, ist die spezifische Beziehung zwischen erwachsenen Männchen und bestimmten (vielleicht sogar den eigenen) Jungen nicht gegeben. Daher läßt sich auch nicht nachweisen, daß Primaten-Väter ihre natürlichen Töchter als Sexualpartner weniger häufig annehmen als andere Weibchen. Die Kenntnis um die Vaterschaft ist erst spät im Verlauf der Anthropogenese entstanden; dieser Sachverhalt ist bei allen Analysen von Primaten-Sozietäten zu berücksichtigen. Zahlreiche Beobachtungen an Primaten weisen darauf hin, daß die Verwandtschaft zwischen den Weibchen ein wesentliches Element für die Strukturierung der Biosozietäten darstellt. REYNOLDS (1968, 1976) sieht zwischen den Sozialstrukturen der Schimpansen und Gorillas einerseits sowie denen primitiver Jäger-Sammler-Völker andererseits verschiedene Übereinstimmungen. Es sind nicht-anonyme offene Vergesellschaftungen, innerhalb derer sich nicht-exklusive Gruppen sammeln oder verstreuen, je nach Nahrungsangebot. Die verwandtschaftlichen Bindungen zwischen den Weibchen liefern ein wichtiges Element der Aufrechterhaltung sozialer Strukturen, und es besteht bei Primaten wie bei primitiven Sammlern und Jägern ein Trend zur Bildung von unabhängigen Männer-Gruppen, deren Eingliederung in matrifokale Gruppen für den Nahrungsaustausch sowie den Schutz gegenüber Umwelteinwirkungen bedeutsam ist. Hier ist der Hinweis auf den bei den Primaten sehr stark entwickelten (physischen) Sexualdimorphismus angezeigt, bei manchen Arten sind die Männchen annähernd doppelt so schwer wie die Weibchen.

Eine solche Entwicklung, die offensichtlich hier nicht vorrangig aus der sexuellen Rivalität abgeleitet werden kann, muß speziell als Anpassung an eine unterschiedliche Funktion gegenüber den ökologischen Faktoren auf der Grundlage von Sozialstrukturen interpretiert werden. Auch KORTLANDT (1972) weist darauf hin, daß bei seinen Versuchen die Weibchen weit weniger an Angriffen gegenüber Leoparden (bzw. Stoffattrappen von Leoparden) beteiligt waren als die Männchen. Er sieht auch in den dabei auftretenden Verhaltensweisen gemeinsame Komponenten bei allen Hominoiden: Aufschlagen mit der flachen Hand, Stampfen mit den Füßen, schnelles Trommeln auf Gegenständen mit Resonanz, schnelles Schütteln von Zweigen, langsames Schwingen mit Ästen in Richtung auf den „Feind", kräftiges Zerren von Pflanzen und anderen geeigneten Objekten; alle diese Verhaltensweisen sind typisch gegenüber stationären Feindreizen, weitere lassen sich gegenüber beweglichen nachweisen. In solchen Situationen stimulieren und synchronisieren die Schimpansen ihre Erregung durch kreischende, rhythmisch periodisierte Laute (dem Kampfgeschrei nordamerikanischer Indianer nicht ganz unähnlich[1]). Hier lassen sich Elemente der Kooperation nachweisen (vgl. auch CROOK, 1966). zu der Schimpansen auch unter anderen Bedingungen imstande sind, sich sogar durch Körperberührung auffordern können.

Wir wiesen bereits darauf hin, daß sich die effektive Generationsdauer im Verlauf der biosozialen Evolution der Primaten verlängert hat. Auch die rezenten Formen spiegeln diesen Prozeß noch wider. Bei der Gattung *Lemur* können wir eine Tragdauer von etwa 18 Wochen zugrunde legen, die Weibchen sind vom 2. bis zum 15. Lebensjahr fortpflanzungsfähig, können zwei Geburten im Jahr mit bis zu drei Jungen haben; das Lebensalter überschreitet nur selten 20 Jahre. Bei den Makaken beträgt die Tragzeit etwa 24 Wochen, die Weibchen werden im Alter von 4 bis 5 Jahren fortpflanzungsfähig, haben gewöhnlich ein Junges, können bis zum 22. Lebensjahr reproduktiv bleiben und erreichen ein Alter von etwa 25 Jahren. Bei den Gibbons beträgt die Tragzeit 30 Wochen, die infantile Periode dauert etwa $2^1/_2$ Jahre, die Weibchen werden etwa im Alter von 7—8 Jahren fortpflanzungsfähig; mit etwa 25 Jahren endet diese Periode, und die Lebensdauer liegt bei etwa 30 Jahren. Bei dem Schimpansen beträgt die Tragzeit 34 Wochen, die Weibchen werden mit 10—12 Jahren fortpflanzungsfähig, mit 35 Jahren endet diese Phase, die Lebensdauer beträgt etwa 40 Jahre. Von ähnlichen Werten kann man auch für die Frühphase der Anthropogenese ausgehen; im Verlauf der weiteren Entwicklung des Menschen haben sich die Phasenlängen verändert, besonders stark durch Verlängerungen der juvenilen Periode und der Phase nach dem Klimakterium. Der biosoziale Kontakt verlängert die effektive Generationendauer. Für die Wirksamkeit der Evolutionsmechanismen kann als Kompensation die

Individuenanzahl erhöht werden, um die genetische Adaptivität des Genpools zu gewährleisten. Für die Primaten trifft das nicht oder doch nur sehr begrenzt zu. Damit gewinnt die individuelle Adaptationsfähigkeit eine zunehmende Bedeutung. Wir möchten hier die Hypothese äußern, daß eine Korrelation zwischen der effektiven Generationendauer (und der Anzahl der Nachkommen) sowie der individuellen Anpassungsfähigkeit besteht. Mit der letztgenannten, die auf Grund dieses Zusammenhanges negativ mit der (theoretischen) Mutationsrate korreliert ist, erhöht sich die Bereitschaft zur Übernahme von Traditionen, individuell erworbenen Verhaltensweisen und Einstellungen gegenüber der Umwelt.

Für die Soziogenese der Primaten, und ganz besonders natürlich für die Anthropogenese, ist die Abnahme der Wirksamkeit der Evolutionsmechanismen kennzeichnend, die „biologische Evolution" wird schrittweise durch eine „kulturelle Evolution" ersetzt (vgl. DURHAM, 1976), aber natürlich nicht aufgehoben. Ihre Wurzeln hat diese Entwicklung in den biosozialen Strukturen der Primaten. KAWAI (1975) spricht in diesem Zusammenhang von einer „Präkultur" (auch Protokultur), und definiert sie wie folgt: „Eine Lebensweise, die zu einer Verhaltensweise wurde, die erworben, geteilt, sozial vererbt und unter den Mitgliedern derselben Gesellschaft fixiert wird." Er fand bei Makaken beispielsweise gruppenspezifische Rufsysteme, aber auch verschiedene Befunde über die Entstehung und soziale Weitergabe von bestimmten Verhaltensweisen gegenüber der Umwelt oder der Nahrung wurden beschrieben. Hier hat auch das Beobachtungslernen eine besondere Bedeutung. Die Handlungsangleichung (TEMBROCK, 1949) gehört ebenfalls hierher, die Übernahme bestimmter individueller motorischer Muster von Vorbildern. Makaken „erfanden", Weizen im Wasser zu waschen und gaben diese Tradition weiter, andere taten dasselbe mit Süßkartoffeln. Die Weitergabe lief dabei über die verwandtschaftlichen Bindungen; die alten peripheren Männchen mußten erst aussterben, ehe die ganze Gruppe (eine Inselpopulation) dieses Verhalten übernommen hatte. Dabei wird das Verhalten durch Beobachtung übertragen, wobei die aus der sozialen Struktur erzwungene Beobachtung (also aus anderen Gründen) die Übertragung fördert. Bei Pavianen wurde eine Herde beschrieben, deren Mitglieder die Früchte des Affenbrotbaumes mit Steinen aufschlagen; eine andere konnte sich in einem Gebiet nur deshalb halten, weil sie die einzige Wasserquelle, die an sich zum Trinken zu heiß war, abgeleitet hatten, so daß sie weiter abwärts das unentbehrliche Wasser verfügbar hatten (vgl. JOLLY, 1975).

Die Tatsache, daß der Verwandtschaftsgrad ein wesentliches Kriterium für die Weitergabe von Traditionen ist, betont das Wesen der „Pseudo-Evolution" oder kulturellen Evolution noch in besonderem Maße; so kann ein Primaten-Weibchen, das in seinem Leben eine größere Anzahl von Nachkommen hat, mit sehr viel größerer Wahrscheinlichkeit individuelle Verhaltenseigenschaften weiter tradieren als ein Weibchen mit wenig oder gar keinen Nachkommen. Rollen- oder Rangstrukturen haben ebenfalls einen systematischen Einfluß auf die Tradierung, so daß diese, wenn ihr ein positiver Wert bei der Auseinandersetzung mit der Umwelt zukommt, ihrerseits wieder bestimmte Sozialstrukturen fördern kann, die eben diese Tradierung begünstigen. Dieser Sachverhalt muß bei der Analyse der Anthropogenese berücksichtigt werden. Es entsteht auf diesem Wege eine „soziale Bewertungsmatrix" für die individuellen Verhaltenseinstellungen gegenüber der Umwelt. Die verändernde Selektion greift im phänotypischen Bereich an, kann aber damit aus oben bereits genannten Gründen genetischer Dispositionen auch mittelbar den Genpool beeinflussen, doch nun unter ganz anderen Kautelen als bei der „natürlichen Selektion" auf der Grundlage der arteigenen Verhaltensmuster.

Nach DURHAM (1976) ergeben sich daher in vergleichbarer Weise für die Adaptation durch kulturelle Selektion die drei Grundvoraussetzungen: (1) Quellen der Variation (man sollte besser sagen: Modifikation), (2) Selektions-Kriterien und (3) Mechanismen der Beibehaltung positiv ausgelesener Varianten (Modifikationen). Wenn man so will, bewertet die Voraussetzung (1) die individuelle Kreativität positiv. Für die Protokultur in den Biosozietäten besteht noch ein enger Zusammenhang zwischen den biologischen Bedürfnissen und den positiv bewerteten Verhaltensmodifikationen, und zwar vor allem solchen, die auf ökologische Umweltfaktoren orientiert sind. So wird das „Ökosystem" in die Population getragen. Geht man davon aus, daß unter natürlichen Bedingungen im Sinne von SCHMALHAUSEN die „verändernde Selektion" die Anpassung an die ökologischen Faktoren steuert, während die „stabilisierende Selektion" im Populationssystem wirksam wird, dann bedeutet dies nichts anderes, als daß mit der „Präkultur" das Prinzip der Veränderung innerhalb der Population nunmehr zu einem positiv bewerteten Faktor wird. Erst über diesen „Umweg" kann auch das Sozialverhalten selbst verändert werden, im Sinne der bereits angedeuteten Verbesserung der Tradierungsmöglichkeiten.

Erste Hinweise bieten sich nach diesen Überlegungen bereits an. Die Verlängerung der beiden Phasen beim Menschen, die ihn so stark von den anderen Primaten biologisch unterscheiden, ließen sich unschwer über eine gerichtete (und damit indirekt auch den Genpool beeinflussende) soziale Selektion über die genannten Mechanismen interpretieren. Es sind genau jene beiden Phasen, die (a) die Lernzeit verlängern und (b) die Zeit für die Weitergabe von Tradition auf Grund der individuellen Erfahrung erweitern. PARKER (1976) hat auch den Versuch unternommen, das Inzest-Tabu aus einer präkulturellen Basis abzuleiten, und dies als Beitrag zu einer biosozialen Theorie interpretiert.

Ein anderer Aspekt, der in diesem Zusammenhang noch erweitert werden sollte, bezieht sich auf die Fähigkeit, das eigene „Ich" von anderen Individuen unterscheiden zu können. Dies wurde wohl erstmals durch GALLUP (1970) an Schimpansen nachgewiesen; LETHMATE (1974) hat den Nachweis für alle Menschenaffen erbracht; Gibbons sind jedoch nicht dazu imstande. Die Menschenaffen können im Spiegel sich selbst erkennen (über einige Erfahrungen hinweg). Wir möchten annehmen, daß auch diese Fähigkeit zu einem wesentlichen Element in der weiteren Entwicklung der „Präkultur" wurde, für die FREEMAN (1975) eine interessante Übersicht gegeben hat. Kulturelle Adaptation ist dann Sache des Menschen, erst durch den *Homo sapiens* verwirklicht, auf einem biosozialen Fundament, das wir noch sehr viel besser kennen sollten, als es heute der Fall ist. Denn, so meine ich, wir wären Bettler, wenn wir uns nur auf das verlassen müßten, was wir gelernt haben.

Anmerkung

1 CATLIN (1924) berichtet von den Schwarzfuß-Indianern, daß „die Reiter in vollem Galopp und mit furchtbarem Geschrei" auf die Bisons zujagten, um sie zu erlegen.

Literaturverzeichnis

BERKSON, G., 1975: The social ecology of defects in primates. In: Primate Socialization II, 1—25.

CATLIN, G., 1924: Die Indianer Nordamerikas. Berlin.

CROOK, J. H., 1966: Co-operation in Primates. In: Eugenics Review 58, 63—70. Edinburgh.

CROOK, J. H. (Edit), 1970: Social behaviour in Birds and Mammals. London.

DURHAM, W. H., 1976: The adaptive significance of cultural behavior. In: Human Ecology 4, 89—121. New York.

FEUSTEL, R., 1979: Abstammungsgeschichte des Menschen (3. Aufl.). Jena.

FOUTS, R. S., 1975: Communication with chimpanzees. In: Kurth, G. und U. Eibl-Eibesfeldt, I. (Edit.): Hominisation und Verhalten. 137—158. Stuttgart.

FREEMAN, L. G., 1975: Cultural developments in the paleolithic. In: Kurth, G. u. Eibl-Eibesfeldt, I. (Edit.): Hominisation und Verhalten, 234—261. Stuttgart.

GALLUP, G., 1970: Chimpanzees: self cognition. In: Science 167, 86—87. Washington.

GARDNER, B. T. und R. A., 1969: Teaching sign language to a chimpanzee. In: Science 165, 664—672. Washington.

GARTLAN, J. S., 1968: Structure and function in primate society. In: Folia primatologia 8, 89—120. Basel.

HARLOW, H. and M., 1966: Learning to love. In: American Scientist 54, 244—272. Easton.

IMANISHI, K., 1960: Social organization of sub-human primates in their natural habitats. In: Current Anthropology 1, 393—407. Chicago.

JOLLY, A., 1975: Die Entwicklung des Primatenverhaltens. Stuttgart.

JOLLY, C. J., 1970: The seed-eaters: a new model of hominid differentiation based on a baboon analogy. In: Man, n.s., 5—26. London (zitiert nach A. Jolly).

KAWAI, M., 1975: Precultural behavior of the Japanese monkey. In: Kurth, G. und Eibl-Eibesfeldt, I. (Edit.): Hominisation und Verhalten, 32—55. Stuttgart.

KAWANAKA, K. and T. NISHIDA, 1974: Recent advances in the study of inter-unit-group relations and social structure of wild chimpanzees of the Mahali-Montain. In: Symposion of 5th Congress of International Primatological Society Japan Science Press (zit. nach Reynolds).

KORTLANDT, A., 1972: New perspectives on ape and human evolution. Amsterdam.

KUMMER, H., 1975: Sozialverhalten der Primaten. Berlin, Heidelberg, New York.

LAWICK-GOODALL, J. VAN, 1968: The behavior of free-living chimpanzees in the Gombe Stream Reserve. In: Animal Behaviour Monography 1, 165—311. London.

LETHMATE, J., 1974: Selbst-Kenntnis bei Menschenaffen. In: Umschau 74, 486—487. Frankfurt/M.

LYONS, J., 1972: Human language. In: Hinde, R. A. (Edit.): Non-verbal communication. Cambridge.

PARKER, S., 1976: The precultural basis of incest taboo: toward a biosocial Theory. In: American Anthropology 78, 285—305. Menasha.

PARSONS, T., 1966: Societies: evolutionary and comparative perspectives. Foundation Mod. Soc. Series, Prantise Hall, Englewood Cliffs, N.J. (zit. nach Crook).

PREMAK, D., 1970: A functional analysis of language. In: Journal of experimental Analysis of Behavior. 14, 107—125. Bloomington.

REYNOLDS, V., 1968: Kinship and the family in monkeys, apes and man. In: Man 3, 209—223. London.

REYNOLDS, V., 1976: The Biology of Human Action. Reading and San Francisco.

RICHARZ, K., 1976: Öko-ethologische Analyse von Tupaia glis Diard, 1820 unter besonderer Berücksicht gung des kommunikativen Verhaltens, der Gruppenbildung und -bindung sowie der Verhaltensontogenese. Dissertation Gießen.

TEMBROCK, G., 1949: Grundlagen der Schimpansen-Psychologie. Berlin.

TEMBROCK, G., (Im Druck): Signalsysteme der Primaten. Nova Acta Leopoldina. Leipzig.

VOGEL, G., 1975: Soziale Organisationsformen bei catarrhinen Primaten. In: Kurth, G. u. Eibl-Eibesfeldt, I. (Edit.): Hominisation und Verhalten, 159—200. Stuttgart.

VOGEL, G., 1976: Ökologie, Lebensweise und Sozialverhalten der Grauen Languren in verschiedenen Biotopen Indiens. Fortschritte der Verhaltensforschung 17. Berlin u. Hamburg.

Zur Widerspiegelung sozialer Organisationsformen der Jäger-Sammler-Gesellschaften im Fundmaterial des Jungpaläolithikums

Von RUTH STRUWE, Berlin

Erkenntnisse über die sozialen Strukturen vergangener Gesellschaften zu gewinnen, ist eine wichtige und problematische Aufgabe der Archäologie. In der Paläolithforschung hat die Auswertung der Hüttengrundrisse in dieser Hinsicht eine besondere Bedeutung, worauf K. VALOCH (s. Beitrag in diesem Band S. 145) in seinem Vortrag verwies. Seit den letzten Jahrzehnten ist mit der Auswertung der Freilandsiedlungen vor allem im Gebiet der Ukraine, in Sibirien und Mähren die Möglichkeit gegeben, vorhandene Theorien über die Gesellschaftsstruktur in der jüngeren Altsteinzeit zu prüfen.

Diese Theorien sind vor allem Ergebnis der ethnographischen Forschung an rezenten Gesellschaften. Seit Morgans Entdeckung der irokesischen Gens und der Verallgemeinerung der urgesellschaftlichen Verhältnisse als Gentilgesellschaft wird bei der Interpretation archäologischer Befunde das von den Irokesen gewonnene Bild z. T. schematisch in die Zeit der Jäger-Sammler-Gesellschaften übertragen. Die wirtschaftliche Grundlage und der gesellschaftliche Entwicklungsstand sind ohne Zweifel unterschiedlich, was oft ungenügend berücksichtigt wird. Allgemeine Anerkennung hat die Ansicht gefunden, daß die exogame Blutsverwandtschaftsorganisation auf einer bestimmten Entwicklungsstufe der Menschheit entstand, und für die Zeit der Entfaltung und Blüte der Urgesellschaft — des Jungpaläolithikums und Neolithikums — charakteristisch war.

Von seiten der ethnographischen Forschung war zu klären, wie die typische soziale Organisationsform der rezenten Jägergesellschaften zu charakterisieren ist bzw. inwieweit sie sich von der der rezenten urgesellschaftlichen Bodenbauer unterscheidet. Dabei gibt es durchaus noch ungelöste Fragen. Die Gens der Bodenbauer umfaßt i. d. R. weit mehr Mitglieder als eine vergleichbare Gemeinschaft der Jäger und Sammler. Im Unterschied zu den Bodenbauern herrscht bei den rezenten Jägergesellschaften Patrilokalität vor, was aus der Rolle des Mannes in der Produktion und der Notwendigkeit, sein Jagdgebiet genau zu kennen, erklärbar ist. Es ist z. Z. umstritten, inwieweit das eine universalhistorische Erscheinung ist. Bei den Jägergesellschaften ergibt sich folgendes verallgemeinertes Bild[1]. Die gemeinsam wirtschaftende Gruppe („band") setzt sich je nach den Umweltbedingungen aus einer oder mehreren Familien zusammen. Besitzer eines begrenzten Gebiets als Hauptproduktionsmittel ist die Lokalgruppe. Sie besteht im Durchschnitt aus 25—50 Mitgliedern. Die Lokalgruppe stellt aber keine geschlossene soziale Einheit dar. Zwischen den einzelnen Lokalgruppen bestehen ständige Beziehungen, über welche gegenseitige Landnutzung geregelt wird und die sich auch in den gentilen Heiratsbeziehungen widerspiegeln. Das heißt, daß Angehörige einer Familie aus mindestens zwei Lokalgruppen stammen. Da sich die Beziehungen der Gruppen untereinander bei den rezenten Jägergesellschaften z. T. sehr komplex gestalten, kamen verschiedene Ethnographen zu der Auffassung, daß die Gens nicht bei allen diesen Gesellschaften nachweisbar ist. Die Lokalgruppen, die feste Verbindungen miteinander eingehen und verschiedene Gemeinsamkeiten haben, bilden zusammen eine höhere soziale Organisationsform, die manche Forscher als Stamm bezeichnen, wenn er auch noch keine übergeordnete organisatorische Einheit darstellt.

Es ergibt sich die Frage nach der Berechtigung, diese ethnographischen Ergebnisse auf archäologisch erforschte Verhältnisse in urgeschichtlicher Zeit zu übertragen, speziell auf das Jungpaläolithikum. Dazu führt V. R. Kabo (1976) aus: „Damit steht das Problem der Heranziehung der Ethnographie für die Rekonstruktion der Geschichte der Urgesellschaft auf das engste mit der Lehre von den Gesellschaftsformationen, mit dem Verständnis der Gesellschaft als System oder Struktur in Verbindung, deren Elemente (z. B. die Produktivkräfte und Produktionsverhältnisse) durch gesetzmäßige Ursachen und funktionelle Zusammenhänge miteinander verknüpft sind“ (256). Weiter heißt es: „Solche Vergleiche dürfen jedoch nicht mechanisch ohne Berücksichtigung der konkreten historischen und geographischen Bedingungen angestellt werden. Eben darin liegt die Hauptschwierigkeit der Anwendung der historisch-typologischen Methode zur Rekonstruktion der Vergangenheit“ (261). Zur Frage der gesellschaftlichen Struktur sagt Kabo: „Wir können mit einer gewissen Zuverlässigkeit die Formen der sozialen Verhältnisse voraussehen, die funktionell mit der Produktion verquickt sind und vom Niveau der gesellschaftlichen Entwicklung abhängen, beispielsweise den Charakter der Lokalgruppe — des grundlegenden Produktionskollektivs der Urgesellschaft —, aber wir können nicht behaupten, daß es eine bestimmte Form der Sippe gab, z. B. die Vater- oder Muttersippe, da die Funktionen der Sippe nicht so eng mit der Produktion verknüpft sind und sie hauptsächlich in der Organisation der Familien- und Eheverhältnisse bestehen“ (261). Hier muß berücksichtigt werden, daß Kabo die Lokalgruppe als die auf einem bestimmten Territorium lebende Gruppe auffaßt, d. h. die nicht landbesitzenden Familienangehörigen werden mitgerechnet (im Unterschied zu dem oben gesagten).

Im Fundmaterial der jungpaläolithischen Jäger und Sammler sind die Siedlungsplätze für eine Aussage über die gesellschaftliche Struktur am bedeutendsten. In seiner Siedlungsstelle spiegelt sich vor allem die Arbeits- und Wohngemeinschaft wider. Neben den Freilandstationen gab es Siedlungsplätze unter Felsdächern und in Höhlen. Da die Menschen auf Freilandsiedlungen die Größe und Art ihrer Behausungen ihren Zwecken entsprechend selbst schufen, eignen diese sich für die beabsichtigte Betrachtung am besten.

Wichtige Fundplätze liegen im oberen Einzugsgebiet des Dnepr und am Oberlauf des Don (bekannte Fundstellen: Puškari, Kostienki, Gagarino, Mezin, Dobraničevska u. a.) sowie im Gebiet nördlich der Ungarischen Tiefebene in der Slowakei (Barca) und in Mähren (Dolní Věstonice, Pavlov). Sie umfassen die Zeit vom Aurignacien bis zum Ende des Jungpaläolithikums. Die archäologischen Befunde können Auskunft geben zu folgenden Fragestellungen, die hier von Interesse sind:

— Größe der gesamten Wohngemeinschaft — sie ergibt sich aus der Größe der zeitgleichen Siedlungsteile
— Größe des Wohnkollektivs — sie läßt sich aus der Größe einer Behausung bzw. aus einzelnen Abschnitten einer Behausung schätzen.

Methodische Probleme der Interpretation ergeben sich bei der Bestimmung der Siedlungsdauer sowohl bei der der gesamten Siedlung bzw. Teilen davon, als auch bei der eines

Hauses bzw. Teilen eines Hauses, wenn bauliche Veränderungen während der Benutzung oder Wiederbenutzung vorgenommen wurden.

Es ist vor allem auch die Funktion der Behausung zu berücksichtigen. Finden sich beispielsweise in ihrem Innern Feuerstellen und Werkplätze, so läßt sie sich als Winterbehausung deuten und muß mehr Raum pro Person bieten als eine Sommerbehausung, die als Schlafplatz und nur gelegentlich zum weiteren Aufenthalt genutzt wurde. Dementsprechend sind Größe und Form der Behausung wesentlich durch die klimatischen Verhältnisse in den einzelnen Gebieten der Erde bestimmt.

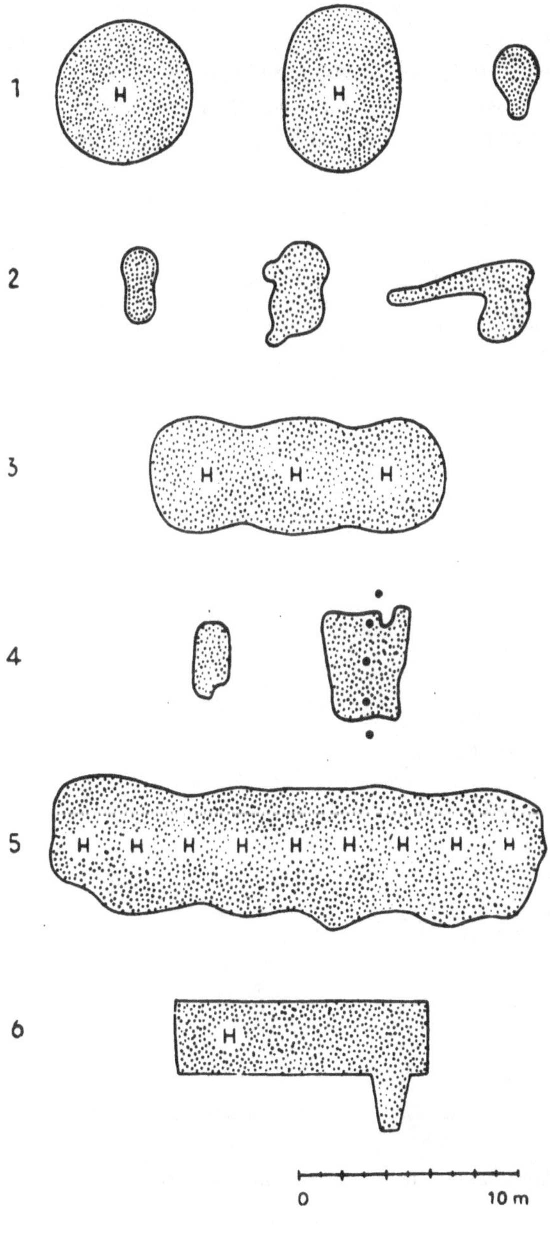

Abb. 1. Eingetiefte Hüttentypen des Jungpaläolithikums (aus G. BEHM-BLANCKE 1960, Abb. 1)

Die typologischen Unterschiede der Hütten des Jungpaläolithikums gehen aus einer Zusammenstellung von G. BEHM-BLANCKE (1960) hervor. Er unterscheidet zwischen eingetieften Wohnanlagen (Abb. 1) und ebenerdigen Hütten- und Zeltanlagen (Abb. 2). Hierbei interessiert weniger die Typologie, aber aus den dargestellten Grundrissen gehen klar die Größenunterschiede hervor. Einige konkrete Beispiele sollen zur Verdeutlichung angeführt werden.

Der Siedlungsplatz von Kostienki I (Abb. 3) am oberen Don im Gebiet von Voronež weist am Rand der Siedlungsfläche (von EFIMENKO ausgegraben) vier Wohngruben und eine Anzahl kleinerer Vorratsgruben auf. In der Mitte des Platzes, der eine Fläche von etwa 500 m² bedeckt, befinden sich in einer Reihe parallel zur Längsachse der ovalen Grundfläche neun Feuerstellen, näher zum Rand zwei weitere. Nach EFIMENKO und ROGAČEV war zumindest die mittlere Partie überdacht; FORMAZOV dagegen meint, daß nur die größeren Gruben am Rande, in denen etwa 5 Personen Platz gefunden hätten, zu Wohnzwecken genutzt wurden und die Innenfläche des Platzes keine Überdachung hatte.

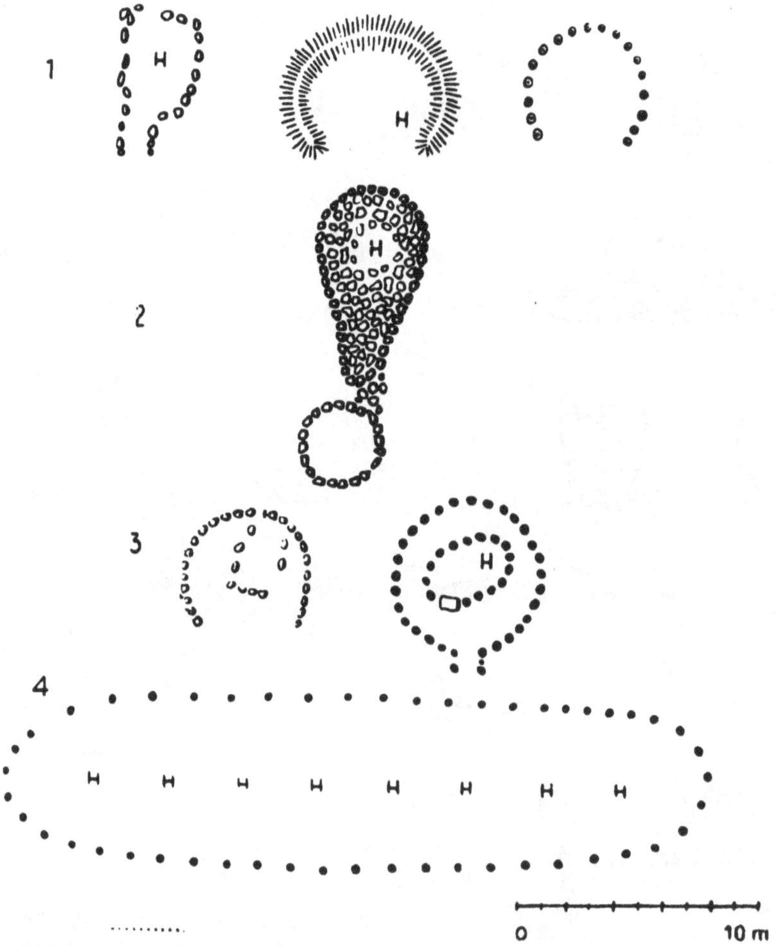

Abb. 2. Ebenerdige Hüttentypen des Jungpaläolithikums (aus BEHM-BLANCKE 1960, Abb. 2)

Zwei leicht eingetiefte langgestreckte Wohnstätten wurden auf der Fundstelle Kostienki IV (Abb. 4) gefunden. Bei der Süd„hütte“ ist mit Einbuchtungen im Grundriß und Erdschwellen eine Dreigliederung des Baus zu erkennen, so daß je drei bzw. vier Feuerstellen, in einer Reihe angeordnet, zu einer Abteilung der Behausung gehörten. Die Grundfläche beträgt etwa 190 m². Die Nord„hütte“ bedeckt eine Fläche von etwa 115 m². Neun Feuerstellen befinden sich, in einer Reihe angelegt, parallel zur Längsachse des Grundrisses (Störung durch zwei jüngere jungpaläolithische Anlagen).

Auch der Hüttengrundriß von Puškari (Abb. 5) bei Novgorod-Seversk an der Desna weist eine Dreigliederung auf. Die Wohnfläche beträgt im Vergleich zu der genannten Süd„hütte“ von Kostienki IV nur etwa 50 m². Jede Abteilung hat nur eine Feuerstelle.

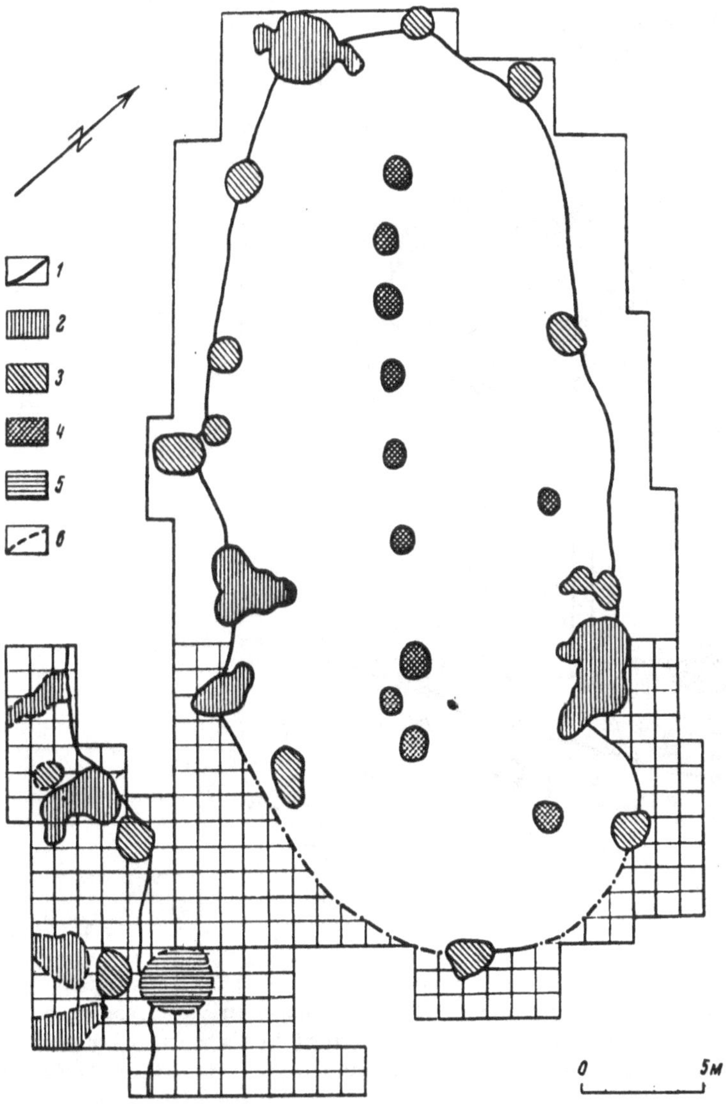

Abb. 3. Kostienki I. Schematischer Plan der Siedlungsreste der oberen Kulturschicht. Rechts — Reste der nördlichen Siedlung, von Efimenko untersucht
1 — Begrenzung des Siedlungsplatzes; 2 — Wohngruben; 3 — Vorratsgruben; 4 — Feuerstellen; 5 — von aufragenden Mammutknochen eingefaßter Platz; 6 — Grenze der nicht untersuchten Gruben (aus Rogačev 1957, Abb. 3)

In das ausgehende Jungpalöolithikum gehören die Behausungen von Mezin an der Desna im Gebiet von Brjansk. Nach PIDOPLIČKO handelt es sich um fünf etwa 20 m² große Rundhütten mit je einer bis drei Feuerstellen im Innern (Rekonstruktion einer Hütte s. Abb. 6).

Die Fundstelle des Gravettien aus Mähren, Pavlov (Abb. 7), wurde über längere Zeit bewohnt, was aus Umbauten an den insgesamt 13 Grubengrundrissen nachweisbar ist. Die Wohnflächen der Hütten betragen zwischen 12 m² und 28 m², und eine oder mehrere Feuerstellen sind erkennbar gewesen.

Bei Pincevent, unweit von Paris, wurden Reste eines Zeltes aus dem Endpaläolithikum mit einer Grundfläche von zirka 30 m² aufgedeckt. Aufgrund der Verteilung des Fundmaterials interpretieren die Ausgräber LEROI-GOURHAN und BREZILLON die Befunde so, daß sich innerhalb der Anlage zwei Werkplätze, drei Schlafstellen und ebensoviele Feuerstellen befanden, von denen eine zum Kochen und zwei als Wärme- und Lichtquelle dienten.

Einen detaillierten Überblick zu den Hüttengrundrissen des Paläolithikums und Mesolithikums gibt K. SKLENÁŘ (1975; 1976).

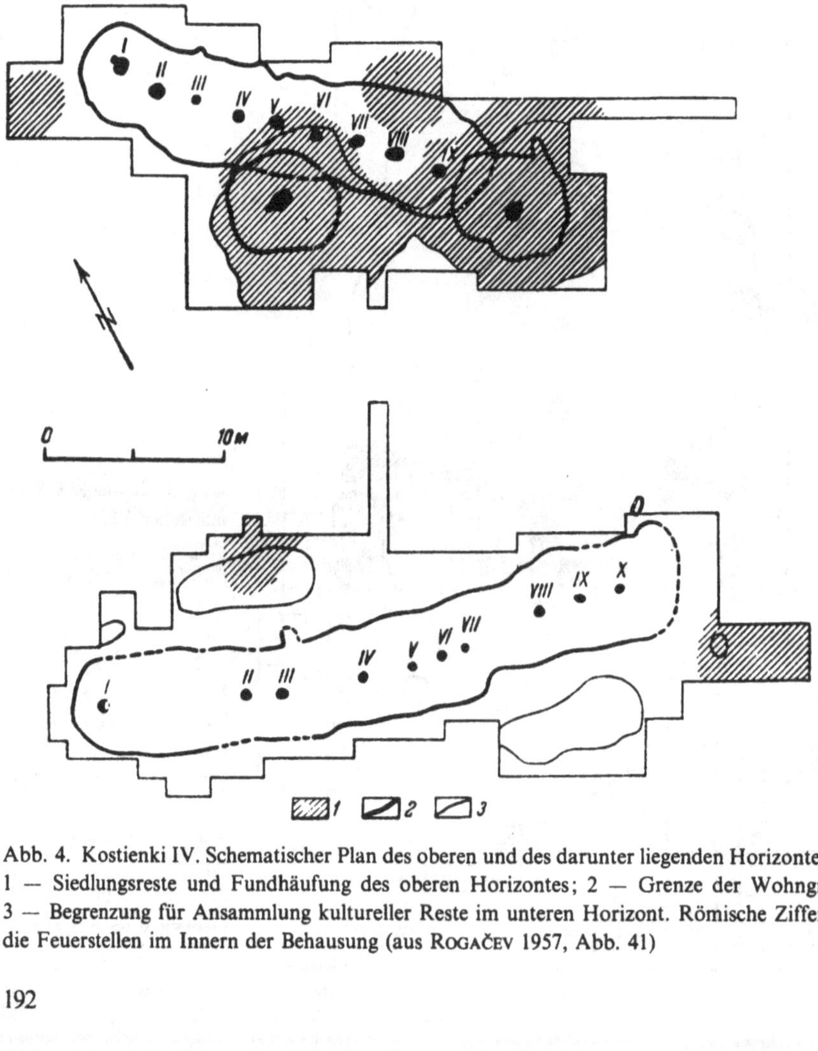

Abb. 4. Kostienki IV. Schematischer Plan des oberen und des darunter liegenden Horizontes der Siedlung 1 — Siedlungsreste und Fundhäufung des oberen Horizontes; 2 — Grenze der Wohngrubeneintiefung; 3 — Begrenzung für Ansammlung kultureller Reste im unteren Horizont. Römische Ziffern kennzeichnen die Feuerstellen im Innern der Behausung (aus ROGAČEV 1957, Abb. 41)

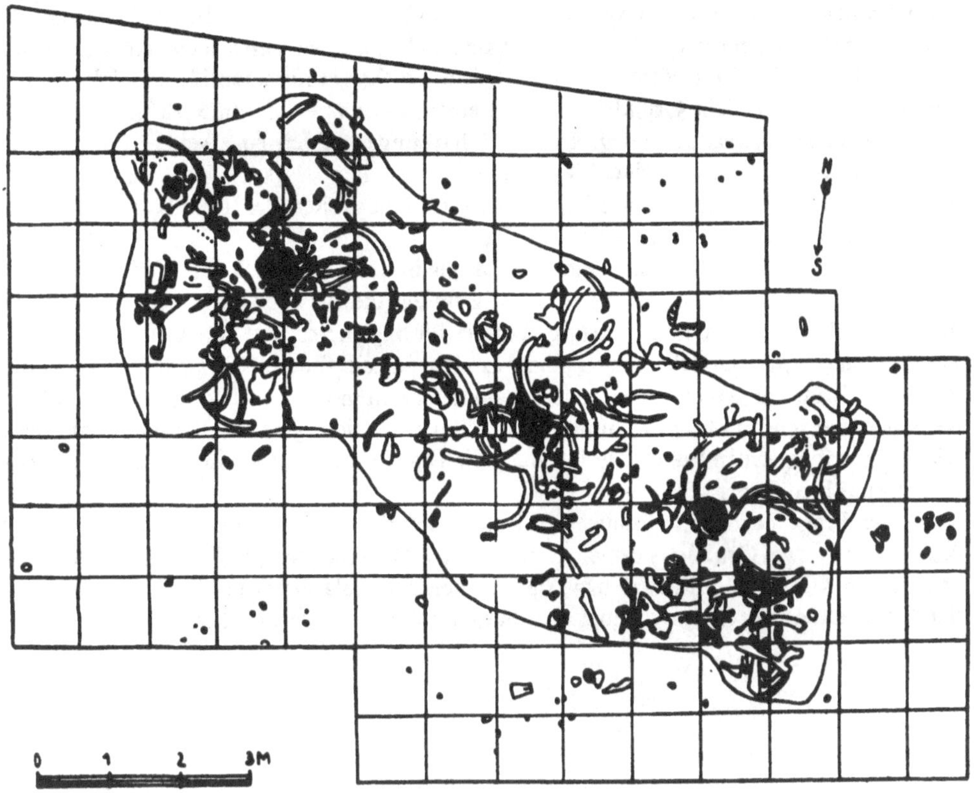

Abb. 5. PUŠKARI. I. Schematischer Plan des Hüttengrundrisses (aus HANČAR 1950, Abb. 1a)

Abb. 6. Behausung der Ansiedlung von Mezin. Rekonstruktion (aus ŠOVKOPLJAS 1965, Abb. 25)

Zusammenfassend kann man verallgemeinern (so L. BANESZ, 1968, 90): Die Unterschiede in der Formgestaltung der Behausungen lassen sich im allgemeinen nicht aus dem Alter oder der kulturellen Zugehörigkeit ableiten. Am häufigsten kommen kleine Wohnbauten mit rundem oder ovalem Grundriß vor und einem Durchmesser von 5—6 m, die i. d. R. eine Feuerstelle aufweisen. Langgestreckte Behausungen bilden eine weitere Gruppe, die die Summe von mehreren kleinen Behausungen darstellen (Puškari, Kostienki IV). P. I. BORISKOVSKIJ (1956) zählt die großen Siedlungsräumlichkeiten des Typs Kostienki I und Avdeevo zu einer dritten Gruppe.

Die archäologischen Befunde allein bringen uns in der Frage nach den konkreten sozialen Organisationsformen nicht weiter. Häufig finden die Ausführungen der Archäologen ihren Abschluß in der Schlußfolgerung, daß die Wohngemeinschaft eine Gruppe Blutsverwandter, eine Sippe darstellt. Hier kommt es aber auf ein theoretisches Eindringen in die Problematik an, und dabei ist eine enge Zusammenarbeit mit der Ethnographie unerläßlich. Besonders die sowjetische Forschung hat sich dabei verdient gemacht, basierend auf dem reichen archäologischen Fundmaterial. Auch die Ergebnisse der tschechoslowakischen Forschung sind hier zu nennen.

Bei der Frage nach den sozialen Strukturen der jüngeren Altsteinzeit lassen sich die Ansichten auf zwei Grundpositionen zurückführen. Die erste besagt: Die Gens besteht seit dem späten Mittelpaläolithikum bzw. dem frühen Jungpaläolithikum. Sie ist eine universale Einrichtung und ein unumgängliches Stadium der historischen Entwicklung (so FAJN-

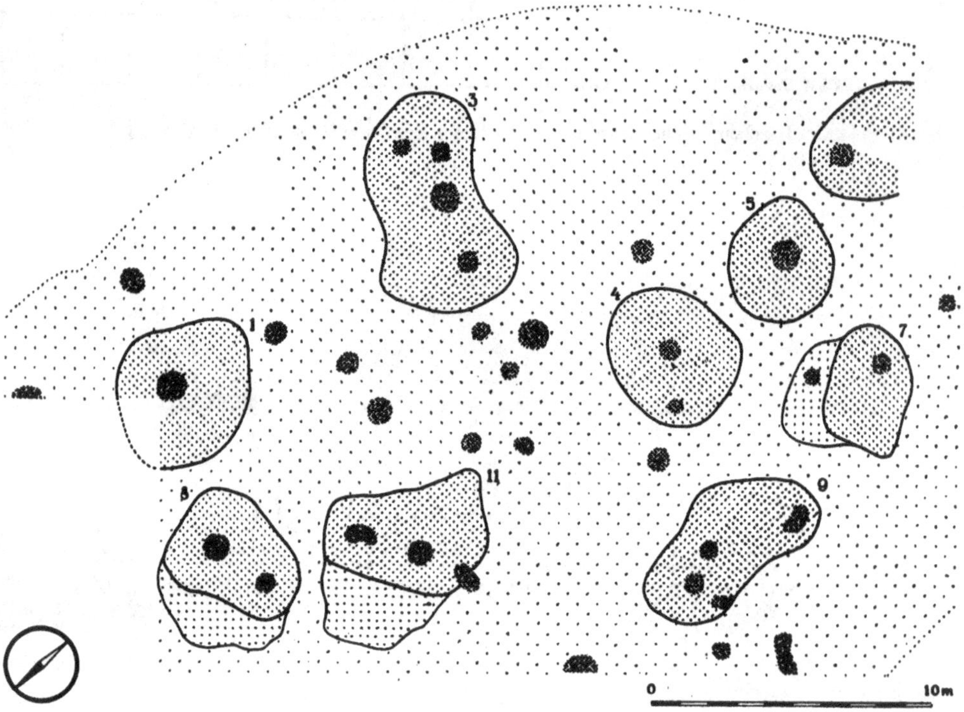

Abb. 7. PAVLOV. Schematischer Plan der Gravettien-Siedlung mit den Hüttengrundrissen 1, 3, 4, 5, 7, 8, 9 und 11 (aus PROŠEK 1961, Abb. 9)

BERG). Es besteht zu der Zeit keine Familie oder Ehe bzw. nur eine dislokale. Erst seit dem Neolithikum ist die Familie existent (Vertreter: JU. I. SEMENOV, CHLOPIN).

Nach der zweiten Meinung setzt sich die wirtschaftende Einheit, die mit der Siedlungsgemeinschaft identisch ist, aus einzelnen Familien zusammen (Vertreter: BUTINOV, KABO, GRIGORIEV). Die gentile Organisationsform und stammesähnliche Vereinigungen werden vermutet.

Der Archäologe G. I. GRIGORIEV (1972) diskutiert ausführlich das Material der bekannten Freilandstationen. Dabei kommt er zu folgenden Hypothesen und Schlußfolgerungen. Eine einzelne Familie war Bewohner einer kleinen Wohnstätte und mehrere Familien bewohnten eine größere Hütte. D. h. die größeren Wohnstätten stellen die Summe mehrerer kleiner dar. Die Anzahl der Feuerstellen als Mittelpunkt des häuslichen Lebens entspricht der Anzahl der Familien (9 oder 10 z. B. in den Langhütten von Kostienki IV). Die größeren Bauten sind durch Erweiterung der kleineren wahrscheinlich innerhalb von mindestens zwei Generationen entstanden. Da die größte bisher bekannte Siedlung nur etwa 10 Wohnstätten umfaßt, aber i. d. R. eine Anzahl von 2 bis 3 kleinen zeitgleichen Bauten anzunehmen ist, meint GRIGORIEV, daß 2 bis 3 Familien eine jungpaläolithische Siedlungsgemeinschaft bildeten. Dabei soll mit dem Verweis auf Pincevent, wo eine Wohnstätte drei Feuerstellen aufwies, von denen nur eine als Kochstelle gedeutet wird, angemerkt werden, daß die Deutung jeder Feuerstelle als Mittelpunkt des familiären Lebens nicht ohne weiteres möglich ist.

Die Familie stellte nach GRIGORIEV keine selbständige ökonomische Einheit dar; das Hauptarbeitskollektiv war die Siedlungsgemeinschaft. Grigoriev hält es nicht für möglich, den direkten Nachweis einer Gens zu erbringen, da die Gens bei Exogamie nicht mit der Wohngemeinschaft identisch sein kann. Er lehnt es ab, die in vielen jungpaläolithischen Siedlungen vorkommenden Frauenstatuetten als Beleg für eine Muttergens anzuerkennen, da das Vorkommen solcher Statuetten historisch weiter verbreitet ist als nur bei dieser Gesellschaftsform. Bei den wenigen rezenten Jägergesellschaften, die in matrilinearer Verwandtschaftsfolge rechnen, finden sich keine Frauenfiguren (GRIGORIEV, 1972, 23).

Nach GRIGORIEVS Ansicht ist es problematisch, den Nachweis von Stammesgebieten mit der Verbreitung der jungpaläolithischen Kulturen zu erbringen. Er meint aber, daß höhere Organisationsformen als z. B. die Gentes vorhanden waren, wenn sie auch z. Z. nicht näher bestimmbar sind.

Der Ethnograph L. A. FAJNBERG (1975) geht in einem Beitrag den gleichen Problemen nach und kommt dabei teilweise zu unterschiedlichen Schlußfolgerungen. FAJNBERG betont, daß bei der Herausbildung der seiner Meinung nach seßhaften Lebensweise der Mammutjäger in Kostienki und anderswo die günstigen Umweltbedingungen, die mit dem Angebot an Großwild gegeben waren, entscheidend waren. Das führte zur Bildung dorfartiger Siedlungen, vergleichbar mit denen, die auf der Entwicklungsstufe des frühen Bodenbaus errichtet wurden, und damit auch zu ähnlichen gesellschaftlichen Verhältnissen wie z. B. bei den Irokesen. Dieser Prozeß setzte im späten Mittelpaläolithikum ein. Als Beleg führt er die Befunde der Mammutjägerstation von Molodova (Ukraine) an, wo im Mittelpaläolithikum der gleiche Behausungstyp wie im Jungpaläolithikum gebaut wurde.

FAJNBERG bringt zum Ausdruck, daß zunächst die Gens — die Muttergens, Frauenstatuetten als Hauptargument — entstanden sei und erst in der Folgezeit mit Aussterben der Großfauna die Jäger zur schweifenden, halbseßhaften Lebensweise übergehen mußten und damit die universalen gentilen Verhältnisse bei den Jägern und Sammlern zum Teil durch andere ersetzt wurden, so wie es bei rezenten Jägergesellschaften der Fall ist.

Die Seßhaftigkeit war im Gebiet der osteuropäischen Mammutjäger wohl am stärksten ausgeprägt, wenn es auch unklar ist, ob es sich bei den entsprechenden Siedlungen um das einzige und ständige Lager einer Gemeinschaft handelt. Bei den Lagerplätzen in der Slowakei und Mähren scheint es nicht der Fall zu sein. So schriebt BANESZ (1968) von der „Gründung eines festeren Lagerplatzsystems für Jagd- und Überwinterungszwecke" (92) im Košice-Becken. B. KLIMA (1961) meint, daß geologische und ökonomische Verhältnisse die Paläolithiker an den Pavlov-Bergen in Mähren veranlaßt hätten, nach einer bestimmten Zeit ihre Lagerplätze innerhalb eines bestimmten Siedlungsareals zu wechseln, er schließt aber eine saisonbedingte Abwanderung hinsichtlich des Wildzuges dabei aus.

FAJNBERG stimmt mit GRIGORIEV darin überein, daß die Gens nicht völlig mit der Wohngemeinschaft identisch sein kann, da bei Exogamie die Ehepartner Angehörige einer anderen Gens sein müssen. Er ist aber gegen die Annahme, daß die Familie die kleinste Zelle der Wohngemeinschaft sei. Die Ehe sieht er für diese Zeit als dislokal und disökonomisch an. Die kleinen jungpaläolithischen Behausungen wären nach seiner Meinung für die Frau (oder Frauen) mit Kindern bestimmt gewesen, während die Männer in gesonderten Lagern gewohnt haben könnten.

Mit der Gens ist nach FAJNBERG auch der Stamm bereits im späten Mittelpaläolithikum entstanden. Auch diese Feststellung bleibt wie bei Grigoriev hypothetisch, denn mit BANESZ (1968, 93) sei auf die Problematik der kulturellen Eigenarten eines bestimmten Wirtschaftstyps verwiesen, die auch im Jungpaläolithikum durch die Organisation des Wirtschaftslebens im Einklang mit gewissen geographischen Bedingungen entstanden sind und nicht mit einer gemeinsamen gesellschaftlichen Organisation übereinstimmen müssen.

Wenn man die zitierten Ansichten zu der Frage, ob es eine gentile Organisationsform im Jungpaläolithikum gab, vergleicht, so liegt die Antwort zwischen einem ‚Ja' (bei FAJNBERG u. a.) und einem ‚Wahrscheinlich' (bei GRIGORIEV u. a.). I. SELLNOW (1961, 96) weist darauf hin, daß die Exogamie nicht das Hauptcharakteristikum der Gens ist, sondern daß die gentilen Verhältnisse die Systematisierung aller menschlichen Beziehungen bedeutet, die einen ganzen Kodex von Verhaltensnormen, Verteilungsprinzipien und Verpflichtungen zur gegenseitigen Hilfeleistung u. a. umfassen. Damit wären sie vergleichbar mit den Beziehungen der landbesitzenden Lokalgruppen, wie sie bei rezenten Jägergesellschaften nachweisbar sind. Der australische Ethnograph L. R. HIATT (1968) stellt den gesellschaftlich geregelten Gattenaustausch zwischen den Lokalgruppen als Mittel dar, das letztlich der besseren Ausnutzung des natürlichen Nahrungsmittelangebots dient, denn mit dem Ehepartner erwarb man auch gewisse Ansprüche auf Mitnutzung des Gebiets. Damit im Zusammenhang weist F. ROSE (1968) nach, daß die typische polygyne Familie der Australier die ökonomisch effektivste Form für die Organisierung dieser Jägergemeinschaften ist. Sie beruht auf der naturwüchsigen Arbeitsteilung. Dabei wird die Familie ihrer Funktion als Einrichtung zum Aufziehen der Kinder am besten gerecht, wenn die Frau als Mutter und Sammlerin im Kollektiv der Ehefrauen arbeitet und der Mann als Ehemann und überwiegend individueller Jäger die fleischliche Nahrung für die Familie liefert.

Grundsätzlich ist zu sagen, daß der Nachweis gentiler Verhältnisse im jungpaläolithischen Material aufgrund der archäologischen Quellen allein kaum möglich ist. Aber die ethnographischen Erkenntnisse berechtigen zu der Annahme, daß analoge Beziehungen zwischen den Jägergemeinschaften in urgeschichtlicher Zeit bestanden haben, da sie sozialökonomisch bedingte Existenz- und Entwicklungsformen der Gesellschaft darstellen (vgl. dazu auch GRÜNERT, 1975, 49—51; HERRMANN, 1975, 30).

Mit der Entwicklung der Fernwaffe gewann die individuelle Jagd zunehmend an Bedeutung, wenn auch nicht bekannt ist, welchen Anteil sie an der gesamten Jagd hatte. Ohne Zweifel war die Jagd auf Großwild nicht individuell zu bewältigen, aber die Leistung des einzelnen Jägers hatte aufgrund der verbesserten Jagdwaffen ein höheres Gewicht als in früherer Zeit.

Es besteht m. E. kein Grund, die Existenz der Familie in ähnlicher Form, wie sie bei rezenten Jägergesellschaften allgemein verbreitet ist, zu negieren. Sie ist als Ausdruck der Beziehungen zwischen den Lokalgruppen oder Gentes zu verstehen und damit als Bestandteil der sozialen Organisationsformen der Jäger-Sammler-Gesellschaften des Jungpaläolithikums und als kleinste Wohngemeinschaft in den Siedlungen anzunehmen.

Anmerkung

1 Das Buch „Man the hunter" (Lee und De Vore, 1968), in dem das Material eines gleichnamigen Symposiums vorgelegt wird, enthält in Teil III: Social and territorial organization und Teil VI: Prehistoric hunter-gatherers wertvolle Angaben hierzu.

Literaturverzeichnis

Banesz, L., 1968: Barca bei Košice — paläolithische Fundstelle. Bratislava.

Behm-Blancke, G., 1960: Zur Typologie der jungpaläolithischen Zelt- und Hüttenanlagen Europas. In: Ausgrabungen und Funde 5, 203—209. Berlin.

Boriskovskij, P. I., 1956: Paleolitičeskie žilišča na territorii SSSR i etnografičeskie paralleli. Moskva.

Fajnberg, L. A., 1975: Vozniknovenie i razvitie rodovogo stroja. In: Pervobytnoe obščestvo, 49—87. Moskva.

Grigoriev, G. J., 1972: Vosstanovlenie obščestvennogo stroja paleolitičeskich ochotnikov i sobiratelej. In: Ochotniki, sobirateli, ryboloby, 11—25. Moskva.

Grünert, H., 1975: Bemerkungen zu Geschichte, Stand und Bedeutung der Zusammenarbeit von Archäologie und Ethnographie in der Ur- und Frühgeschichtsforschung. In: Moderne Probleme der Archäologie, 41—55. Berlin.

Hančar, F., 1950: Der jungpaläolithische Wohnbau und sein Problemkreis. In: Mitteilungen der Anthropologischen Gesellschaft Wien 80, 86—100. Wien.

Herrmann, J., 1975: Methodische Probleme der sozialökonomischen Analyse auf der Grundlage archäologischer Quellen. In: Moderne Probleme der Archäologie, 29—34. Berlin.

Hiatt, L. R., 1968: Ownership and use of land among the Australian Aborigines. In: Lee, R. B. und I. De Vore (Hrsg.), Man the hunter, 99—102. Chicago.

Kabo, V. R., 1976: Die Geschichte der Urgesellschaft und die Ethnographie. In: Ethnograph.-Archäol. Zeitschrift 16, 253—269. Berlin.

Klima, B., 1961: Prvý půdorys paleolitickeho sidliště ve sprašich středni Evropy. In: Památky Archeologické 52, 311—320. Praha.

Lee, R. B. und I. De Vore (Hrsg.), 1968: Man the hunter. Chicago.

Prošek, F., 1961: Mladapaleolitická obydli v Československu. In: Památky Archeologické 52, 57—75. Praha.

Rogačev, A. N., 1957: Mnogoslojnye stojanki kostenkovsko-boševskogo rajona na Donu i problema razvitija kul'tury v ėpochu vernego paleolita na Russkoj ravnine. In: Materialy i issledovanija po Archeologii SSSR 59, 9—134. Moskva.

Rose, F. G. G., 1968: Australian marriage land-owning groups, and initiations. In: Lee, R. B. und I. De Vore (Hrsg.), Man the hunter, 200—208. Chicago.

Sellnow, I., 1961: Grundprinzipien einer Periodisierung der Urgeschichte. Berlin.
Sklenář, K., 1975: Paleolithic and mesolithic dwellings: problems of interpretation. In: Památky Archeologické 66, 266—304. Praha.
— 1976: Paleolithic and mesolithic dwellings: an essay in classification. In: Památky Archeologické 67, 249—340. Praha.
Šovkopljas, J. G., 1965: Mezinskaja stojanka. Kiev.

Zur Genese der Vielsprachigkeit des Homo sapiens

Von RONALD LÖTZSCH, Berlin

Es gehört wohl mit zu den faszinierendsten Erkenntnissen für jeden, der sich mit der ethnischen Vielfalt der Menschheit beschäftigt, daß diese in der Gegenwart mindestens dreitausend verschiedene Sprachen spricht. Manche Linguisten glauben sogar, eine um ein Mehrfaches höhere Zahl annehmen zu müssen. Eine genaue Zahl läßt sich nicht angeben und das aus zwei Gründen. Erstens sind zahlreiche abgelegene Gebiete unseres Planeten hinsichtlich ihrer Sprachsituation noch immer nicht genügend erforscht und zweitens besteht unter den Linguisten noch keineswegs eine einheitliche Auffassung darüber, welche Kriterien einer Unterscheidung zwischen Dialekten einer Sprache einerseits und nahverwandten, aber selbständigen Sprachen andererseits zugrunde liegen müßten.

Zur Illustrierung des zuletzt Gesagten sei an die manchem sicher zu Recht grotesk anmutende Tatsache erinnert, daß selbst hinsichtlich der Zahl der von der alteingesessenen Bevölkerung der DDR gesprochenen Sprachen die Meinungen der Spezialisten geteilt sind. Je nachdem welche Konzeption der Abgrenzung von Sprache und Dialekt zugrunde gelegt wird, sind es zwei (Deutsch und Sorbisch), drei (Deutsch, Niederdeutsch und Sorbisch bzw. Deutsch, Obersorbisch und Niedersorbisch) oder gar vier Sprachen (Deutsch, Niederdeutsch, Obersorbisch und Niedersorbisch).[1]

Für einen Versuch, Ursachen und Wege der Entstehung der Vielsprachigkeit des *Homo sapiens* zu ermitteln, worum es hier gehen soll, ist es indessen belanglos, um wieviel Sprachen genau es sich hierbei handelt. Ja nicht einmal die Frage, ob es zu irgend einem Zeitpunkt noch mehr Sprachen als heutzutage gab, muß in diesem Zusammenhang eindeutig beantwortet werden. Angesichts der bekannten Tatsache, daß allein in Europa während der letzten zwei Jahrtausende zahlreiche Sprachen ausgestorben sind, könnte man dies zwar vermuten, andererseits aber sind im gleichen Zeitraum, um nur die heute noch existierenden und im Schrifttum verwendeten Vertreter von drei Sprachfamilien zu nennen, aus dem einheitlichen Urslawischen elf, aus dem Urgermanischen ebenfalls elf und aus dem Vulgärlatein auch ebensoviele selbständige Sprachen entstanden.[2]

Wie dem auch sei, für die Aufhellung des hier aufgeworfenen Problems ist etwas Anderes entscheidend, nämlich die Beantwortung der Frage, ob es außer der angedeuteten Differenzierung von Sprachen in Dialekte und schließlich in Gruppen verwandter Sprachen, die sogenannten Sprachfamilien, auch andere Wege der Glottogenese gibt, ob etwa auch die Entstehung neuer Sprachen durch Vermischung von zwei oder mehreren unterschiedlichen Sprachen denkbar ist. Diese Frage kann eindeutig verneint werden. Nach allem, was wir wissen, entstehen neue Sprachen stets nur durch die Weiterentwicklung **einer** bereits vorhandenen Sprachform. Selbst engste Kontakte zu nicht verwandten oder nur entfernt verwandten Sprachen, die die konkrete Richtung der Entwicklung in strukturtypologischer Hinsicht nicht unwesentlich beeinflussen können, führen nicht zur Vermischung der genetischen Beziehungen. Man kann diese Tatsache an Hand vieler Beispiele verdeutlichen. Hier mag eines genügen. Auf der Balkanhalbinsel haben romanische, slawische, griechische und albanische, also nicht unmittelbar verwandte indoeuropäische Dialekte über viele Jahrhunderte hinweg wechselseitig aufeinander eingewirkt, da ein beträchtlicher Teil ihrer Sprecher neben der Muttersprache jeweils auch eine oder mehrere andere der genannten Sprachen beherrschte. Im Ergebnis dieser Entwicklung haben alle diese Sprachen in strukturtypologischer Hinsicht zahlreiche gemeinsame Züge angenommen, so daß man in der Sprachwissenschaft von einem Balkansprachbund spricht. Die Übereinstimmung betrifft jedoch nur den allgemeinen Aufbau der grammatischen Kategorien, die Bildungsweise und das Funktionieren bestimmter Formen, nicht aber deren materielle Seite. Trotz aller nachhaltigen gegenseitigen Durchdringung, die u. a. zur massenweisen Entlehnung von Wörtern bis tief hinein in den Grundwortschatz führte, bleiben die Morpheme der Wort- und Formenbildung, die Lautform der Pronomina und der Grundzahlen 1—10 beispielsweise des Bulgarischen slawisch, die entsprechenden Elemente des Rumänischen romanisch. Selbst sogen. Kreolensprachen, d. h. im Prozeß einer sog. Pidginisierung maximal vereinfachte Hilfssprachen, die unter spezifischen soziologischen Bedingungen dann zum alleinigen Kommunikationsmittel bestimmter Bevölkerungsgruppen wurden, lassen die genetische Zugehörigkeit ihrer Grundlage noch erkennen. Sie gehören also entweder (bei englischer Grundlage) zur germanischen bzw. (bei französischer oder portugiesischer Grundlage) zur romanischen Sprachfamilie (WEINREICH, 1958).

Dabei müssen in jedem Falle, und dies ist besonders hervorzuheben, bestimmte gesellschaftliche Voraussetzungen gegeben sein. Im Fall des Balkansprachbundes ist es die jahrhundertelange Zugehörigkeit im großen und ganzen gleichermaßen unterdrückter und ausgebeuteter Untertanen zu ein und demselben Feudalstaat, erst zum byzantinischen, dann zum türkischen, im Falle der Pidginisierung mit anschließender Kreolisierung die koloniale Versklavung ethnisch und sprachlich völlig verschiedener Bevölkerungsgruppen und die Notwendigkeit einer wenigstens notdürftigen Verständigung mit den Kolonialherren und untereinander.

Bei unseren Überlegungen über die Entstehung der Vielsprachigkeit des sich entwickelnden *Homo sapiens* können solche für die Klassengesellschaft typische Sonderfälle der Sprachentwicklung sicher außer Betracht bleiben. Wir werden vielmehr davon ausgehen müssen, daß die Aufspaltung einer ursprünglich begrenzten Anzahl von Sprachen in sich immer stärker differenzierende Dialekte und deren Weiterentwicklung zu völlig unterschiedlichen Sprachen für die Gentilverfassung mit ihrer Stammesendogamie die Norm darstellt.

Gruppen verwandter Stämme und die Stämme selbst teilten sich bei ihrer durch die allmähliche Bevölkerungszunahme erzwungenen Ausbreitung über noch unbewohnte Gebiete immer wieder, trennten sich räumlich und verloren schließlich jede Verbindung. Dies hatte zur Folge, daß Neuerungen in der Sprache, seien es neue Wörter, neue Bedeutungen oder grammatische Besonderheiten, jeweils auf den Stammesdialekt beschränkt blieben, in dem sie entstanden, da eine Übernahme in die Dialekte anderer Stämme mangels intensiverer Kontakte zu ihnen nahezu ausgeschlossen war. Da sich Wandlungen in der Sprache nur sehr langsam vollziehen, bewahrten die sich so auseinanderentwickelnden Dialekte bedeutende Elemente ihrer einstigen Einheit noch über viele Generationen hinweg. Nach und nach aber überwogen die Unterschiede die Gemeinsamkeiten, und bei anhaltender Isolierung ging die ursprüngliche Übereinstimmung im Wortschatz und grammatischen Bau schließlich soweit verloren, daß die Verwandtschaft nur noch mit den Mitteln der wissenschaftlichen Rekonstruktion erschlossen werden kann.

Diese Gesetzmäßigkeit einer sich ständig wiederholenden sprachlichen Differenzierung blieb im Prinzip auch dann noch erhalten, als die dichtere Besiedlung der bewohnbaren Erde dazu führte, daß auch nicht verwandte Stämme bzw. entfernt verwandte Stämme, die sich ihrer Verwandtschaft nicht mehr bewußt waren und sie nicht mehr erkennen konnten, häufiger miteinander in Berührung kamen. Solange der niedrige Entwicklungsstand der Produktivkräfte und die urkommunistischen Produktionsverhältnisse eine Ausbeutung der Arbeit fremdstämmiger Menschen oder ganzer Menschengruppen ausschloß, dürften solche Kontakte meist damit geendet haben, daß schwächere Gemeinschaften von stärkeren in unwirtlichere und deshalb noch dünner besiedelte Gebiete abgedrängt wurden. War dies nicht möglich, mag es in seltenen Fällen auch zur Aufreibung eines schwächeren Stammes gekommen sein, wobei einzelne Überlebende, in erster Linie wahrscheinlich Frauen und Kinder, schließlich als gleichberechtigte Glieder in den siegreichen Stamm aufgenommen wurden. Die Adoptierten gingen dann auch zur Sprache dieses Stammes über und gaben ihre eigene Sprache auf, die damit ausstarb. Andere Sprachen können dadurch erloschen sein, daß die sie sprechenden Stämme durch Naturereignisse vernichtet oder zumindest so stark dezimiert wurden, daß die wenigen der Katastrophe Entronnenen selbständig nicht weiterzuexistieren vermochten. In beiden Fällen dürfte der Übergang einzelner Individuen zu einer anderen Sprache ohne nennenswerte Auswirkungen auf diese geblieben sein, da sie die Sprache eines intakt gebliebenen Kollektivs darstellte.

Es ergibt sich nun die Frage, ob dieser für die klassische Urgesellschaft aus ethnographischem Material mit ziemlicher Sicherheit zu erschließende Typ der Glottogenese auch für die Phase der Entstehung des *Homo sapiens* postuliert werden kann. Schlüssig beantworten läßt sich diese Frage natürlich nicht. Wenn schon unsere Vorstellungen über die sprachlichen Verhältnisse beim vollentwickelten *Homo sapiens* fast ausschließlich auf Kenntnissen über die Sprachentwicklung in der Neuzeit beruhen, dann muß jede Aussage über die Verhältnisse im Altpaläolithikum noch viel unsicherer und hypothetischer werden. Dennoch sind m. E. bestimmte Rückschlüsse möglich. Wenn es zutrifft, daß, wie insbesondere sowjetische Fachleute annehmen, die Durchsetzung der Gentilverfassung mit ihrer dialektischen Einheit von exogamer Gens und endogamem Stamm, also ein sozialer Faktor mit biologischer Komponente, eine entscheidende Voraussetzung war für die Entstehung der neuen Art *Homo sapiens* (Fajnberg, 1975), dann wird auch die Sprachentwicklung in dieser Zeit nicht viel anders verlaufen sein als in der darauffolgenden Epoche. Bliebe noch die bis zum heutigen Tage kontroverse Frage, wie es zur Exogamie der Gens kommen konnte. Natürlich ist auch diese Frage außerordentlich schwer zu beantworten, doch angesichts der heute wohl bereits allgemeinen Annahme, daß auch die Paläanthropinen schon eine ziemlich entwickelte Sprache besaßen[3], wird man sich kaum vorstellen können, daß sich völlig fremde Horden, also Urmenschengruppen mit verschiedenen Sprachen, die sich gar nicht verständigen konnten, also exogame Einheiten innerhalb einer endogamen Vereinigung zusammenschlossen. Mit anderen Worten, auch für die Phase vor der Sapientisierung wird Sprachentwicklung weitgehend mit Differenzierung gleichgesetzt werden können. Da die Paläanthropinen über große Teile der Ökumene verbreitet waren, müssen auch sie schon zahlreiche unterschiedliche Sprachen gesprochen haben, von denen sich die meisten in eine bestimmte Anzahl von Sprachfamilien gliederten, von denen viele wiederum miteinander verwandt waren. Das gleiche gilt für die Populationen, die sich mit dem Übergang zum Jungpaläolithikum zum *Homo sapiens* weiterentwickelten. **Der Homo sapiens war also von allem Anfang an vielsprachig.** Offen muß dagegen die Frage bleiben, ob alle diese Sprachen miteinander verwandt waren. Angesichts der Wahrscheinlichkeit, daß sich die Sapientisierung auf einem relativ großen Areal vollzog, das nicht ausschließlich von genetisch eng zusammenhängenden Populationen des Neandertalers besiedelt zu sein brauchte, ist eine solche Annahme meines Erachtens nicht zwingend.

Eine andere Frage ist, ob sich bis ins mittlere Paläolithikum zurückreichende Verwandtschaftsbeziehungen wissenschaftlich noch fassen lassen, ob also eine Rekonstruktion von Sprachzuständen dieses Alters noch möglich ist. Bekanntlich lassen sich nicht nur die Ursprachen, aus denen Familien eng verwandter Sprachen hervorgegangen sind, etwa das Urslawische oder Urgermanische, durch den Vergleich aller zur Familie gehörenden Sprachen und Dialekte recht gut rekonstruieren. Auch Sprachen, die eine entferntere Verwandtschaft begründen und deren Existenz mindestens drei- bis fünftausend Jahre zurückliegt, sind mit Hilfe des historischen Sprachvergleichs in ihren Grundzügen noch zu erschließen. Dies gilt zum Beispiel für das Indoeuropäische, das Semitohamitische bzw. Afrasische, wie es neuerdings genannt wird, oder das Altaische, die Ursprache, von der die tungusomandschurischen, mongolischen und die Turksprachen sowie das Japanische und Koreanische abstammen.

Die Frage, wie man sich die Entstehung dieser in ihren Grundzügen rekonstruierbaren Ursprachen vorzustellen habe, wurde in der Vergangenheit kaum ernsthaft gestellt. Nach dem, was einleitend festgestellt wurde, müssen auch solche Sprachen zumindest teilweise wieder miteinander verwandt und die Rekonstruktion ihrer gemeinsamen Ursprache möglich sein. In der Tat hat die Forschung der letzten Jahre genügend Material für die Annahme geliefert, daß die meisten Sprachfamilien, die bisher als isoliert galten, in unterschiedlicher Konstellation sozusagen Hyperfamilien bilden, deren Ursprung sehr wohl bis in die Zeit der Entstehung des *Homo sapiens* zurückreichen kann. Es hat sich gezeigt, daß fast alle Sprachen Europas, Nordafrikas und Asiens mit Ausnahme des Südostens urverwandt sind. Es handelt sich insbesondere um die indoeuropäischen, afrasischen, kaukasischen, drawidischen, uralischen und altaischen Sprachen, die nach neuester Auffassung die sog. nostratische oder boreische Hyperfamilie bilden[4]. Angesichts der grundlegenden typologischen Unterschiede, die die genannten Sprachfamilien trotz rekonstruierbarer Übereinstimmung im grammatischen und pronominalen Morpheminventar trennen, muß für die zugrunde liegende nostratische Ursprache ein sehr hohes Alter angenommen werden. Diese Auffassung wird m. E. auch durch anthropologische Tatsachen gestützt. In der Gegenwart repräsentieren Sprecher nostratischer Sprachen alle existierenden anthropologischen Typen. Dabei ist bekannt, daß viele der in Frage kommenden Bevölkerungsgruppen erst in jüngster oder zumindest historischer Zeit eine nostratische Sprache angenommen haben (man denke z. B. nur an die Indianer mit spanischer oder portugiesischer Muttersprache, an englisch- oder französischsprachige Gruppen negrider Bevölkerung, an die negriden Sprecher der afrasischen Tschadsprachen [des Haussa und verwandter Sprachen], an ario-indische oder drawidische Sprachen sprechende Australide usw.).

Aber auch Ethnien, deren Vorfahren nach allem, was wir wissen, schon vor mehreren tausend Jahren nostratisch sprachen, gehören zu verschiedenen Großrassen und Übergangstypen. So vertreten z. B. die Sprecher der indoeuropäischen, kaukasischen oder semitischen Sprachen, seit ihre Identifizierung möglich ist, den europiden Rassentyp, die Sprecher des Altaischen den mongoliden. Daß bereits die vermutlich nicht allzu zahlreichen Stämme, die die nostratische Ursprache sprachen, verschiedene anthropologische Typen repräsentierten, ist wohl kaum anzunehmen. Ebenso unbegründet dürfte die Annahme sein, sie hätten ursprünglich zu einem Typ gehört und die spätere Differenzierung sei die Folge von Assimilationsprozessen, die sich bereits in grauer Vorzeit vollzogen. Angenommen also, die Vorfahren der altaischen Völker, die den mongoliden Typ verkörperten, hätten ihre nostratische Sprache vor vielen tausend Jahren von einer europiden Bevölkerung übernommen, dann müßte in ihrem anthropologischen Typ eine nicht unbeträchtliche europide Beimengung festzustellen sein. Denn für eine sprachliche Assimilierung großer Menschengruppen durch politisch herrschende Minderheiten, wie sie für die verschiedenen Klassengesellschaften vielfach bezeugt ist und bei der die Minderheit der unterworfenen Mehrheit zwar ihre Sprache aufzwingt, anthropologisch aber nahezu ohne Spuren zu hinterlassen in ihr aufgeht, fehlten in der Zeit vor der sogen. neolithischen Revolution m. E. alle gesellschaftlichen Voraussetzungen. Das aber bedeutet, daß die anthropologische Differenzierung der Träger der nostratischen Dialekte und später Sprachen parallel zur sich immer mehr vertiefenden Differenzierung der nostratischen Sprachfamilie verlief. Die Differenzierung der Menschheit in die heute existierenden Rassen und Übergangsformen aber verbinden die meisten Anthropologen mit der Ausbreitung des *Homo sapiens* über die gesamte Erde mit ihren unterschiedlichen Klimazonen. Die nostratische Ursprache hätte somit bereits vorher existiert. Die Annahme von bis in die Entstehungszeit des *Homo sapiens*, ja eigentlich noch weiter bis ins mittlere Paläolithikum zurückführenden gentischen Beziehungen gilt für jede einzelne Sprachfamilie und Sprache, ganz gleich, ob sie sich heute noch in größere Zusammenhänge einfügen läßt oder ob sie heute als isoliert angesehen werden muß. Keine einzige ausgebildete Sprache konnte je neu entstehen. Jede der von Kollektiven des *Homo sapiens* verwendeten Sprachen muß aus älteren Sprachzuständen hervorgegangen sein. Also müssen auch die heute als isoliert geltenden Sprachfamilien und Sprachen Verwandte gehabt haben, die zusammen mit ihnen von einer Ursprache abstammen, die schon im Paläolithikum gesprochen wurde. Daß diese Verwandten nicht bekannt sind, muß indes nicht immer bedeuten, daß sie nicht mehr existieren. In vielen Fällen erlaubt der unzureichende Forschungsstand einfach noch nicht ihre Identifizierung. Daß die Verwandtschaftsbeziehungen der nostratischen Sprachen erschlossen werden konnten, ist vor allem dem glücklichen Umstand zu verdanken, daß die Entwicklung vieler indoeuropäischer und semito-hamitischer Sprachen anhand schriftlicher Quellen über mehrere Tausend Jahre zurückverfolgt werden kann und auch die Geschichte einiger anderer nostratischer Sprachen relativ gut erschlossen ist. Ähnliches gilt für einige sinotibetischen und austrischen Sprachen. Die meisten übrigen Sprachen sind dagegen lediglich seit dem 19. Jahrhundert, viele sogar erst seit dem 20. Jahrhundert überliefert.

Wieviele Sprachfamilien vor einigen Zehntausenden von Jahren über bestimmte Teile der Ökomene verbreitet waren, darüber lassen sich so gut wie gar keine Aussagen machen. Man kann lediglich annehmen, daß die einzelnen Familien und Gruppen von Sprachen angesichts der allmählichen Ausbreitung menschlicher Gemeinschaften über unbewohnte Gebiete noch relativ gleichmäßig verteilt waren und engere oder weitere Sprachverwandtschaft im allgemeinen der geringeren oder größeren räumlichen Entfernung entsprach. Andererseits darf nicht ausgeschlossen werden, daß infolge spezifischer Umstände, z. B. von Naturereignissen größeren Ausmaßes, Gruppen verwandter Stämme bereits im Altpaläolithikum getrennt und ihre einzelnen Teile so schon zu Beginn des höheren Paläolithikums in ganz verschiedene Gegenden des Erdballs verschlagen wurden[5]. Auf jeden Fall vollzogen sich in späteren Perioden der urgesellschaftlichen Entwicklung und insbesondere mit dem Übergang zur Klassengesellschaft Integrationsprozesse, die die ursprüngliche Konstellation von Grund auf veränderten. In dem Maße, wie Krieg und Raub zum Mittel der Aneignung des von anderen Stämmen erzeugten Mehrproduktes wurden, war auch sprachliche Assimilierung schwächerer Gemeinschaften möglich. Die Notwendigkeit der Selbstverteidigung mag in bestimmten Fällen dazu geführt haben, daß sich sprachlich nichtverwandte Stämme verbündeten und nach einem längeren Annäherungsprozeß auch zu einer gemeinsamen Sprache übergingen. Schließlich bewirkte der Zusammenschluß großer Bevölkerungsgruppen unterschiedlichster Herkunft in einem Staat, wie ihn der Übergang zur Klassengesellschaft mit sich brachte, verschiedentlich auch eine sprachliche Nivelierung im Rahmen dieses Staates.

Im Ergebnis dieser Entwicklung verbreiteten sich bereits in den letzten Jahrtausenden v. u. Z. einige nostratische Sprachfamilien, z. B. die indoeuropäische, semitohamitische, uralische und altaische, über riesige Gebiete der Alten Welt. Auch sämtliche in Afrika südlich der Sahara verbreiteten Sprachen, mit Ausnahme der Khoisangruppe, scheinen nur zwei ausgedehnten Sprachfamilien anzugehören[6]. In Südostasien dürften die Mon-Khmer-Sprachen, die Thai-Sprachen, die Sprache der Meo und ihrer Verwandten, das Vietnamesische und das mit ihm verwandte Myong sowie die Munda-Sprachen in Indien, die bisher von manchen Linguisten unter dem Begriff der austro-asiatischen Sprachen zusammengefaßt wurden, tatsächlich nicht nur miteinander, sondern auch mit den austronesischen (indonesischen, polynesischen, mikronesischen und melanesischen) Sprachen urverwandt sein. Selbst ein genetischer Zusammenhang dieser austrisch genannten Sprachfamilie mit den chinesisch-tibetischen Sprachen wird nicht ausgeschlossen[7]. Keine genetischen Beziehungen zu anderen Sprachen und Sprachfamilien weisen nach dem heutigen Forschungsstand die Sprachen der Ureinwohner Australiens, die im größten Teil Neu-Guineas sowie auf einigen melanesischen Inseln gesprochenen Papua-Sprachen, die Sprachen der Urbevölkerung des Nordteils der Molukkeninsel Halmahera sowie der Andamanen und die Sprache der Ureinwohner Japans, der Ainu, auf. Auch mögliche Verwandtschaftsbeziehungen dieser Sprachen untereinander sind noch ungeklärt.

Von allen Sprachen und Sprachfamilien der Alten Welt isoliert erscheinen schließlich beim derzeitigen Stand ihrer Erforschung die Sprachen der amerikanischen Indianer. Doch hat sich in den letzten Jahren zumindest das von ihren inneren genetischen Beziehungen bezeichnete Bild wesentlich gewandelt. Während ursprünglich die Existenz einiger Dutzend völlig unabhängiger Sprachfamilien und zahlreicher isolierter Sprachen angenommen wurde, scheint sich diese Zahl in Wirklichkeit auf insgesamt zehn Sprachfamilien zu reduzieren. So galt beispielsweise die Sprache der Inkas, das heute in den Andenländern von über 8 Mill. Menschen gesprochene Kechua, bislang als völlig isoliert. Heute wird es mit dem über einer Million Bolivianern, Chilenen und Peruanern als Muttersprache dienenden Aimara, das früher ebenfalls als isoliert angesehen wurde, dem von der Mehrheit der Paraguayer als erste bzw. zweite Sprache neben dem Spanischen gesprochene Guarani und seinen zahlreichen Verwandten, den Sprachen der Araukaner Chiles und Argentiniens, den zahlreichen über den ganzen Nordteil Südamerikas verbreiteten arawakischen Sprachen und einigen anderen zu einer großen Sprachfamilie zusammengefaßt (Greenberg, 1960).

Die Sprachenkarte der Erde zeigt also bereits vor der kolonialen Expansion der Europäer einerseits die Ausdehnung einiger großer Sprachfamilien über riesige Gebiete der Alten

Welt und andererseits die Bewahrung isolierter Sprachen und kleinerer Sprachfamilien in abgelegenen Teilen der Ökumene, vor allem Hochgebirgen und Inseln, die also offenkundig Rückzugsgebiete darstellen. In Amerika, in dem sich die gesellschaftliche Entwicklung auf Grund seiner bis in die Neuzeit fortdauernden Isolierung wesentlich verzögerte, zeichnete sich dieser Prozeß einer ungleichmäßigen Ausbreitung der einzelnen Sprachfamilien im Ansatz ebenfalls ab.

Anmerkungen

1 Zum Problem der Kriterien für die Abgrenzung der Begriffe „Sprache" und „Dialekt" s. Verf. (Leč, Re.) 1972 (sowie die dort angegebene Literatur).

2 Es sind dies: 1. Slawisch a) Ostslawisch — Russisch, Ukrainisch, Belorussisch b) Westslawisch — Polnisch, Tschechisch, Slowakisch, Sorbisch c) Südslawisch — Bulgarisch, Makedonisch, Serbokroatisch, Slowenisch; 2. Germanisch a) Westgermanisch — Deutsch, Englisch, Niederländisch, Afrikaans, Letzeburgisch, Jiddisch b) Nordgermanisch — Schwedisch, Norwegisch, Dänisch, Isländisch, Färingisch; 3. Romanisch — Portugiesisch, Galicisch, Spanisch, Katalanisch, Französisch, Occitanisch, Italienisch, Sardisch, Rätoromanisch, Rumänisch-Moldauisch, Aromunisch. Hinzu kommen verschiedene germanische und romanische „Pidgins" bzw. Kreolensprachen.

3 V. P. Alekseev (1975) verbindet die Entstehung der Sprache mit der Herausbildung der Unterfamilie Homininae. Danach hätten bereits die Archanthropinen über eine ziemlich entwickelte Lautsprache verfügt.

4 Möglicherweise gehören auch die meisten der sog. paläoasiatischen Sprachen zur nostratischen Sprachfamilie. Mit ziemlicher Sicherheit steht dies für das Jukagirische fest, aber auch die Zugehörigkeit des Niwchischen (Giljakischen) und der tschuktschokamtschadalischen Sprachen (des Tschuktschischen, Korjakischen und Itelmenischen) kann nicht ausgeschlossen werden, und vielleicht ist sogar das Eskimoisch-Aleutische mit all diesen Sprachen verwandt. Lediglich die Sprache der ca. 1000 Keten am mittleren Jenissej, deren Verwandte in den letzten beiden Jahrhunderten russifiziert bzw. jakutisiert worden sind, bliebe neben dem Baskischen und dem im Himalaja von annähernd 40000 Menschen gesprochenen Burischaski in diesem riesigen Areal außerhalb der nostratischen Sprachfamilie.
Zur nostratischen Hypothese s. insbesondere Illič-Svityč, 1971; Dolgopol'skij, 1972.

5 Eine bessere Kenntnis der bisher noch ungenügend erforschten indianischen, australischen oder Papuasprachen könnte z. B. ergeben, daß zumindest einzelne Gruppen oder Familien von ihnen ebenfalls mit der nostratischen oder einer anderen Hyperfamilie verwandt sind.

6 Die eine umfaßt die Sprachen Süd- und Westafrikas einschließlich der Bantusprachen, die andere Sprachen des zentralen und östlichen Sudan. Vgl. hierzu Ageeva, 1966.

7 S. hierzu die Übersicht über die verschiedenen Hypothesen zur Klassifizierung der Sprachen Südostasiens und Ozeaniens bei Ivanova, 1970. Falls sich die Hypothese von einer Urverwandtschaft der austrischen und sinotibetischen Sprachen bestätigen sollte, müßte wahrscheinlich auch für diese „Hyperfamilie" ein ähnlich hohes Alter wie für die nostratische angesetzt werden. Das Problem der anthropologischen Differenzierung entfiele dabei weitgehend, denn fast alle Sprecher der austrischen und der sinotibetischen Sprachen gehören zu den verschiedenen Varianten der mongoliden Rasse. Lediglich die Melanesier repräsentieren im wesentlichen den gleichen australiden Rassentypus wie die mit ihnen teilweise die gleichen Inseln bewohnenden aber völlig andere Sprachen sprechenden Papuas. Bei den austronesische Sprachen sprechenden Melanesiern haben wir es aller Wahrscheinlichkeit nach mit einer größtenteils vor noch nicht allzulanger Zeit assimilierten Bevölkerung zu tun. Der Prozeß der Verdrängung von Papuasprachen durch melanesische Sprachen hält bis zum heutigen Tag an. Außerdem ist bekannt, daß die Vorfahren der heutigen Austronesier bereits auf dem südostasiatischen Festland, vor ihrer Ausbreitung über Indonesien und Ozeanien, einen ziemlich hohen Stand der gesellschaftlichen Entwicklung erreicht hatten. Es ist somit nicht auszuschließen, daß verhältnismäßig kleine Gruppen austronesischer

Einwanderer auf einzelnen Inseln schon ziemlich früh die ebenfalls bereits zur Bodenbebauung übergegangene seßhafte Papuabevölkerung von sich abhängig machten und sie nach und nach assimilieren konnten.

Sollte die weitere Forschung ergeben, daß eine Urverwandtschaft der austrischen und der sinotibetischen Sprachen mit großer Wahrscheinlichkeit auszuschließen ist, dann müßten für jede dieser Sprachfamilien andere bis in die Zeit der Entstehung des *Homo sapiens* zurückreichende genetische Beziehungen angenommen werden. Wenn solche Beziehungen zu irgendwelchen der heute noch existierenden oder schriftlich überlieferten Sprachfamilien oder isolierten Sprachen nicht entdeckt werden können, besteht Grund zu der Vermutung, daß diese verwandten Sprachfamilien oder Sprachen irgendwann und irgendwo auf irgendeine Weise ausgestorben sind. Dies kann noch in der Gentilordnung durch Vernichtung ihrer Sprecher oder später durch deren Assimilierung geschehen sein. Die geschriebene Geschichte kennt zahlreiche Beispiele für die Verdrängung der Sprache, ohne daß überliefert wäre, um was für Sprachen es sich handelte.

Literaturverzeichnis

AGEEVA, R. A., 1966: O klassifikacii afrikanskich jazykov Dž. Grinberga (obzor). In: Jazyki Afriki, 287 bis 297. Moskau.

ALEKSEEV, V. P., 1975: Vozniknovenie čeloveka i obščestva. In: Pervobytnoe obščestvo, 5—48. Moskau.

DOLGOPOL'SKIJ, A. B., 1972: Kakie jazyki rodstvenny evropejskim? In: Nauka i čelovečestvo 1971—1972, 107—119.

FAJNBERG, L. A., 1975: Vozniknovenie i razvitie rodovogo stroja. In: Pervobytnoe obščestvo, 49—87. Moskau.

GREENBERG, J., 1960: The general classification of Central and South American languages. In: Men and Cultures. Philadelphia.

ILLIČ-SVITYČ, V. M., 1971: Opyt sravnenija nostratičeskich jazykov. Moskau.

IVANOVA, E. V., 1970: Tajskie narody Tailanda, 8—27. Moskau.

LEČ (LÖTZSCH), R., 1972: K voprosu o sootnošenii kategorij „jazyk“ i „dialekt“. In: Russkoe i slavjanskoe jazykoznanie, 162—169. Moskau.

WEINREICH, U., 1958: On the Compatibility of Genetic Relationship and Convergent Development. In: „Word“ 14, 2—3, 374—479.

Autorenverzeichnis

ALEKSEEV, VALERIJ P., Prof. Dr.
Institut Étnografii Akademia Nauk SSSR
Moskva V-36, ul. Dmitr. Ul'janova 19

FOERSTER, INGEBORG,
Institut für Marxismus-Leninismus
der Medizinischen Akademie
DDR 301 Magdeburg, Leipziger Str. 44

GRAMSCH, BERNHARD, Dr. phil.
Museum für Ur- und Frühgeschichte
DDR 1502 Potsdam-Babelsberg, Schloß Babelsberg

GRIMM, HANS, Prof. (em.) Dr. rer. nat., Dr. sc. med.
DDR 114 Berlin-Biesdof, Kreuzschnabelstr. 10

GUHR, GÜNTER, Dr. phil. habil.
Museum für Völkerkunde
DDR 806 Dresden, Japanisches Palais

HERRMANN, JOACHIM, Prof. Dr. phil. habil.,
Akademiemitglied
Akademie der Wissenschaften der DDR,
Zentralinstitut f. Alte Geschichte und Archäologie
DDR 108 Berlin, Leipziger Str. 3—4

KNEPLER, GEORG, Prof. Dr. phil. habil.
DDR 118 Berlin-Grünau, Straße 901, Nr. 8

LÖTZSCH, RONALD, Dr. phil.
DDR 102 Berlin, Rosa-Luxemburg-Str. 15

MANIA, DIETRICH, Dr. phil. habil.
Landesmuseum für Vorgeschichte
DDR 402 Halle, Richard-Wagner-Str. 9/10

SCHLETTE, FRIEDRICH, Prof. Dr. phil. habil.
Martin-Luther-Universität Halle-Wittenberg,
Sektion Orient- u. Altertumswissenschaften,
Wissenschaftsbereich Ur- u. Frühgeschichte
DDR 402 Halle, Richard-Wagner-Str. 9/10

SCHOTT, LOTHAR, Dr. phil. habil.
Museum für Naturkunde
DDR 104 Berlin, Invalidenstr. 43

STRUWE, RUTH, Dr. phil.
Humboldt-Universität zu Berlin,
Sektion Geschichte,
Bereich Ur- und Frühgeschichte
DDR 1017 Berlin, Friedenstr. 3

TEMBROCK, GÜNTER, Prof. Dr. rer. nat. habil.
Humboldt-Universität zu Berlin,
Sektion Biologie,
Bereich Verhaltenswissenschaften
DDR 104 Berlin, Invalidenstr. 43

ULLRICH, HERBERT, Dr. rer. nat.
Akademie der Wissenschaften der DDR,
Zentralinstitut f. Alte Geschichte u. Archäologie
DDR 108 Berlin, Leipziger Str. 3—4

VALOCH, KAREL, Dr. CSc.
Moravské Museum,
Ústav Anthropos
ČS-659 37 Brno, Nám. 25. února 7

VLČEK, EMANUEL, Dr. med. Sc.
Národní Muzeum
ČS-115 79 Praha, Václavské nám. 68

Papier | Fördert gute Waldnutzung
FSC® C083411

Kolibri 360 GmbH
Ferdinand-Jühlke-Straße 7
99095 Erfurt, Deutschland
produktsicherheit@kolibri360.de